AF590881

EXERCICES ET PROBLÈMES

D'ARITHMÉTIQUE

DE PREMIÈRE ANNÉE

EMPRUNTÉS

à la vie pratique, au commerce, à l'industrie, à l'agriculture

COMPOSÉS OU RECUEILLIS PAR MM.

P. LEYSSENNE
Professeur de mathématiques au collège Sainte-Barbe, Officier d'Académie

E. BOUSQUET
Maître-adjoint à l'École normale de la Sauve (Gironde)

LIVRE DU MAITRE

Ouvrage adopté pour les Écoles communales de la ville de Paris

Cet ouvrage correspond à la *Première Année d'Arithmétique* de M. P. Leyssenne

PARIS
LIBRAIRIE CLASSIQUE ARMAND COLIN ET Cie
1, 3, 5, RUE DE MÉZIÈRES
(A côté de la Mairie Saint-Sulpice)

1880

PRÉFACE

Notre *Première année d'Arithmétique* a été accueillie avec une faveur exceptionnelle.

Nous attribuons cet accueil sympathique à la simplicité que nous nous sommes efforcé de mettre dans nos leçons, au caractère pratique que nous nous sommes appliqué à donner au livre, enfin et surtout au *grand nombre de problèmes* que nous y avons réunis.

En effet, l'étude de l'arithmétique, même élémentaire, n'en reste pas moins une science abstraite, dont les procédés sont toujours difficiles à retenir, et surtout difficiles à comprendre par les intelligences jeunes, mobiles, des enfants de nos écoles. Le seul moyen de lever cette difficulté, c'est de joindre constamment l'exemple au précepte, c'est d'appuyer chaque règle de plusieurs exercices gradués, de *multiplier les problèmes*, les applications pratiques, de prendre les exemples dans les usages de la vie, dans les opérations commerciales, industrielles, agricoles, que l'enfant a sous les yeux.

Nous nous sommes placé à ce point de vue en publiant ce nouveau *Recueil de problèmes*, complément obligé du cours de *Première année*.

Nous avons l'espoir que ce Recueil répondra à lui seul à tous les besoins des Maîtres. Ils y trouveront le nombre, le choix, la variété, la gradation, l'intérêt des questions.

Pour donner à l'ouvrage le caractère pratique qui lui était indispensable, nous nous sommes adjoint un maître expérimenté de l'enseignement primaire, M. Bousquet, dont la collaboration, nous aimons à le reconnaître, nous a été des plus précieuses.

P. LEYSSENNE.

EXERCICES ET PROBLÈMES
DE PREMIÈRE ANNÉE

CHAPITRE PREMIER
EXERCICES SUR LA NUMÉRATION DES NOMBRES ENTIERS

Nombres entiers de *un* à *cent*.

(*Première année d'Arithmétique*, pages 3 à 12.)

(Page 3 de l'Élève.)

1. — Écrivez les dix chiffres avec leurs noms.

R. 1 — un.
2 — deux.
3 — trois.
4 — quatre.
5 — cinq.
6 — six.
7 — sept.
8 — huit.
9 — neuf.
0 — zéro.

2. — Écrivez en lettres :

(1) 4 hommes R. quatre hommes.
(2) 9 moineaux — neuf moineaux.
(3) 5 noisettes — cinq noisettes.
(4) 2 chiens — deux chiens.
(5) 7 tables — sept tables.
(6) 6 encriers — six encriers.
(7) 10 crayons — dix crayons.
(8) 1 pomme — une pomme.
(9) 2 francs — deux francs.
(10) 4 mètres — quatre mètres.
(11) 3 pierres — trois pierres.
(12) 8 noix — huit noix.

3. — Écrivez en chiffres :

1. Huit hommes R. 8 hommes.
2. Six mètres — 6 mètres.
3. Neuf litres — 9 litres.
4. Deux moutons — 2 moutons.
5. Trois tables — 3 tables.
6. Sept poires — 7 poires.
7. Un chat — 1 chat.

8. Cinq noisettes — 5 noisettes.
9. Dix crayons — 10 crayons.
10. Quatre chapeaux — 4 chapeaux.
11. Trois pantalons — 3 pantalons.
12. Sept francs — 7 francs.

4. — 1. Écrivez en chiffres les dix dizaines avec les noms en regard.

R. 10 — dix
20 — vingt.
30 — trente.
40 — quarante.
50 — cinquante.
60 — soixante.
70 — soixante-dix.
80 — quatre-vingt.
90 — quatre-vingt-dix.
100 — cent.

2. Écrivez 1, 2, 3, 4, 5 de telle façon que ces chiffres représentent dix, vingt, trente, quarante, cinquante.

R. 10 — 20 — 30 — 40 — 50.

3. Écrivez les chiffres 6, 7, 8, 9 de telle façon qu'ils représentent soixante, soixante-dix, quatre-vingts, quatre-vingt-dix.

R. 60 — 70 — 80 — 90.

5. — Écrivez en chiffres :

1. Trente soldats R. 30 soldats.
2. Dix moutons — 10 moutons.
3. Soixante-dix poires — 70 poires.
4. Quatre-vingts bœufs — 80 bœufs.
5. Quarante tables — 40 tables.
6. Soixante maisons — 60 maisons.
7. Cinquante élèves — 50 élèves.
8. Quatre-vingt-dix arbres — 90 arbres.
9. Vingt chevaux — 20 chevaux.

6. — Complétez par écrit les phrases suivantes :

1. Deux dizaines de poires font. R. (vingt poires).
2. Six dizaines de mètres font.... (soixante mètres).
3. Trois dizaines de francs font... (trente francs).
4. Neuf dizaines de prunes font... (quatre-vingt-dix prunes).
5. Une dizaine d'enfants fait...... (dix enfants).
6. Cinq dizaines d'agneaux font... (cinquante agneaux).
7. Huit dizaines de tables font.... (quatre-vingt tables).
8. Sept dizaines de plumes font... (soixante-dix plumes).
9. Quatre dizaines de boules font.. (quarante boules).

(Page 4 de l'Élève.)

7. — Écrivez en chiffres les nombres de 1 à 20.

R. 1 — 2 — 3 — 4 — 5 — 6 — 7 — 8 — 9 — 10
11 — 12 — 13 — 14 — 15 — 16 — 17 — 18 — 19 — 20.

8. — Écrivez en lettres :

(1) 15 chapeaux R. quinze chapeaux.
(2) 18 hommes — dix-huit hommes.
(3) 20 chevaux — vingt chevaux.
(4) 12 chats — douze chats.
(5) 2 draps — deux draps.
(6) 19 élèves — dix-neuf élèves.
(7) 14 boules — quatorze boules.
(8) 13 livres — treize livres.
(9) 6 problèmes — six problèmes.
(10) 10 gilets — dix gilets.
(11) 11 casquettes — onze casquettes.
(12) 17 pêches — dix-sept pêches.

9. — Complétez par écrit les phrases suivantes :

1. Une dizaine de prunes et une prune font. R. (onze prunes).
2. Une dizaine de boutons et dix boutons font... (vingt boutons).
3. Une dizaine de boules et cinq boules font... (quinze boules).
4. Une dizaine de cahiers et neuf cahiers font... (dix-neuf cahiers).
5. Une dizaine de mètres et trois mètres font... (treize mètres).
6. Une dizaine de francs et sept francs font... (dix-sept francs).
7. Une dizaine de litres et deux litres font... (douze litres).
8. Une dizaine de mouchoirs et six mouchoirs font... (seize mouchoirs).

10. — Écrivez en chiffres :

1. Dix-huit moutons R. 18 moutons.
2. Vingt-deux chèvres — 22 chèvres.
3. Vingt-sept chaises — 27 chaises.
4. Vingt-neuf tables — 29 tables.
5. Onze crayons — 11 crayons.
6. Huit balais — 8 balais.
7. Vingt-et-un élèves — 21 élèves.
8. Seize chandelles — 16 chandelles.
9. Trente mètres — 30 mètres.
10. Vingt-huit litres — 28 litres.
11. Deux francs — 2 francs.
12. Vingt-trois maisons — 23 maisons.

11. — Écrivez en chiffres les nombres de 20 à 30.

R. 20 — 21 — 22 — 23 — 24 — 25 — 26 — 27 — 28 — 29 — 30.

12. — Écrivez en lettres :

(1) 24 chapeaux R. vingt-quatre chapeaux.
(2) 19 gilets — dix-neuf gilets.
(3) 27 pantalons — vingt-sept pantalons.

(4) 21 encriers — vingt-et-un encriers.
(5) 22 cailloux — vingt-deux cailloux.
(6) 8 chiens — huit chiens.
(7) 29 arbres — vingt-neuf arbres.
(8) 30 plumes — trente plumes.

13. — Complétez par écrit les phrases suivantes :

1. Deux dizaines de chapeaux et dix chapeaux font... (trente chapeaux).
2. Une dizaine de boules et trois boules font... (treize boules).
3. Deux dizaines de mètres et huit mètres font... (vingt-huit mètres).
4. Deux dizaines de francs et deux francs font... (vingt-deux francs).
5. Deux dizaines de pêches et neuf pêches font... (vingt-neuf pêches).
6. Deux dizaines de litres et un litre font... (vingt-et-un litres).

14. — Écrivez en chiffres les nombres de 30 à 60.

R. 30 — 31 — 32 — 33 — 34 — 35 — 36 — 37 — 38 — 39 — 40 — 41 — 42 — 43 — 44 — 45 — 46 — 47 — 48 — 49 — 50 — 51 — 52 — 53 — 54 — 55 — 56 — 57 — 58 — 59 — 60.

(Page 5 de l'Élève.)

15. — Écrivez en chiffres :

1. Trente-trois poires **R.** 33 poires.
2. Trente-neuf enfants — 39 enfants.
3. Vingt-deux francs — 22 francs.
4. Dix-huit arbres — 18 arbres.
5. Trente-sept litres — 37 litres.
6. Trente-deux grammes — 32 grammes.
7. Trente-cinq pommes — 35 pommes.
8. Deux prunes — 2 prunes.
9. Trente-et-un mètres — 31 mètres.
10. Cinq chandelles — 5 chandelles.

16. — Écrivez en chiffres :

1. Quarante-deux poires **R.** 42 poires.
2. Vingt-cinq pêches — 25 pêches.
3. Quarante-neuf moutons — 49 moutons.
4. Cinquante-cinq mètres — 55 mètres.
5. Cinquante-neuf litres — 59 litres.
6. Soixante plumes — 60 plumes.
7. Huit cahiers — 8 cahiers.
8. Quarante-trois arbres — 43 arbres.
9. Cinquante-deux livres — 52 livres.
10. Quarante-et-un francs — 41 francs.

17. — Écrivez en lettres :

(1) 45 chapeaux R. quarante-cinq chapeaux.
(2) 56 bas — cinquante-six bas.
(3) 40 litres — quarante litres.
(4) 21 pantalons — vingt-et-un pantalons.
(5) 59 cravates — cinquante-neuf cravates.
(6) 60 feuilles — soixante feuilles.
(7) 41 charrues — quarante-et-une charrues.
(8) 57 boules — cinquante-sept boules.
(9) 42 écoliers — quarante-deux écoliers.
(10) 5 pages — cinq pages.
(11) 49 boutons — quarante-neuf boutons.
(12) 58 francs — cinquante-huit francs.

18. — Complétez par écrit les phrases suivantes :

1. Trois dizaines de cravates et six cravates font... (trente-six cravates).
2. Quatre dizaines de boules et deux boules font... (quarante-deux boules).
3. Cinq dizaines de francs et dix francs font... (soixante francs).
4. Quatre dizaines de prunes et cinq prunes font... (quarante-cinq prunes).
5. Cinq dizaines de chapeaux et trois chapeaux font... (cinquante-trois chapeaux).
6. Trois dizaines de plumes et neuf plumes font... (trente-neuf plumes).
7. Quatre dizaines de boutons et six boutons font... (quarante-six boutons).
8. Cinq dizaines de bas et huit bas font... (cinquante-huit bas).

19. — Écrivez en chiffres les nombres de 60 à 80.

R. 60 — 61 — 62 — 63 — 64 — 65 — 66 — 67 — 68 — 69 — 70 — 71 — 72 — 73 — 74 — 75 — 76 — 77 — 78 — 79 — 80.

20. — Écrivez en chiffres :

1. Soixante-trois chevaux R. 63 chevaux.
2. Soixante-dix-sept lettres — 77 lettres.
3. Vingt-et-un crayons — 21 crayons.
4. Soixante-dix-huit francs — 78 francs.
5. Soixante-sept livres — 67 livres.
6. Soixante et onze enfants — 71 enfants.
7. Onze navires — 11 navires.
8. Quatre-vingts oiseaux — 80 oiseaux.
9. Soixante-trois prunes — 63 prunes.
10. Soixante-treize mètres — 73 mètres.

21. — Écrivez en lettres :

(1) 75 francs **R.** soixante-quinze francs.
(2) 63 règles — soixante-trois règles.
(3) 72 mètres — soixante-douze mètres.
(4) 70 litres — soixante-dix litres.
(5) 69 plumes — soixante-neuf plumes.
(6) 73 poires — soixante-treize poires.
(7) 68 lignes — soixante-huit lignes.
(8) 76 prunes — soixante-seize prunes.
(9) 71 pèches — soixante et onze pêches.
(10) 67 moutons — soixante-sept moutons.

22. — Complétez par écrit les phrases suivantes :

1. Six dizaines de litres et deux litres font... (soixante-deux litres).
2. Sept dizaines de mètres et dix mètres font... (quatre-vingts mètres).
3. Sept dizaines de prunes et trois prunes font... (soixante-treize prunes).
4. Trois dizaines de boules et dix boules font.... (quarante boules).
5. Cinq dizaines de boutons et neuf boutons font... (cinquante-neuf boutons).
6. Sept dizaines de chevaux et quatre chevaux font... (soixante-quatorze chevaux).
7. Quatre dizaines de plumes et une plume font... (quarante et une plumes).

(Page 6 de l'Élève.)

23. — Écrivez en chiffres les nombres de 80 à 100.

R. 80 — 81 — 82 — 83 — 84 — 85 — 86 — 87 — 88 — 89 — 90 — 91 — 92 — 93 — 94 — 95 — 96 — 97 — 98 — 99 — 100.

24. — Écrivez en chiffres :

1. Quatre-vingt-dix-neuf élèves **R.** 99 élèves.
2. Quatre-vingt-onze moutons — 91 moutons.
3. Quatre-vingt-quatorze mètres — 91 mètres.
4. Quatre-vingt-quinze francs — 95 francs.
5. Quatre-vingt-dix prunes — 90 prunes.
6. Quatre-vingt-douze litres — 92 litres.
7. Quatre-vingt-dix-sept poires — 97 poires.
8. Quatre-vingt-treize pêches — 93 pêches.

25. — Écrivez en lettres :

(1) 91 boutons **R.** quatre-vingt-onze boutons.
(2) 85 poires — quatre-vingt-cinq poires.
(3) 90 prunes — quatre-vingt-dix prunes.
(4) 87 francs — quatre-vingt-sept francs.
(5) 92 chevaux — quatre-vingt-douze chevaux.

(6) 99 élèves — quatre-vingt-dix-neuf élèves.
(7) 98 paniers — quatre-vingt-dix-huit paniers.
(8) 83 pantalons — quatre-vingt-trois pantalons.
(9) 97 soldats — quatre-vingt-dix-sept soldats.
(10) 94 livres — quatre-vingt-quatorze livres.

26. — Complétez par écrit les phrases suivantes :

1. Neuf dizaines de bas et neuf bas font... (quatre-vingt-dix-neuf bas).
2. Huit dizaines de boules et deux boules font... (quatre-vingt-deux boules).
3. Neuf dizaines de mètres et dix mètres font... (cent mètres).
4. Huit dizaines de francs et trois francs font... (quatre-vingt-trois francs).
5. Neuf dizaines d'arbres et un arbre font... (quatre-vingt-onze arbres).
6. Huit dizaines de moutons et huit moutons font... (quatre-vingt-huit moutons).
7. Neuf dizaines de litres et trois litres font... (quatre-vingt-treize litres).
8. Neuf dizaines de souliers et deux souliers font... (quatre-vingt-douze souliers).

27. — Écrivez en chiffres :

1. Quatre-vingt-six moutons **R.** 86 moutons.
2. Soixante plumes — 60 plumes.
3. Vingt-neuf cahiers — 29 cahiers.
4. Cinquante-huit bas — 58 bas.
5. Trente-trois pantalons — 33 pantalons.
6. Soixante-dix-neuf francs — 79 francs.
7. Quatre-vingt-dix-sept litres — 97 litres.
8. Quarante-sept portes — 47 portes.

28. — Écrivez en lettres :

(1) 3 fenêtres **R.** trois fenêtres.
(2) 97 navires — quatre-vingt-dix-sept navires.
(3) 24 portes — vingt-quatre portes.
(4) 13 chapeaux — treize chapeaux.
(5) 47 encriers — quarante-sept encriers.
(6) 52 chaises — cinquante-deux chaises.
(7) 2 tables — deux tables.
(8) 89 francs — quatre-vingt-neuf francs.
(9) 99 cahiers — quatre-vingt-dix-neuf cahiers.
(10) 37 pantalons — trente-sept pantalons.

Page 7 de l'Élève.)

29. — Complétez par écrit les phrases suivantes :

1. Deux dizaines de chapeaux et huit chapeaux font... (vingt-huit chapeaux).

2. Neuf dizaines de bas et trois bas font... (quatre-vingt-treize bas).
3. Quatre dizaines de chaises et une chaise font... (quarante et une chaises).
4. Sept dizaines de grammes et dix grammes font... (quatre-vingts grammes).
5. Trois dizaines de livres et cinq livres font... (trente-cinq livres).
6. Six dizaines de chevaux et un cheval font... (soixante et un chevaux).
7. Une dizaine de perdreaux et neuf perdreaux font... (dix-neuf perdreaux).
8. Cinq dizaines de plumes et sept plumes font... (cinquante-sept plumes).

Nombres entiers de *cent* à *mille*.

(*Première année d'Arithmétique*, pages 12 et 13).

30. — Écrivez en chiffres les dix centaines avec leurs noms en regard.

R. 100 — cent.
200 — deux cents.
300 — trois cents.
400 — quatre cents.
500 — cinq cents.
600 — six cents.
700 — sept cents.
800 — huit cents.
900 — neuf cents.
1000 — mille.

31. — Écrivez les chiffres 1, 2, 3, 4, 5 de telle façon que ces chiffres représentent cent, deux cents, trois cents, quatre cents, cinq cents.

R. 100 — 200 — 300 — 400 — 500.

32. — Écrivez les chiffres 6, 7, 8, 9 de telle façon que ces chiffres représentent six cents, sept cents, huit cents, neuf cents.

R. 600 — 700 — 800 — 900.

33. — Écrivez en chiffres :

1. Trois cents soldats **R.** 300 soldats.
2. Cinq cents maisons — 500 maisons.
3. Deux cents arbres — 200 arbres.
4. Huit cents tonneaux — 800 tonneaux.
5. Quatre cents francs — 400 francs.
6. Neuf cents moutons — 900 moutons.
7. Six cents noix — 600 noix.
8. Cent bœufs — 100 bœufs.
9. Sept cents tuiles — 700 tuiles.
10. Deux cents chevaux — 200 chevaux.

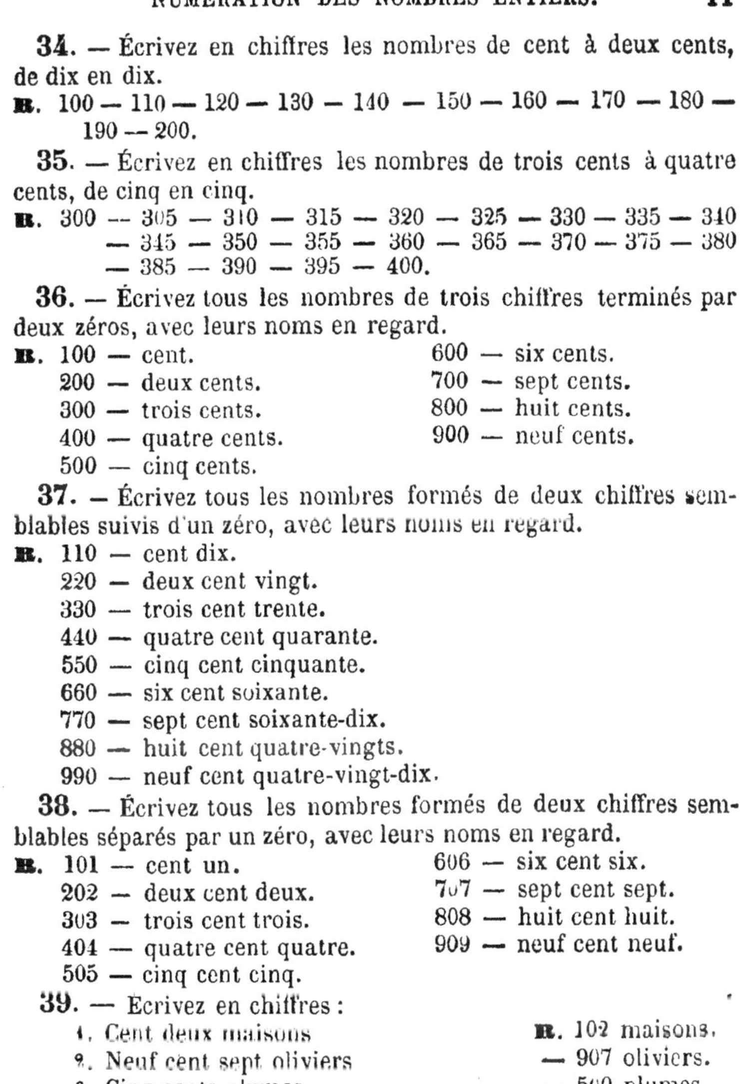

34. — Écrivez en chiffres les nombres de cent à deux cents, de dix en dix.

R. 100 — 110 — 120 — 130 — 140 — 150 — 160 — 170 — 180 — 190 — 200.

35. — Écrivez en chiffres les nombres de trois cents à quatre cents, de cinq en cinq.

R. 300 — 305 — 310 — 315 — 320 — 325 — 330 — 335 — 340 — 345 — 350 — 355 — 360 — 365 — 370 — 375 — 380 — 385 — 390 — 395 — 400.

36. — Écrivez tous les nombres de trois chiffres terminés par deux zéros, avec leurs noms en regard.

R. 100 — cent.
200 — deux cents.
300 — trois cents.
400 — quatre cents.
500 — cinq cents.
600 — six cents.
700 — sept cents.
800 — huit cents.
900 — neuf cents.

37. — Écrivez tous les nombres formés de deux chiffres semblables suivis d'un zéro, avec leurs noms en regard.

R. 110 — cent dix.
220 — deux cent vingt.
330 — trois cent trente.
440 — quatre cent quarante.
550 — cinq cent cinquante.
660 — six cent soixante.
770 — sept cent soixante-dix.
880 — huit cent quatre-vingts.
990 — neuf cent quatre-vingt-dix.

38. — Écrivez tous les nombres formés de deux chiffres semblables séparés par un zéro, avec leurs noms en regard.

R. 101 — cent un.
202 — deux cent deux.
303 — trois cent trois.
404 — quatre cent quatre.
505 — cinq cent cinq.
606 — six cent six.
707 — sept cent sept.
808 — huit cent huit.
909 — neuf cent neuf.

39. — Écrivez en chiffres :

1. Cent deux maisons	R. 102 maisons.
2. Neuf cent sept oliviers	— 907 oliviers.
3. Cinq cents plumes	— 500 plumes.
4. Deux cent cinquante-neuf moutons	— 259 moutons.
5. Sept cent huit francs	— 708 francs.
6. Quatre cent un mètres	— 401 mètres.
7. Trois cents chaises	— 300 chaises.
8. Neuf cent quatre-vingt-dix-neuf soldats	— 999 soldats.
9. Cent vingt-cinq litres	— 125 litres.
10. Huit cent trente-huit boules	— 838 boules.

(Page 8 de l'Élève.)

40. — Écrivez en lettres :

(1) 903 maisons **R.** neuf cent trois maisons.
(2) 759 poires — sept cent cinquante-neuf poires.
(3) 100 chevaux — cent chevaux.
(4) 209 élèves — deux cent neuf élèves.
(5) 579 litres — cinq cent soixante-dix-neuf litres.
(6) 427 grammes — quatre cent vingt-sept grammes.
(7) 658 prunes — six cent cinquante-huit prunes.
(8) 999 boules — neuf cent quatre-vingt-dix-neuf boules.
(9) 784 francs — sept cent quatre-vingt-quatre francs.
(10) 256 mètres — deux cent cinquante six mètres.

41. — Écrivez en lettres :

I

(1) 163 **R.** cent soixante-trois.
(2) 265 — deux cent soixante-cinq.
(3) 364 — trois cent soixante-quatre.
(4) 468 — quatre cent soixante-huit.
(5) 561 — cinq cent soixante et un.
(6) 666 — six cent soixante-six.
(7) 762 — sept cent soixante-deux.
(8) 867 — huit cent soixante-sept.

II

(1) 173 — cent soixante-treize.
(2) 275 — deux cent soixante-quinze.
(3) 374 — trois cent soixante-quatorze.
(4) 478 — quatre cent soixante-dix-huit.
(5) 571 — cinq cent soixante et onze.
(6) 676 — six cent soixante-seize.
(7) 772 — sept cent soixante-douze.
(8) 879 — huit cent soixante-dix-neuf.

III

(1) 184 — cent quatre-vingt-quatre.
(2) 287 — deux cent quatre-vingt-sept.
(3) 389 — trois cent quatre-vingt-neuf.
(4) 481 — quatre cent quatre-vingt et un.
(5) 580 — cinq cent quatre-vingts.
(6) 683 — six cent quatre-vingt-trois.
(7) 785 — sept cent quatre-vingt- cinq.
(8) 888 — huit cent quatre-vingt-huit.

IV

(1) 194 — cent quatre-vingt-quatorze.
(2) 297 — deux cent quatre-vingt-dix-sept.
(3) 399 — trois cent quatre-vingt-dix-neuf.
(4) 491 — quatre cent quatre-vingt-onze.

(5) 590 — cinq cent quatre-vingt-dix.
(6) 693 — six cent quatre-vingt-treize.
(7) 795 — sept cent quatre-vingt-quinze.
(8) 892 — huit cent quatre-vingt-douze.

42. — Remplacez les points par le mot convenable :
1. Les.... (dizaines) sont les unités du second ordre.
2. Les.... (unités simples) sont les unités du premier ordre.
3. Les.... (centaines) sont les unités du troisième ordre.
4. Les.... (unités simples) occupent le premier rang à droite.
5. Les.... (centaines) occupent le troisième rang à gauche.
6. Les.... (dizaines) occupent le second rang à gauche.

43. — Complétez les phrases suivantes :
1. Les centaines valent....... (cent) unités simples.
2. Les centaines valent....... (dix) dizaines d'unités.
3. Les dizaines valent........ (dix) unités simples.

Nombres entiers de *mille* à *un million*.

(*Première année d'Arithmétique*, pages 14 et 15.)

44. — Écrivez en chiffres :
1. Mille francs R. 1000 francs.
2. Deux mille mètres — 2000 mètres.
3. Sept mille grammes — 7000 grammes.
4. Quatre mille litres — 4000 litres.
5. Trois mille soldats — 3000 soldats.
6. Neuf mille moutons — 9000 moutons.
7. Huit mille chevaux — 8000 chevaux.
8. Six mille fusils — 6000 fusils.

(Page 9 de l'Élève.)

45. — Écrivez en chiffres les nombres de mille à mille vingt.
R. 1000 — 1001 — 1002 — 1003 — 1004 — 1005 — 1006 — 1007 — 1008 — 1009 — 1010 — 1011 — 1012 — 1013 — 1014 — 1015 — 1016 — 1017 — 1018 — 1019 — 1020.

46. — Écrivez en chiffres les nombres de deux mille vingt à deux mille quarante.
R. 2020 — 2021 — 2022 — 2023 — 2024 — 2025 — 2026 — 2027 — 2028 — 2029 — 2030 — 2031 — 2032 — 2033 — 2034 — 2035 — 2036 — 2037 — 2038 — 2039 — 2040.

47. — Écrivez en chiffres les nombres de cinq mille soixante à cinq mille quatre-vingts.
R. 5060 — 5061 — 5062 — 5063 — 5064 — 5065 — 5066 — 5067 — 5068 — 5069 — 5070 — 5071 — 5072 — 5073 — 5074 — 5075 — 5076 — 5077 — 5078 — 5079 — 5080.

48. — Écrivez en chiffres les nombres de sept mille quatre-vingts à huit mille.

R. 7080 — 7081 — 7082 — 7083 — 7084 — 7085 — 7086 — 7087 — 7088 — 7089 — 7090 — 7091 — 7092 — 7093 — 7094 — 7895 — 7096 — 7097 — 7098 — 7099 — 8000.

49. — Écrivez en chiffres les nombres de mille huit cents à mille neuf cents, de dix en dix.

R. 1800 — 1810 — 1820 — 1830 — 1840 — 1850 — 1860 — 1870 1880 — 1890 — 1900.

50. — Écrivez en chiffres :

1.	Mille deux cent huit boules	**R.** 1208 boules.
2.	Neuf mille trois cents prunes	— 9300 prunes.
3.	Cinq mille quatre-vingt-cinq oranges	— 5085 oranges.
4.	Sept mille huit francs	— 7008 francs.
5.	Quatre mille deux cent trois arbres	— 4203 arbres.
6.	Mille trois soldats	— 1003 soldats.
7.	Huit mille poires	— 8000 poires.
8.	Sept mille neuf cent quatre-vingt-dix-neuf mètres	— 7999 mètres.

51. — Écrivez en lettres :

(1)	7004 chevaux	**R.** sept mille quatre chevaux.
(2)	8205 poires	— huit mille deux cent cinq poires.
(3)	9007 boules	— neuf mille sept boules.
(4)	1001 francs	— mille un francs.
(5)	2025 plumes	— deux mille vingt-cinq plumes.
(6)	4700 soldats	— quatre mille sept cents soldats.
(7)	3080 mètres	— trois mille quatre-vingts mètres.
(8)	2008 litres	— deux mille huit litres.

52. — Décomposez les nombres suivants en leurs différents ordres d'unités :

R. (1) 7 024 se compose de 4 unités simples, 2 dizaines, 0 centaine et 7 unités de mille.

(2) 5 068 se compose de 8 unités simples, 6 dizaines, 0 centaine, et 5 unités de mille.

(3) 9 279 se compose de 9 unités simples, 7 dizaines, 2 centaines et 9 unités de mille.

(4) 2 500 se compose de 0 unité simple, 0 dizaine, 5 centaines et 2 unités de mille.

(5) 7 000 se compose de 0 unité simple, 0 dizaine, 0 centaine et 7 unités de mille.

(6) 1 254 se compose de 4 unités simples, 5 dizaines, 2 centaines et 1 unité de mille.

(7) 2087 se compose de 7 unités simples, 8 dizaines, 0 centaine et 2 unités de mille.

(8) 8507 se compose de 7 unités simples, 0 dizaine, 5 centaines et 8 unités de mille.

(9) 6089 se compose de 9 unités simples, 8 dizaines, 0 centaine et 6 unités de mille.

53. — Complétez les phrases suivantes :

1. Les unités de mille valent...... (dix) centaines d'unités.
2. Les unités de mille valent...... (cent) dizaines d'unités.
3. Les unités de mille valent..... (mille) unités simples.

54. — Écrivez en chiffres :

1. Dix mille cavaliers* **R.** 10000 cavaliers.
2. Vingt mille fantassins* — 20000 fantassins.
3. Quarante mille fusils — 40000 fusils.
4. Soixante mille boulets de canon — 60000 boulets de canon.
5. Quatre-vingt mille cartouches* — 80000 cartouches.
6. Cinquante mille baïonnettes* — 50000 baïonnettes.
7. Soixante-dix mille guêtres* — 70000 guêtres.
8. Trente mille souliers — 30000 souliers.
9. Quatre-vingt-dix mille boutons — 90000 boutons.

(**Page 10** de l Élève.)

55. — Écrivez en chiffres les nombres de quarante mille à cinquante mille, de mille en mille.

R. 40000 — 41000 — 42000 — 43000 — 44000 — 45000 — 46000 — 47000 — 48000 — 49000 — 50000.

56. — Écrivez en chiffres les nombres de cinquante mille deux cents à cinquante mille trois cents, de dix en dix.

R. 50200 — 50210 — 50220 — 50230 — 50240 — 50250 — 50260 — 50270 — 50280 — 50290 — 50300.

57. — Écrivez en chiffres les nombres de soixante-cinq mille trente à soixante-cinq mille quarante.

R. 65030 — 65031 — 65032 — 65033 — 65034 — 65035 — 65036 — 65037 — 65038 — 65039 — 65040.

58. — Écrivez en chiffres les nombres de vingt-sept mille huit cent quatre-vingts à vingt-sept mille huit cent quatre-vingt dix.

R. 27880 — 27881 — 27882 — 27883 — 27884 — 27885 — 27886 — 27887 — 27888 — 27889 — 27890.

59. — Écrivez en chiffres :

1. Dix mille vingt-cinq poires **R.** 10025 poires.
2. Cinquante-huit mille vingt-quatre mètres — 58024 mètres.
3. Deux mille trois francs — 2003 francs.
4. Mille huit cents boules — 1800 boules.

5. Soixante-trois mille huit pommes — 63008 pommes.
6. Cinquante-deux mille sept grammes — 52007 grammes.
7. Vingt-quatre mille sept cent soixante-quatre litres — 24764 litres.
8. Quarante-huit mille soldats — 48000 soldats.

60. — Écrivez en chiffres :

1. Cent mille hommes **R.** 100000 hommes.
2. Deux cent mille francs — 200000 francs.
3. Huit cent mille kilogrammes — 800000 kilogrammes.
4. Cinq cent mille litres — 500000 litres.
5. Neuf cent mille enfants — 900000 enfants.
6. Trois cent mille écoliers — 300000 écoliers.
7. Six cent mille mètres — 600000 mètres.
8. Quatre cent mille épingles — 400000 épingles.

61. — Écrivez en chiffres :

1. Deux cent mille huit **R.** 200008.
2. Trois cent mille quarante — 300010.
3. Sept cent mille six cents — 700600.
4. Neuf cent mille trois cent vingt-neuf — 900329.
5. Huit cent quatre mille cinq cent quatre-vingt-deux — 801582.
6. Six cent soixante mille soixante-quinze — 660075.
7. Quatre cent quatre-vingt-sept mille dix-huit — 487018.
8. Cinq cent neuf mille sept cent quatre-vingt-douze. — 509792.

62. — Écrivez en lettres :

(1) 709304 poires **R.** sept cent neuf mille trois cent quatre poires.
(2) 100007 plumes — cent mille sept plumes.
(3) 21000 chevaux — vingt quatre mille chevaux.
(4) 901003 soldats — neuf cent un mille trois soldats.
(5) 402000 francs — quatre cent deux mille francs.
(6) 19070 chapeaux — dix-neuf mille soixante-dix chapeaux.
(7) 2007 livres — deux mille sept livres.
(8) 502089 mètres — cinq cent deux mille quatre-vingt-neuf mètres.

(Page 11 de l'Élève.)

63. — Décomposez les nombres suivants en leurs différents ordres d'unités :

R. (1) 702407 se compose de 7 unités simples, 0 dizaine, 4 centaines, 2 unités de mille, 0 dizaine de mille, 7 centaines de mille.

(2) 40070 se compose de 0 unité simple, 7 dizaines, 0 centaine, 0 unité de mille, 4 dizaines de mille.

(3) 123574 se compose de 4 unités simples, 7 dizaines, 5 centaines, 3 unités de mille, 2 dizaines de mille, 1 centaine de mille.

(4) 903002 se compose de 2 unités simples, 0 dizaine, 0 centaine, 3 unités de mille, 0 dizaine de mille et 9 centaines de mille.

(5) 25700 se compose de 0 unité simple, 0 dizaine, 7 centaines, 5 unités de mille, 2 dizaines de mille.

(6) 400001 se compose de 1 unité simple, 0 dizaine, 0 centaine, 0 unité de mille, 0 dizaine de mille, 4 centaines de mille.

(7) 229758 se compose de 8 unités simples, 5 dizaines, 7 centaines, 9 unités de mille, 2 dizaines de mille, 2 centaines de mille.

(8) 3007 se compose de 7 unités simples, 0 dizaine, 0 centaine, 3 unités de mille.

(9) 10454 se compose de quatre unités simples, 5 dizaines, 4 centaines, 0 unité de mille, 1 dizaine de mille.

64. — Complétez les phrases suivantes :

Tout chiffre placé au 3e rang représente des . . **R.** (centaines simples).
— 5e rang — (dizaines de mille).
— 2e rang — (dizaines simples).
— 6e rang — (centaines de mille).
— 4e rang — (unités de mille).

65. —Écrivez en lettres les nombres suivants :

(1) 74845 **R.** soixante-quatorze mille huit cent quarante-cinq.
(2) 150042 — cent cinquante mille quarante deux.
(3) 17604 — dix-sept mille six cent quatre.
(4) 9005 — neuf mille cinq.
(5) 37809 — trente-sept mille huit cent neuf.
(6) 127904 — cent vingt-sept mille neuf cent quatre.
(7) 45104 — quarante-cinq mille cent quatre.
(8) 296807 — deux cent quatre-vingt-seize mille huit cent sept.

66. — Écrivez en lettres les nombres suivants :

(1) 40653 **R.** quarante mille six cent cinquante-trois.
(2) 20039 — vingt mille trente-neuf.
(3) 98005 — quatre-vingt-dix-huit mille cinq.
(4) 740013 — sept cent quarante mille treize.
(5) 750400 — sept cent cinquante mille quatre cents.
(6) 33645 — trente-trois mille six cent quarante-cinq.
(7) 80001 — quatre-vingt mille un.
(8) 56303 — cinquante-six mille trois cent trois.

67. — Décomposez les nombres suivants en leurs différents ordres d'unités :

R. (1) 101803 se compose de 3 unités simples, 0 dizaine, 8 centaines, 4 unités de mille, 0 dizaine de mille, 1 centaine de mille.

(2) 74650 se compose de 0 unité simple, 5 dizaines, 6 centaines, 4 unités de mille, 7 dizaines de mille.

(3) 501807 se compose de 7 unités simples, 0 dizaine, 8 centaines, 4 unités de mille, 0 dizaine de mille, 5 centaines de mille.

(4) 540004 se compose de 4 unités simples, 0 dizaine, 0 centaine, 0 unité de mille, 4 dizaines de mille, 5 centaines de mille.

(5) 209612 se compose de 2 unités simples, 1 dizaine, 6 centaines, 9 unités de mille, 0 dizaine de mille, 2 centaines de mille.

(6) 980787 se compose de 7 unités simples, 8 dizaines, 7 centaines, 0 unité de mille, 8 dizaines de mille, 9 centaines de mille.

(7) 209519 se compose de 9 unités simples, 1 dizaine, 5 centaines, 9 unités de mille, 0 dizaine de mille, 2 centaines de mille.

(8) 726400 se compose de 0 unité simple, 0 dizaine, 4 centaines, 6 unités de mille, 2 dizaines de mille, 7 centaines de mille.

68. — Écrivez en lettres :

(1) 10000 R. dix mille.
(2) 872603 — huit cent soixante-douze mille six cent trois.
(3) 20004 — vingt mille quatre.
(4) 970654 — neuf cent soixante-dix mille six cent cinquante-quatre.
(5) 35016 — trente-cinq mille seize.
(6) 1001 — mille un.
(7) 402075 — quatre cent deux mille soixante-quinze.
(8) 2019 — deux mille dix-neuf.

69. — Écrivez en lettres :

(1) 30504 R. trente mille cinq cent quatre.
(2) 678912 — six cent soixante-dix-huit mille neuf cent douze.
(3) 600216 — six cent mille deux cent seize.
(4) 702438 — sept cent deux mille quatre cent trente-huit.
(5) 990699 — neuf cent quatre-vingt-dix mille six cent quatre-vingt-dix-neuf.
(6) 800501 — huit cent mille cinq cent un.
(7) 707808 — sept cent sept mille huit cent huit.
(8) 920074 — neuf cent vingt mille soixante-quatorze.

70. — Écrivez en lettres :

(1) 100002 **R.** cent mille deux.
(2) 70040 — soixante-dix mille quarante.
(3) 670500 — six cent soixante-dix mille cinq cents.
(4) 375200 — trois cent soixante-quinze mille deux cents.
(5) 270064 — deux cent soixante-dix mille soixante-quatre.
(6) 1011 — mille onze.
(7) 529187 — cinq cent vingt-neuf mille cent quatre-vingt-sept.
(8) 392817 — trois cent quatre-vingt-douze mille huit cent dix-sept.

71. — Écrivez en chiffres :

1. Quatre cent quatre-vingt-douze mille six cent onze unités **R.** 492611.
2. Soixante dix-huit mille soixante dix-sept unités — 78077.
3. Dix mille deux cent soixante-treize unités — 10273.
4. Cent trente deux mille quatre cent sept unités — 132407.
5. Quatre-vingt dix-huit mille trois cent cinquante-huit unités — 98358.
6. Quarante mille huit cent quinze unités — 40815.
7. Deux cent quatre-vingt-neuf mille huit cent cinquante-deux unités — 289852.
8. Trois cent quatre-vingt-treize mille trois cent quatre unités — 393304.
9. Trois cent soixante-deux mille cinquante-six unités — 362056.
10. Deux cent un mille trente unités — 201030.

(**Page 12** de l'Élève.)

Nombres entiers quelconques.

(*Première année d'Arithmétique*, pages 16 à 20.)

72. — Écrivez en chiffres :

1. Dix millions vingt-cinq mille quarante **R.** 10025040.
2. Cent cinquante millions dix-neuf — 150000019.
3. Neuf cent quarante-cinq millions trois cents — 945000300.
4. Vingt-cinq mille sept cent quatre — 25704.
5. Un million trois mille sept cents — 1003700.
6. Un billion quinze millions vingt-quatre mille — 1015024000.
7. Neuf cent quarante-six millions deux cent mille — 946200000.
8. Quarante-neuf billions huit mille soixante — 49000008060.

73. — Écrivez en lettres :

(1) 1002004 **R.** un million deux mille quatre.
(2) 1036047 — un million trente-six mille quarante-sept.
(3) 1829635 — un million huit cent vingt-neuf mille six cent trente cinq.
(4) 372000568 — trois cent soixante-douze millions cinq cent soixante-huit.
(5) 401000092 — quatre cent un millions quatre-vingt-douze.
(6) 3729465 — trois millions sept cent vingt-neuf mille quatre cent soixante-cinq.
(7) 13050672 — treize millions cinquante mille six cent soixante-douze.
(8) 137101246 — cent trente-sept millions cent un mille deux cent quarante-six.

74. — Écrivez en chiffres :

1. Un million un **R.** 1000001.
2. Un million mille — 1001000.
3. Un million mille un — 1001001.
4. Cent millions — 100000000.
5. Cent millions cent mille — 100100000.
6. Cent millions cent mille cent — 100100100.
7. Cent trois millions deux cent quatre mille cinq cent huit — 103204508.
8. Trois cent soixante-dix millions deux cent soixante mille huit cent trente — 370260830.

75. — Écrivez en lettres :

(1) 807060009 **R.** huit cent sept millions soixante mille neuf.
(2) 7234589 — sept millions deux cent trente-quatre mille cinq cent quatre-vingt-neuf.
(3) 400300500 — quatre cent millions trois cent mille cinq cents.
(4) 2900040 — deux millions neuf cent mille quarante.
(5) 540081072 — cinq cent quarante millions quatre-vingt-un mille soixante-douze.
(6) 32405607 — trente-deux millions quatre cent cinq mille six cent sept.
(7) 810059060 — huit cent dix millions cinquante neuf mille soixante.
(8) 1700018 — un million sept cent mille dix-huit.

76. — Écrivez en lettres :

(1) 3254876 **R.** trois millions deux cent cinquante-quatre mille huit cent soixante-seize.
(2) 1500000 — un million cinq cent mille.
(3) 5006009 — cinq millions six mille neuf.

(4) 18900000 — dix-huit millions neuf cent mille.
(5) 345789003 — trois cent quarante-cinq millions sept cent quatre-vingt-neuf mille trois.
(6) 45070707 — quarante-cinq millions soixante-dix mille sept cent sept.
(7) 1608400007 — un billion six cent huit millions quatre cent mille sept.
(8) 19070250425 — dix-neuf billions soixante-dix millions deux cent cinquante mille quatre cent vingt-cinq.

77. — Décomposez les nombres suivants en leurs différents ordres d'unités :

R. (1) 40025734 se compose de 4 unités, 3 dizaines, 7 centaines, 5 unités de mille, 2 dizaines de mille, 0 centaine de mille, 0 unité de millions, 4 dizaines de millions.

(2) 2778079045 se compose de 5 unités simples, 4 dizaines, 0 centaine, 9 unités de mille, 7 dizaines de mille, 0 centaine de mille, 8 unités de millions, 7 dizaines de millions, 7 centaines de millions, 2 unités de billions.

(3) 19007009000 se compose de 0 unité simple, 0 dizaine, 0 centaine, 9 unités de mille, 0 dizaine de mille, 0 centaine de mille, 7 unités de millions, 0 dizaine de millions, 0 centaine de millions, 9 unités de billions, 1 dizaine de billions.

(4) 4789234 se compose de 4 unités simples, 3 dizaines, 2 centaines, 9 unités de mille, 8 dizaines de mille, 7 centaines de mille, 4 unités de millions.

(5) 25003007 se compose de 7 unités simples, 0 dizaine, 0 centaine, 3 unités de mille, 0 dizaine de mille, 0 centaine de mille, 5 unités de millions, 2 dizaines de millions.

(6) 343000000 se compose de 0 unité simple, 0 dizaine, 0 centaine, 0 unité de mille, 0 dizaine de mille, 0 centaine de mille, 3 unités de millions, 4 dizaines de millions, 3 centaines de millions.

(7) 2000245074 se compose de 4 unités simples, 7 dizaines, 0 centaine, 5 unités de mille, 4 dizaines de mille, 2 centaines de mille, 0 unité de millions, 0 dizaine de millions, 0 centaine de millions, 2 unités de billions.

(8) 8000009 se compose de 9 unités simples, 0 dizaine, 0 centaine, 0 unité de mille, 0 dizaine de mille, 0 centaine de mille, 8 unités de millions.

(Page 13 de l'Élève.)

78. — Complétez les phrases suivantes :

1. Tout chiffre placé au 7e rang représente des.... (unités de millions).
2. Tout chiffre placé au 10e rang représente des.... (unités de billions).
3. Tout chiffre placé au 6e rang représente des.... (centaines de mille).
4. Tout chiffre placé au 8e rang représente des... (dizaines de millions).
5. Tout chiffre placé au 9e rang représente des . . (centaines de millions).

79. — Complétez les phrases suivantes :

1. Il faut dix centaines de mille pour faire... (un million).
2. Il faut dix centaines de millions pour faire... (un billion).
3. Il faut cent unités de mille pour faire... (une centaine de mille).
4. Il faut cent unités de millions pour faire... (une centaine de millions).
5. Il faut mille unités de mille pour faire... (un million).

80. — Écrivez en lettres :

(1) 700080074 R. sept cent millions quatre-vingt mille soixante-quatorze.
(2) 250074079 — deux cent cinquante millions soixante-quatorze mille soixante-dix-neuf.
(3) 3009054 — trois millions neuf mille cinquante-quatre.
(4) 7007007007 — sept billions sept millions sept mille sept.
(5) 30025424 — trente millions vingt-cinq mille quatre cent vingt-quatre.
(6) 40125708 — quarante millions cent vingt-cinq mille sept cent huit.

81. — Écrivez en chiffres :

1. Vingt-neuf millions quatre mille sept unités R. 29004007.
2. Cinquante millions cinquante-huit unités — 50000058.
3. Trente-quatre mille sept cent vingt-cinq unités — 34725.
4. Deux cent dix-neuf millions six cents — 219000600.
5. Quarante trois billions huit cent millions d'unités — 43800000000.
6. Huit millions sept mille trois unités — 8007003.

7. Quatre cent vingt-cinq mille quarante-trois unités — 425043.
8. Quatre cent millions cinq cent mille neuf cents — 400500900.

82. — Répondez par écrit aux questions suivantes :

1. Si un chiffre est placé au quatrième rang, comment appelle-t-on les unités placées à sa droite? — **R.** Les centaines.
2. Si dans un nombre il y a des unités qui manquent, par quoi les remplace-t-on? — **R.** Par des zéros.
3. Si un chiffre est placé au cinquième rang, comment appelle-t-on les unités placées à sa gauche? — **R.** Les centaines de mille.
4. A quel rang place-t-on les mille? — **R.** Au quatrième rang.
5. Que représente un chiffre qui est placé au sixième rang? — **R.** Des centaines de mille.
6. Un zéro est placé entre les dizaines d'unités et les unités de mille : de quoi tient-il la place? — **R.** Des centaines.
7. Un zéro est placé au cinquième rang : que représente-t-il? — **R.** Des dizaines de mille.
8. Quand un zéro est placé au deuxième rang, de quelle unité tient-il la place? — **R.** Des dizaines.

83. — Répondez par écrit aux questions suivantes :

1. Dans un nombre le chiffre 7 occupe le 5e rang : quelles espèces d'unités représente-t-il? — **R.** Des dizaines de mille.

(**Page 14** de l'Élève.)

2. Un nombre est composé de 6 chiffres : quelles sont ses plus hautes unités? — **R.** Des centaines de mille.
3. Un nombre contient des dizaines de mille : combien a-t-il de chiffres? — **R.** Cinq.
4. Quelles sont les plus hautes unités d'un nombre de 4 chiffres? — **R.** Les unités de mille.
5. Quel rang occupent les millions? — **R.** Le septième.
6. Entre quelles espèces d'unités sont placées les dizaines? — **R.** Entre les unités simples et les centaines.
7. Entre quelles espèces d'unités sont placées les dizaines de millions? — **R.** Entre les unités de millions et les centaines de millions.
8. Quel rang occupent les dizaines de millions? — **R.** Le huitième.

84. — Répondez par écrit aux questions suivantes :

1. Un nombre se compose de 5 chiffres : quelles sont ses plus hautes unités? — **R.** Les dizaines de mille.
2. A quel rang sont placées les centaines de millions? — **R.** Au neuvième.

3. Comment appelle-t-on l'unité qui à elle seule vaut 10 unités simples? — R. Une dizaine.
4. De quelles espèces d'unités se compose un nombre de 4 chiffres? — R D'unités simples, de dizaines, de centaines et d'unités de mille.
5. A quel rang place-t-on les unités de mille? — R. Au quatrième.
6. Combien un million vaut-il de centaines? — R. Dix mille.
7. Un chiffre est placé au 6e rang : que représente-t-il? — R. Des centaines de mille.
8. Un nombre se compose de sept chiffres : quelles sont ses plus hautes unités? — R. Les unités de millions.

85. — Répondez par écrit aux questions suivantes :

1. Quelle est l'espèce d'unités immédiatement supérieure aux centaines? — R. Les unités de mille.
2. Combien faut-il de dizaines pour former une centaine? — R. Dix.
3. Combien faut-il de centaines pour former un mille? — R. Dix.
4. Quelle est l'espèce d'unités immédiatement supérieure aux mille? — R. Les dizaines de mille.
5. Si un chiffre est placé à la gauche d'un autre, combien de fois vaut-il plus que cet autre? — R. Dix fois.
6. Si un chiffre est placé au deuxième rang à la gauche d'un autre, combien de fois vaut-il plus que cet autre? — R. Cent fois.
7. Combien faut-il de chiffres pour former une tranche? — R. Trois.
8. Comment nomme-t-on la première tranche? — la deuxième? — la troisième? — R. 1° La tranche des unités; — 2° La tranche des mille; — 3° la tranche des millions.

(Page 15 de l'Élève.)

CHAPITRE II

EXERCICES SUR LA NUMÉRATION DES NOMBRES DÉCIMAUX

(*Première année d'Arithmétique,* pages 20 à 24.)

86. — Écrivez en lettres :

(1) 0,8 R. huit dixièmes.
(2) 0,9 — neuf dixièmes.
(3) 0,15 — quinze centièmes.
(4) 0,05 — cinq centièmes.

(5) 0,43 — quarante-trois centièmes.
(6) 0,56 — cinquante-six centièmes.
(7) 0,98 — quatre-vingt-dix-huit centièmes.
(8) 3,54 — trois unités, cinquante-quatre centièmes.
(9) 3,2 — trois unités, deux dixièmes.
(10) 6,832 — six unités, huit cent trente-deux millièmes.
(11) 17,03 — dix-sept unités, trois centièmes.
(12) 5,004 — cinq unités, quatre millièmes.

87. — Écrivez en lettres :

(1) 0,637 R. six cent trente-sept millièmes.
(2) 0,507 — cinq cent sept millièmes.
(3) 0,4302 — quatre mille trois cent deux dix-millièmes.
(4) 0,63009 — soixante-trois mille neuf cent-millièmes.
(5) 0,5043 — cinq mille quarante-trois dix-millièmes.
(6) 0,05 — cinq centièmes.
(7) 47,9 — quarante-sept unités, neuf dixièmes.
(8) 4,98 — quatre unités, quatre-vingt dix-huit centièmes.
(9) 0,637 — six cent trente-sept millièmes.
(10) 0,047 — quarante-sept millièmes.
(11) 6,4 — six unités, quatre dixièmes.
(12) 4,8 — quatre unités, huit dixièmes.

88. — Écrivez en lettres :

(1) 0,0018 R. dix-huit dix-millièmes.
(2) 0,0745 — sept cent quarante-cinq dix-millièmes.
(3) 9,00801 — neuf unités, huit cent un cent-millièmes.
(4) 0,057 — cinquante-sept millièmes.
(5) 0,5 — cinq dixièmes.
(6) 24,75 — vingt-quatre unités, soixante-quinze centièmes.
(7) 250,075 — deux cent cinquante unités, soixante-quinze millièmes.
(8) 25,36 — vingt-cinq unités, trente-six centièmes.
(9) 348,02 — trois cent quarante-huit unités, deux centièmes.
(10) 4,79 — quatre unités, soixante-dix-neuf centièmes.
(11) 0,0639 — six cent trente-neuf dix-millièmes.
(12) 0,0047 — quarante-sept dix-millièmes.

89. — Écrivez en chiffres :

(1) 3 unités 54 centièmes R. 3,54.
(2) 67 unités 9 centièmes — 67,09.
(3) 9 unités 2 dixièmes — 9,2.
(4) 6 unités 238 millièmes — 6,238.
(5) 7 unités 6498 dix-millièmes — 7,6498.

(6) 0 unité 298 millièmes — 0,298.
(7) 0 unité 45 millièmes — 0,045.
(8) 11 unités 7 millièmes — 11,007.

90. — Écrivez en lettres:

(1) 7,01 R. sept unités, un centième.
(2) 14,256 — quatorze unités, deux cent cinquante-six millièmes.
(3) 0,0009 — neuf dix-millièmes.
(4) 7432,5 — sept mille quatre cent trente-deux unités, cinq dixièmes.
(5) 39,02 — trente-neuf unités, deux centièmes.
(6) 0,008 — huit millièmes.
(7) 473,5 — quatre cent soixante-treize unités, cinq dixièmes
(8) 6,9008 — six unités, neuf mille huit dix-millièmes.
(9) 567,3 — cinq cent soixante-sept unités, trois dixièmes.
(10) 0,001 — un millième.
(11) 8,00092 — huit unités, quatre-vingt-douze cent-millièmes.
(12) 3765,04 — trois mille sept cent soixante-cinq unités, quatre centièmes.

91. — Écrivez en chiffres :

(1) 2 dixièmes. R. 0,2.
(2) 43 millièmes — 0,043.
(3) 715 dixièmes — 71,5.
(4) 24 centièmes — 0,24.
(5) 15234 centièmes — 152,34.
(6) 8002 dixièmes — 800,2.
(7) 7 dix-millièmes — 0,0007.
(8) 4 centièmes — 0,04.

92. — Complétez les phrases suivantes:

1. Une unité simple vaut..... (mille) millièmes.
2. — ...... (cent) centièmes.
3. — ..... (dix) dixièmes.
4. Une dizaine simple vaut... (dix mille) millièmes.
5. — ... (mille) centièmes.
6. — ... (cent) dixièmes.

(Page 16 de l'Élève.)

93. — Écrivez en chiffres :

(1) 8 millièmes R. 0,008.
(2) 19 dixièmes — 1,9.
(3) 829 centièmes — 8,29.
(4) 25 millièmes — 0,025.

(5) 47 dix-millièmes — 0,0047.
(6) 3 cent-millièmes — 0,00003.
(7) 2137 dixièmes — 213,7.
(8) 424 millièmes — 0,424.

94. — Complétez les phrases suivantes :

1. Tout chiffre placé au 1er rang à la droite de la virgule représente... (des dixièmes).
2. Tout chiffre placé au 4e rang représente....... (des dix-millièmes).
3. Tout chiffre placé au 2e rang représente....... (des centièmes).
4. Tout chiffre placé au 5e rang représente...... (des cent-millièmes).
5. Tout chiffre placé au 3e rang représente...... (des millièmes).
6. Tout chiffre placé au 6e rang représente.... (des millioniémes.)

95. — Décomposez chacun des nombres suivants en ses différents ordres d'unités.

R. (1) 27,008 se compose de 8 millièmes, 0 centième, 0 dixième, 7 unités, 2 dizaines.
(2) 425,4 se compose de 4 dixièmes, 5 unités, 2 dizaines, 4 centaines.
(3) 0,1 se compose de 1 dixième, 0 unité.
(4) 43,07 se compose de 7 centièmes, 0 dixième, 3 unités, 4 dizaines.
(5) 0,0087 se compose de 7 dix-millièmes, 8 millièmes, 0 centième, 0 dixième, 0 unité.
(6) 3,003 se compose de 3 millièmes, 0 centième, 0 dixième, 3 unités.
(7) 0,0758 se compose de 8 dix-millièmes, 5 millièmes, 7 centièmes, 0 dixième, 0 unité.
(8) 6,801 se compose de 1 millième, 0 centième, 8 dixièmes, 6 unités.

96. — Écrivez en chiffres :

(1) 29 dixièmes R. 2,9.
(2) 49 millièmes — 0,049.
(3) 8 unités 3 centièmes — 8,03.
(4) 315 centièmes — 3,15.
(5) 1024 dixièmes — 102,4.
(6) 431 unités 8 millièmes — 431,008.
(7) 9 millièmes — 0,009.
(8) 81 unités 3 dix-millièmes — 81,0003.

97. — Décomposez chacun des nombres décimaux suivants en ses différents ordres d'unités :

R. (1) 4,07 se compose de 7 centièmes, 0 dixième, 4 unités.
(2) 0,025 se compose de 5 millièmes, 2 centièmes, 0 dixième, 0 unité.
(3) 97,0007 se compose de 7 dix-millièmes, 0 millième, 0 centième, 0 dixième, 7 unités, 9 dizaines.
(4) 527,3 se compose de 3 dixièmes, 7 unités, 2 dizaines, 5 centaines.
(5) 3,002 se compose de 2 millièmes, 0 centième, 0 dixième, 3 unités.
(6) 8,047 se compose de 7 millièmes, 4 centièmes, 0 dixième, 8 unités.
(7) 24,2 se compose de 2 dixièmes, 4 unités, 2 dizaines.
(8) 15,03 se compose de 3 centièmes, 0 dixième, 5 unités, 1 dizaine.

98. — Écrivez en chiffres :

(1) 103 dixièmes **R.** 10,3.
(2) 81 millièmes — 0,081.
(3) 18 dixièmes — 1,8.
(4) 422 dixièmes — 42,2.
(5) 7854 centièmes — 78,54.
(6) 19 millièmes — 0,019.
(7) 15 unités 8 millièmes — 15,008.
(8) 425 unités 5 dixièmes — 425,5.

99. — Répondez par écrit aux questions suivantes :

1. Combien le nombre 2,54 contient-il d'unités, de dixièmes et de centièmes ? — **R.** 2 unités, 5 dixièmes, 4 centièmes.
2. Combien le nombre 4,005 contient-il d'unités, de dixièmes, de centièmes et de millièmes ? — **R.** 4 unités, 0 dixième, 0 centième, 5 millièmes.
3. Combien une unité contient-elle de millièmes ? — **R.** Mille.
4. Comment sépare-t-on les unités entières des décimales ? — **R.** Par une virgule.

(Page 17 de l'Élève.)

5. Si le nombre décimal n'a pas d'unités entières, par quoi les remplace-t-on ? — **R.** Par un zéro.
6. Si le nombre décimal n'a que des unités et des millièmes, par quoi remplace-t-on les dixièmes et les centièmes ? — **R.** Par des zéros.
7. Combien faut-il de millièmes pour former un centième ? — **R.** Dix.
8. Quel rang occupent les millièmes après la virgule ? — **R.** Le troisième.

100. — Répondez par écrit aux questions suivantes :

1. Faites en sorte que le chiffre 1 représente un dixième, un centième, un millième. — **R.** 0,1 — 0,01 — 0,001.
2. Combien faut-il de millièmes pour faire un dixième? — **R.** Cent.
3. Combien faut-il de millièmes pour faire un centième? — **R.** Dix.
4. Entre quelles espèces d'unités sont placés les centièmes? — **R.** Entre les dixièmes et les millièmes.
5. Quelles sont les unités immédiatement supérieures aux centièmes? — **R.** Les dixièmes.
6. A quels rangs place-t-on les dixièmes, les centièmes, les millièmes? — **R.** Au premier rang, au deuxième rang, au troisième rang après la virgule.
7. Combien faut-il de centièmes pour faire une unité? — **R.** Cent.
8. Quelle unité vaut à elle seule cent millièmes? — **R.** Les dixièmes.

CHAPITRE III

EXERCICES SUR L'ADDITION

(*Première année d'Arithmétique*, pages 26 à 36.)

101. — Effectuez les additions suivantes :

	(1)	(2)	(3)	(4)	(5)
	231	147	384	170	252
	504	321	205	415	103
	162	31	400	304	613
R.	897	499	989	889	968

102. — Effectuez les additions suivantes :

	(1)	(2)	(3)	(4)	(5)
	8547	654	7965	602	504321
	321	68920	103	52983	2915
	47	1435	493	6789	98706
R.	8915	71009	8561	60374	605942

103. — Effectuez les additions suivantes :

	(1)	(2)	(3)	(4)
	837666	783373	65473	574703
	67542	142589	759455	79627
	625914	57874	61323	393779
	46767	155462	211626	215002
R.	1577919	1139298	1130877	1261011

(Page 18 de l'Élève.)

104. — Effectuez les additions suivantes :

(1)	(2)	(3)
960099017	57459294	72840427
49167827	487005346	184453796
92129504	983370540	265017854
140070258	54412753	780452649
R. 1241466606	1582247933	1302761726

105. — Effectuez les additions suivantes :

(1) 729 + 5678 + 34519; — R. 40926.
(2) 42456 + 7254; — R. 49710.
(3) 28 + 7256 + 178903; — R. 186187.
(4) 47 + 1925670 + 2356 + 9; — R. 1928082.
(5) 35 + 22475 + 3450 + 7800 + 42854; — R. 76614.
(6) 195 + 8 + 3654 + 724 + 925 + 785400 + 107. — R. 791013.

106. — Effectuez les additions suivantes :

(1) 570 + 674 + 293 + 914 + 25. — R. 2476.
(2) 8009 + 5639 + 607 + 54383 + 80910. — R. 149548.
(3) 40704 + 89675 + 453460 + 5000947 + 765. — R. 5585551.
(4) 210985 + 752 + 5705 + 14 + 3769454 + 10048. — R. 4026958.
(5) 76431 + 5507 + 34752 + 74807 + 89024. — R. 280521.
(6) 36159 + 853422 + 929 + 907576 + 23657 + 818. — R. 1822861.

107. — Effectuez les additions suivantes :

(1)	(2)	(3)	(4)
5,48	6,3	78,6	5,81
4,67	7,48	56,20	6,05
0,95	4,008	34,79	56,84
R. 11,10	17,788	169,59	68,70

108. — Effectuez les additions suivantes :

(1)	(2)	(3)	(4)
4,675	6,394	4,25	8,953
0,298	7,651	5,873	17,24
3,60	5,27	0,622	4,765
9,87	0,795	3,929	96,8
R. 18,443	20,110	14,674	127,758

109. — Effectuez les additions suivantes :

(1)	(2)	(3)	(4)
7,5	45,3	0,008	3,0009
154,068	0,007	17,5047	356,3
3,07	1925,34	2,7	0,08
R. 164,638	1970,647	20,2127	359,3809

110. — Effectuez les additions suivantes :

	(1)	(2)	(3)	(4)
	6,054	9,0745	75,043	6,4807
	0,8075	0,83217	548,76	0,37456
	4,07428	24,654	6,969	282,792
	56,083	0,9156	0,80745	8,0764
	0,7698	315,007	23,918	35,04829
R.	67,78858	350,48327	655,49745	332,77195

(Page 19 de l'Élève.)

111. — Effectuez les additions suivantes :

(1) 4,54 + 19 + 0,005 ; — **R.** 23,545.
(2) 0,009 + 7,2 + 54 ; — **R.** 61,209.
(3) 42 + 9,5 + 17,054 ; — **R.** 68,554.
(4) 72,05 + 4,254 + 17 + 0,1 ; — **R.** 93,404.
(5) 924 + 72,250 + 48,2173 + 0,0095 ; — **R.** 1044,5068.
(6) 4,55 + 0,008 + 75,668 + 49,07 + 0,2 ; — **R.** 129,496.

112. — Effectuez les additions suivantes :

(1) 0,045 + 0,70 + 0,795 + 5,06 + 77,504 ; — **R.** 84,104.
(2) 0,798 + 0,03 + 0,423 + 7,005 + 4,365 ; — **R.** 12,621.
(3) 0,75 + 0,905 + 3,056 + 70,016 + 54,8 ; — **R.** 129,557.
(4) 0,275 + 0,008 + 0,0004 + 9,8065 + 72,025 ; — **R.** 82,1149.
(5) 0,46 + 0,067 + 0,459 + 8,504 + 75,27 ; — **R.** 84,760.
(6) 0,22 + 0,89 + 0,054 + 0,217 + 0,805 + 0,0083. — **R.** 2,1943.

113. — Effectuez les additions suivantes :

	(1)	(2)	(3)	(4)
	0,75	7,20	8,10	0,75
	2,40	9,15	2,35	1,15
	6,05	12,30	13,05	10,05
	17,30	60,80	4,85	9,30
	12,25	2,75	17,20	18,45
	20,60	6,40	9,70	7,20
	0,85	18,25	41,40	31,10
	9,15	37,10	8,15	4,25
	38,50	4,05	2,80	13,05
	5,45	15,95	0,90	8,70
R.	113,30	173,95	108,50	104,00

114. — Effectuez les additions suivantes :

	(1)	(2)	(3)	(4)
	3,25	4,75	67,45	5,708
	3,05	2,90	43,30	52,307
	12,40	54,20	60,25	4,35
	6,10	96,70	80,75	2,97
	9,75	67,80	9,05	7,754
	6,30	3,60	7,60	42,850
	13,20	25,75	2,65	2,45
A reporter :	54,05	255,70	271,05	118,389

Report :	54,05	255,70	271,05	118,389
	40,70	89,85	7,80	9,01
	7,05	8,35	94,20	516,815
	9,10	6,70	77,40	437,009
	20,30	7,90	27,15	5,458
	8,50	6,25	80,90	176,320
	17,25	9,40	2,45	0,075
	4,05	7,65	4,85	9,85
	9,85	75,45	5,05	183,054
	0,75	84,35	17,95	64,225
	0,65	9,75	8,35	205,872
	12,10	7,40	6,20	0,239
	5,90	72,10	32,15	17,08
	2,35	19,15	61,40	25,32
R.	192,90	660,00	699,90	1768,746

(Page 20 de l'Élève.)

CHAPITRE IV

PROBLÈMES SUR L'ADDITION

(*Première année d'Arithmétique*, pages 26 à 36.)

Résolvez les problèmes suivants :

115. — Pierre avait 19 billes ; son père, pour le récompenser, lui en donne encore 54. Combien en a-t-il maintenant ? — **R.** 73 billes.

SOLUTION RAISONNÉE. — Pierre a maintenant 19 + 54 = 73 billes.

116. — Un bûcheron* a fait 3 tas de bois ; le 1er tas pèse 54 kilog., le 2e tas, 29 kilogr., et le 3e, 48 kilogr. Quel est le poids total des trois tas ? — **R.** 131 kilogrammes.

SOLUTION RAISONNÉE. — Le poids des 3 tas est la somme des 3 poids : $54^{kg} + 29^{kg} + 48^{kg} = 131$ kilogrammes.

117. — Dans une classe composée de 3 divisions, le maître a distribué 12 bons points à la 1re division, 15 à la 2e division et 19 à la 3e. Combien a-t-il été distribué de bons points en tout dans l'école ? — **R.** 46 bons points.

SOLUTION RAISONNÉE. — Il a été distribué 12 + 15 + 19 = 46 bons points.

118. — Un ouvrier a gagné dans 5 mois : le 1er mois, 69 fr. ; le

2e, 87 fr.; le 3e, 58 fr.; le 4e, 72 fr., et enfin le 5e, 93 fr. On demande ce qu'il a gagné en tout. — R. 379 francs.

SOLUTION RAISONNÉE. — L'ouvrier a gagné en tout 69 fr. + 87 fr. + 58 fr. + 72 fr. + 93 fr. = 379 francs.

119. — Mon frère Louis est né en 1854. En quelle année a-t-il eu 21 ans? — R. En 1875.

SOLUTION RAISONNÉE. — Il faut ajouter 21 ans à 1854; on a 1854 + 21 = 1875.

120. — Un voiturier porte sur sa charrette 6 colis* dont voici les poids respectifs : 442 kilogr., 59 kilogr., 63 kilogr., 29 kilogr., 163 kilogr., 97 kilogr. Quel est le poids de son chargement? — R. 853 kilogrammes.

SOLUTION RAISONNÉE. — Le poids du chargement est égal à $442^k + 59^k + 63^k + 29^k + 163^k + 97^k = 853$ kilogrammes.

121. — Un voyageur a fait 18 kilom. le lundi, 23 kilom. le mardi, et 34 kilom. le mercredi : combien a-t-il parcouru de kilomètres dans ces 3 jours? — R. 75 kilomètres.

SOLUTION RAISONNÉE. — Le voyageur a parcouru $18^{km} + 23^{km} + 34^{km} = 75$ kilomètres.

122. — Combien ai-je dépensé dans une semaine, si le lundi j'ai dépensé 2 fr. 05; le mardi, 0 fr. 95; le mercredi, 1 fr. 25; le jeudi, 0 fr. 80; le vendredi, 3 fr. 10; le samedi, 0 fr. 50; et enfin le dimanche, 2 fr. 60? — R. 11 fr. 25.

SOLUTION RAISONNÉE. — J'ai dépensé dans la semaine 2 fr. 05 + 0 fr. 95 + 1 fr. 25 + 0 fr. 80 + 3 fr. 10 + 0 fr. 50 + 2 fr. 60 = 11 fr. 25.

123. — Un enfant a déposé dans un mois à la caisse d'épargne* scolaire : une 1re fois, 0 fr. 25; une 2e fois, 0 fr. 10; une 3e fois, 1 fr. 05; une 4e fois, 0 fr. 75, et enfin une 5e fois, 0 fr. 15. On demande à combien s'élève le montant de ses versements. — R. A 2 fr. 30.

SOLUTION RAISONNÉE. — Le montant des versements égale 0 fr. 25 + 0 fr. 10 + 1 fr. 05 + 0 fr. 75 + 0 fr. 15 = 2 fr. 30.

124. — Une ménagère va au marché et fait les dépenses suivantes : chez le boucher, 1 fr. 25; chez l'épicier, 3 fr.; chez la marchande de légumes, 0 fr. 50; et enfin chez le boulanger, 2 fr. 05. Combien a-t-elle déboursé pour solder ces diverses dépenses? — R. 6 fr. 80.

SOLUTION RAISONNÉE. — La ménagère a dépensé 1 fr. 25 + 3 fr. + 0 fr. 50 + 2 fr. 05 = 6 fr. 80.

(Page 21 de l'Élève.)

125. — Un épicier a reçu pour 250 fr. de haricots, 425 fr. 75 de café, 718 fr. 05 de savon, et 49 fr. 40 de chandelles. Quelle somme lui faut-il pour payer toutes ces marchandises? — **R.** 1173 fr. 20.

SOLUTION RAISONNÉE. — L'épicier devra payer 250 fr. + 425 fr. 75 + 748 fr. 05 + 49 fr. 40 = 1473 fr. 20.

126. — J'ai maintenant 13 ans : quel âge aurai-je dans 25 ans? — **R.** 38 ans.

SOLUTION RAISONNÉE. — Dans 25 ans j'aurai 13 ans + 25 ans = 38 ans.

127. — Clovis* est monté sur le trône en l'an 481; il a régné 30 ans : en quelle année est-il mort? — **R.** En 511.

SOLUTION RAISONNÉE. — Il faut ajouter 30 ans à 481; on a : 481 + 30 = 511.

128. — Un régiment se compose de 3 bataillons. Le 1er bataillon a 850 hommes; le 2e, 945 hommes, et le 3e, 729 hommes. Quel est l'effectif* de ce régiment? — **R.** 2524 hommes.

SOLUTION RAISONNÉE. — L'effectif de ce régiment est de 850h + 945h + 729h = 2524 hommes.

129. — La fortune d'une personne se compose d'une vigne estimée 8500 fr., d'un champ estimé 3250 fr., et d'une maison estimée 42900 fr. Quelle est la fortune de cette personne? — **R.** 54650 fr.

SOLUTION RAISONNÉE. — La fortune de cette personne est égale à 8500 fr. + 3250 fr. + 42900 fr. = 54650 francs.

130. — Un arrondissement* comprend 7 cantons*. Le 1er a 8954 habitants; le 2e, 6529; le 3e, 5407; le 4e, 9208; le 5e, 6087; le 6e, 4274, et enfin le 7e, 10125 habitants. Quelle est la population de l'arrondissement? — **R.** 50584 habitants.

SOLUTION RAISONNÉE. —

Le 1er canton a	.....	8954	habitants.
Le 2e »	.....	6529	»
Le 3e »	.....	5407	»
Le 4e »	.....	9208	»
Le 5e »	.....	6087	»
Le 6e »	.....	4274	»
Le 7e »	.....	10125	»
Total	.....	50584	habitants.

131. — Quelle somme faut-il pour payer 5 ouvriers qui ont gagné : le 1er, 43 fr.; le 2e, 29f,75; le 3e, 18f,25; le 4e, 39f,40, et le 5e, 52f,15? — **R.** 182 fr. 55.

SOLUTION RAISONNÉE. —

Le 1er ouvrier a gagné	43f,00
Le 2e » »	29,75
Le 3e » »	18,25
Le 4e » »	39,40
Le 5e » »	52,15
Total.......	182f,55

132. — Un fermier* gagne 17 fr. en revendant une pouliche* qui lui avait coûté 278 fr. Combien la revend-il? — **R.** 295 fr.

SOLUTION RAISONNÉE. — Le fermier revend sa pouliche 278 fr. + 17 fr. = 295 francs.

133. — On a répandu dans un champ de luzerne* : une 1re fois, 724 litres de plâtre*; une 2e fois, 325 litres, et une 3e fois, 258 litres. Combien a-t-on répandu de litres de plâtre dans ce champ? — **R.** 1307 litres.

SOLUTION RAISONNÉE. — On a répandu 724 litres + 325 litres + 258 litres = 1307 litres de plâtre.

134. — On devait une certaine somme; on a donné 4 acomptes: le 1er, de 125 fr.; le 2[e], de 749 fr.; le 3[e], de 358[f],25, et le 4[e], de 201[f],20. A combien s'élève le montant de ces 4 versements? — **R.** 1433 fr. 45.

SOLUTION RAISONNÉE. — Le montant des versements est de 125 fr. + 749 fr. + 358 fr. 25 + 201 fr. 20 = 1433 fr. 45.

135. — Un charretier porte 4 barriques de vin sur sa voiture : la 1re barrique pèse 234 kilogr.; la 2[e], 228[k],75; la 3[e] 231[k],25, et la 4[e], 229 kilogr. Quel poids porte-t-il sur sa charrette? — **R.** 923 kilogrammes.

SOLUTION RAISONNÉE. — Le poids du chargement est de 234[k] + 228[k],75 + 231[k],25 + 229[k] = 923 kilogrammes.

136. — Louis, à qui ses parents ont donné 9[f],25 le jour de sa fête, a placé cette somme à la caisse d'épargne* scolaire. Il avait déjà versé, à diverses reprises, 11[f],75. A combien s'élève le montant de son avoir à la caisse d'épargne? — **R.** A 21 fr.

SOLUTION RAISONNÉE. — L'avoir de Louis à la caisse d'épargne est de 11 fr. 75 + 9 fr. 25 = 21 francs.

137. — Louis XIV* avait 5 ans quand il monta sur le trône. Il est mort après un règne de 72 ans. A quel âge est-il mort? — **R.** A 77 ans.

SOLUTION RAISONNÉE. — Louis XIV est mort à l'âge de 72 + 5 = 77 ans.

138. — J'avais 425 francs dans ma poche; je reçois de trois créanciers* : 1° 54[f],60; 2° 49[f],10; 3° 25[f],45. Quelle somme ai-je maintenant? — **R.** 554 fr. 15.

SOLUTION RAISONNÉE. — J'ai maintenant 425 fr. + 54 fr. 60 + 49 fr. 10 + 25 fr. 45 = 554 fr. 15.

139. — Un menuisier a dépensé 102[f],50 pour l'achat d'un noyer*; 82[f],50 pour 3 ormes*; 24[f],40 pour l'achat d'un sapin*. Combien a-t-il dépensé pour ces divers achats? — **R.** 209 fr. 40.

SOLUTION RAISONNÉE. — Le menuisier a dépensé 102 fr. 50 + 82 fr. 50 + 24 fr. 40 = 209 fr. 40.

(**Page 22** de l'Élève.)

140. — Un forgeron a acheté dans une année : le 1er trimestre, 25 quintaux de charbon ; le 2e, 32 quintaux ; le 3e, 41 quintaux, et le 4e, 37 quintaux. Combien a-t-il employé de quintaux de charbon dans l'année? — **R.** 135 quintaux.

SOLUTION RAISONNÉE. — Le forgeron a employé 25 + 32 + 41 + 37 = 135 quintaux de charbon.

141. — Un ouvrier se charge de faire un fossé. Le 1er jour il fait 13m,50 ; le 2e jour, 13m,75 ; le 3e jour, 17m,20, et il lui en reste encore à faire 54m,65. Quelle est la longueur du fossé ? — **R.** 99m,10.

SOLUTION RAISONNÉE. — La longueur du fossé est de 13m,50 + 13m,75 + 17m,20 + 54m,65 = 99m,10.

142. — Un marchand avait acheté 17m,50 de drap pour 358f,25, et il les revend avec un bénéfice de 39f,50. Il a acheté ensuite 47m,20 de drap pour 1161f,35 qu'il revend avec un bénéfice de 148f,75. Combien a-t-il acheté de mètres de drap? — Combien les a-t-il payés? — Combien a-t-il gagné en tout? — **R.** 1° 64m,70 — 2° 1522 fr. 60 — 3° 188 fr. 25.

SOLUTION RAISONNÉE.

Mètres achetés.	Prix d'achat.	Bénéfice.
17m,50	358f,25	39f,50
47m,20	1161 ,35	148 ,75
61m,70	1522f,60	188f,25

143. — Une personne doit 24f,75 au boulanger, 18f,50 au boucher, 129f,85 au tailleur et 33f,40 au cordonnier. Combien doit-elle en tout ? — **R.** 206 fr. 50.

SOLUTION RAISONNÉE. — Cette personne doit en tout 24 fr. 75 + 18 fr. 50 + 129 fr. 85 + 33 fr. 40 = 206 fr. 50.

144. — Pierre a 43 boules, son frère en a 38, et son cousin Lucien en a autant qu'eux deux. Combien Lucien a-t-il de boules, et combien en ont-ils à eux trois ? — **R.** Lucien a 81 boules, et tous trois en ont 162.

SOLUTION RAISONNÉE. — Lucien a 43 + 38 = 81 boules ; les 3 camarades en ont 43 + 38 + 81 = 162.

145. — Une ouvrière achète pour 0f,25 de soie, 0f,15 d'aiguilles, 1f,15 de fil, 0f,45 de tresse* et 0f,75 d'agrafes*. Quelle somme dépense-t-elle? — **R.** 2 fr. 75.

SOLUTION RAISONNÉE. — L'ouvrière dépense :

Soie......................	0f,25
Aiguilles.................	0,15
Fil.......................	1,15
Tresse....................	0,45
Agrafes...................	0,75
Total.....	2f,75

146. — Un négociant achète pour 398f,50 de marchandises, puis pour 811 fr., puis pour 796f,35, et enfin pour 1237f,95. A combien s'élèvent ses dépenses? — **R.** 3273 fr. 80.

SOLUTION RAISONNÉE. — Les dépenses du négociant sont :

1°.........	398f,50
2°.........	841,00
3°.........	796,35
4°.........	1237,95
Total..	3273f,80

147. — Un marchand a vendu d'abord 75m,45 pour 104f,35, puis 84m,40 pour 215 fr., puis 296 mètres pour 846f,50. Combien a-t-il vendu de mètres et pour quelle somme? — **R.** 1° 455m,85 — 2° 1165 fr. 85.

SOLUTION RAISONNÉE.

	Mètres vendus.	Prix de vente.
	75m,45	104f,35
	84,40	215,00
	296,00	846,50
Totaux...	455m,85	1165f,85

148. — Le 1er jour d'une semaine un tisserand fait 3m,75 de toile; le 2e jour, 2m,80; le 3e jour, 4 mètres; le 4e jour, 0m,70; le 5e jour, 2m,60, et le 6e jour, 3m,65. Combien a-t-il fait de mètres dans sa semaine? — **R.** 17m,50.

SOLUTION RAISONNÉE. — Le tisserand a fait :

Le 1er jour............	3m,75
Le 2e jour.............	2,80
Le 3e jour...	4,00
Le 4e jour.............	0,70
Le 5e jour.............	2,60
Le 6e jour.............	3,65
Total....	17m,50

149. — Un terrassier* a défoncé* 110 mètres carrés de terrain le lundi, 105 mètres le mardi, 100m le mercredi, 95m le jeudi, 90m le vendredi et 86m le samedi. Quelle étendue a-t-il défoncée dans sa semaine? — **R.** 566 mètres carrés.

SOLUTION RAISONNÉE. — Le terrassier a défoncé 110 + 105 + 100 + 95 + 90 + 86 = 566 mètres carrés.

150. — Un fermier* a dépensé 72f,30 pour frais de labour*, 145f,85 en engrais*, 21f,40 en semence*, et 13f,55 en impôts* pour un seul champ. Que lui coûte la récolte de ce champ? — **R.** 253 fr. 10.

SOLUTION RAISONNÉE. — La récolte du fermier lui coûte :

Labour.............	72f,30
Engrais....	145,85
Semence....	21,40
Impôts..............	13,55
Total....	253f,10

151. — Trois personnes ont formé une société : la première a mis 25400 fr. dans cette société, la deuxième 18700 fr. et la troisième 31500 fr. Quelle est la somme dont disposent les associés*? — **R**. 78600 fr.

SOLUTION RAISONNÉE. — Les associés disposent de 25400 fr. + 18700 fr. + 34500 fr. = 78600 francs.

152. — Pour la réparation d'une maison, on a payé : au maître maçon, 537 fr. ; au menuisier, 318 fr. ; au peintre, 178 fr. ; au couvreur*, 290 fr. Quelle est la dépense totale? — **R**. 1323 fr.

SOLUTION RAISONNÉE. — La dépense totale est de 537 fr. + 318 fr. + 178 fr. + 290 fr. = 1323 fr.

(**Page 23** de l'Élève.)

153. — Une personne a dans sa cave trois pièces de vin : l'une contient 225 litres ; la deuxième, 250 lit. ; la troisième, 285 lit. Quelle quantité de vin cette personne a-t-elle en cave? — **R**. 760 litres.

SOLUTION RAISONNÉE. — Cette personne a $225^l + 250^l + 285^l =$ 760 litres de vin.

154. — Une locomotive* pèse 28000 kilog., son tender* pèse 9500 kilogr. ; de plus il contient 8000 kilogr. d'eau et 1700 kilogr. de charbon. Quel est le poids total de la locomotive et de son tender? — **R**. 47200 kilogrammes.

SOLUTION RAISONNÉE. — Le poids total est de $28000^k + 9500^k + 8000^k + 1700^k =$ 47200 kilogrammes.

155. — Un fermier* a récolté dans un champ 187 gerbes ; dans un second, 136 ; dans un troisième, 154 ; dans un quatrième, 92. Combien a-t-il récolté de gerbes en tout? — **R**. 569 gerbes.

SOLUTION RAISONNÉE. — Le fermier a récolté en tout 187 + 136 + 154 + 92 = 569 gerbes.

156. — On a payé 25f,70 pour 918 kilogr. de bourres de tanneries* ; on a payé ensuite 30f,20 pour 704 kilogr., puis 27f,75 pour 1090 kilogr. Combien a-t-on eu de ces bourres? — Combien a-t-on payé? — **R**. 1° 2712 kilogr. de bourres — 2° 83 fr. 65.

SOLUTION RAISONNÉE.

	Poids	918k.........	Prix	25f,70
	»	704	»	30,20
	»	1090	»	27,75
Totaux	»	2712k.........	»	83f,65

157. — Une pépinière* renferme 276 pommiers, 318 poiriers, 493 cerisiers, 379 pêchers et 185 abricotiers. Combien cette pépinière renferme-t-elle d'arbres? — **R.** 1651 arbres.

SOLUTION RAISONNÉE. — Cette pépinière renferme 276 + 318 + 493 + 379 + 185 = 1651 arbres.

158. — Une personne achète une maison 18500 fr.; elle y fait des réparations pour 2640 fr., et réalise, en la vendant, un bénéfice de 4360 fr. Combien l'a-t-elle revendue? — **R.** 25500 fr.

SOLUTION RAISONNÉE. — La maison a été revendue 18500 fr. + 2640 fr. + 4360 fr. = 25500 fr.

159. — On a acheté 1200 kilogr. de colombine* pour 106 fr., et on a payé 67f,70 pour une autre voiture pesant 573 kilogr. Combien a-t-on eu de kilogr. de cet engrais*? — Combien a-t-on déboursé? — **R.** 1° 1773 kilogr. d'engrais — 2° 173 fr. 70.

SOLUTION RAISONNÉE.

Poids	1200k	Prix	106f »
»	573	»	67 ,70
Totaux »	1773k	»	173f,70

160. — La toison* de mon mouton pesait 1k,750 et a été vendue 5f,60; celle de ma brebis pesait 1k,500 et a été vendue 4f,80; enfin celle de mon agneau pesait 380 gr. et a été vendue 0f,60. Combien ai-je eu de laine? — Quelle somme en ai-je retirée? — **R.** 1° 3 kilogrammes 630 de laine — 2° 11 fr.

SOLUTION RAISONNÉE.

Toison du mouton.......	Poids	1k,750	Prix	5f,60
Toison de la brebis......	»	1 ,500	»	4 ,80
Toison de l'agneau......	»	0 ,380	»	0 ,60
Totaux....	»	3k,630	»	11f »

161. — Établissez la facture suivante :

5 kilogrammes sucre..............	7f,30
500 grammes bougie..............	1 ,80
1 litre vinaigre................	0 ,80
500 grammes café..............	2 , »
250 grammes allumettes..........	0 ,25
500 grammes sucre en poudre.......	0 ,75
4 kilogrammes huile épurée........	6 , »
125 grammes tripoli*.............	0 ,45
125 grammes poivre gris..........	0 ,50
500 grammes pruneaux*..........	0 ,80
250 grammes figues..............	0 ,60
500 grammes savon noir..........	0 ,40
Total	21f,65

(Page 24 de l'Élève.)

162. — Établissez le mémoire* suivant :

Ramoné la cheminée de la cuisine........	0^{f},75
Bouché le conduit de la cheminée du poêle*.	2 ,50
Fourni un bout de tuyau en tôle*.........	0 ,40
Fourni un coude*.......................	0 ,50
Fourni un demi-sac de plâtre*...........	0 ,40
Total.....	4^{f},55

163. — Faites le relevé de factures suivant :

Décembre	7	Facture remise................	17^{f},25
	14	—	31 ,50
Janvier..	2	—	64 ,95
	28	—	15 ,50
		Total	129^{f},20

164. — Faites le relevé de factures suivant :

Janvier..	1er	Facture remise................	6^{f}, »
	4	—	26 ,90
Février..	11	—	69 ,05
	12	—	7 ,80
Mars.....	4	—	26 ,60
	26	—	58 ,30
		Total.....	194^{f},65

165. — Faites le relevé de factures suivant :

Février..	1er	Facture remise................	70^{f},60
	3	—	9 , »
	8	—	39 ,05
	15	—	31 , »
	22	—	21 , »
		Total.....	170^{f},65

166. — Faites le relevé de factures suivant :

Mars....	1er	Facture remise................	91^{f},85
	8	—	22 ,75
	9	—	7 , »
Juin.....	16	—	29 ,95
	22	—	44 ,10
Août....	5	—	23 ,55
		Total.....	219^{f},20

167. — Faites le relevé de factures suivant :

Avril....	7	Facture remise................	30^{f},20
	12	—	18 ,50
	19	—	45 ,85
	27	—	25 ,20
	30	—	41 ,45
		Total.....	161^{f},20

168. — Faites le relevé de factures suivant :

Mai......	10	Facture remise..................	45f,50
	17	—	13 ,55
	24	—	24 ,45
	31	—	11 ,75
		Total.....	95f,25

(Page 25 de l'Élève.)

CHAPITRE V

EXERCICES SUR LA SOUSTRACTION

(*Première année d'Arithmétique*, pages 37 à 47.)

169. — Effectuez les soustractions suivantes :

	(1)	(2)	(3)	(4)
	897	736	8 879	68 947
	234	124	2 345	21 605
R.	663	612	6 534	47 342

	(5)	(6)	(7)	(8)
	728 391	644 895	108 769	476 639
	514 021	123 521	25 143	124 312
R.	214 370	521 374	83 626	352 327

170. — Effectuez les soustractions suivantes :

	(1)	(2)	(3)	(4)	(5)	(6)
	53	48	24	95	43	56
	27	39	20	12	39	48
R.	26	9	4	83	4	8

171. — Effectuez les soustractions suivantes :

	(1)	(2)	(3)	(4)	(5)	(6)
	529	438	745	1 274	7 854	24 795
	437	246	576	895	3 743	10 789
R.	92	192	169	379	4 111	14 006

172. — Effectuez les soustractions suivantes :

	(1)	(2)	(3)	(4)
	8 205	6 543	7 218	9 611
	1 982	2 918	5 873	3 807
R.	6 223	3 625	1 345	5 804

	(5)	(6)	(7)	(8)
	1 222	5 132	1 572	2 381
	568	4 344	573	604
R.	654	788	999	1 777

173. — Effectuez les soustractions suivantes :

	(1)	(2)	(3)	(4)
	1 003	50 108	20 007	10 010
	497	26 249	18 839	9 526
R.	506	23 859	1 168	514

	(5)	(6)	(7)	(8)
	10000	72000	80300	100001
	2853	69583	79299	99829
R.	7147	2417	1001	172

174. — Effectuez les soustractions suivantes :

	(1)	(2)	(3)	(4)
	6665	33332	555554	111110
	4999	18888	266666	77777
R.	1666	14444	288888	33333
	(5)	(6)	(7)	(8)
	34444	277777	265431	501233
	15679	20988	199999	155555
R.	18765	256789	65432	345678

175. — Effectuez les soustractions suivantes :

(1) 784792 — 698075 ; R. 86717

(2) 39468257 — 21890765 ; R. 17577492

(3) 2007008 — 1789456 ; R. 217552

(4) 709804567 — 439876547 ; R. 269928020

(Page **26** de l'Élève.)

176. — Effectuez les soustractions suivantes :

(1) 10000784 — 5724236 ; R. 4276548

(2) 40789045 — 39876547 ; R. 912498

(3) 2725734 — 2649527 ; R. 76207

(4) 4400725 — 3549856 ; R. 850869

177. — Effectuez les soustractions suivantes :

	(1)	(2)	(3)	(4)
	7,4	6,1	5,4	8,2
	2,8	1,9	4,7	6,5
R.	4,6	4,2	0,7	1,7
	(5)	(6)	(7)	(8)
	3,75	2,24	6,40	7,05
	1,54	1,18	3,56	1,60
R.	2,21	1,06	2,84	5,45

178. — Effectuez les soustractions suivantes :

	(1)	(2)	(3)	(4)
	4,345	7,182	2,630	9,04
	1,827	0,529	1,879	6,751
R.	2,518	6,653	0,751	2,289
	(5)	(6)	(7)	(8)
	8,105	4,230	5,66	3,54
	5,9	1,631	2,481	1,295
R.	2,205	2,599	3,179	2,245

179. — Effectuez les soustractions suivantes :

	(1)	(2)	(3)	(4)
	0,40856	0,102	0,623	0,007
	0,1978	0,0956	0,518	0,0062
R.	0,21076	0,0064	0,105	0,0008

	(5)	(6)	(7)	(8)
	2	1	3	5
	0,185	0,876	2,991	1,007
R.	1,815	0,124	0,009	3,993

180. — Effectuez les soustractions suivantes :

	(1)	(2)	(3)	(4)
	7,5	0,087	724	432,7
	4,925	0,005	3,005	24,549
R.	2,575	0,082	720,995	408,151

	(5)	(6)	(7)	(8)
	0,7	34,07	7856	2,7
	0,078	29,589	0,8754	0,987
R.	0,622	4,481	7855,1246	1,713

181. — Effectuez les soustractions suivantes :

(1) 2 — 0,9876 **R.** 1,0124
(2) 43,7 — 39 **R.** 4,7
(3) 725 — 649,39 **R.** 75,61
(4) 432,7 — 226,495 **R.** 206,205
(5) 3,2 — 0,008 **R.** 3,192
(6) 7 — 3,4789 **R.** 3,5211
(7) 7256,3 — 3,87 **R.** 7252,43
(8) 521,008 — 519 **R.** 5,008.

182. — Effectuez les soustractions suivantes :

(1) 0,312 — 0,077 **R.** 0,235
(2) 0,804 — 0,459 **R.** 0,345
(3) 0,54 — 0,0053 **R.** 0,5347
(4) 5,07 — 0,4302 **R.** 4,6398
(5) 6 — 0,0039 **R.** 5,9961
(6) 12,805 — 10,9675 **R.** 1,8375
(7) 4,5 — 4,383 **R.** 0,127
(8) 7,02 — 5,0175 **R.** 2,0025

(**Page 27** de l'Élève.)

183. — Effectuez les soustractions suivantes :

1. Retrancher 29 de 45 .... **R.** 16
2. — 185 de 200......... **R.** 15
3. — 2072 de 3004....... **R.** 932
4. — 10529 de 11000..... **R.** 471
5. — 0,51 de 1.......... **R.** 0,49
6. — 6,072 de 7......... **R.** 0,928
7. — 0,2005 de 1,9....... **R.** 1,6995
8. — 0,87635 de 1,005 ... **R.** 0,12865
9. — 0,00102 de 1,1 ..... **R.** 1,09898
10. — 0,000658 de 0,0007.. **R.** 0,000042

CHAPITRE VI

PROBLÈMES SUR LA SOUSTRACTION

(*Première année d'Arithmétique*, pages 37 à 47.)

184. — Louis avait 59 bons points; par sa mauvaise conduite, il en a perdu 12. Combien lui en reste-t-il? — **R.** 47.

SOLUTION RAISONNÉE. — Il lui en reste 59 – 12 = 47.

185. — Si une marchandise coûte 124 fr. et qu'on la revende 149 fr., quel bénéfice fait-on? — **R.** 25 francs.

SOLUTION RAISONNÉE. — On fait un bénéfice de 149 fr. – 124 fr. = 25 fr.

186. — Dans une caisse d'oranges de 725, il y en a 46 de gâtées. Combien en reste-t-il de saines? — **R.** 679.

SOLUTION RAISONNÉE. — Il en reste de saines 725 – 46 = 679.

187. — Une ménagère va au marché avec 25 francs; elle revient avec 17f,25. Qu'a-t-elle dépensé? — **R.** 7 fr. 75.

SOLUTION RAISONNÉE. — Elle a dépensé 25 fr. – 17 fr. 25 = 7 fr. 75.

188. — Un enfant sage reçoit tous les dimanches 0f,50 de ses parents; il dépense 0f,15 et place le reste à la caisse scolaire. Combien économise-t-il ainsi tous les dimanches? — **R.** 0 fr. 35.

SOLUTION RAISONNÉE. — Il économise chaque dimanche 0 fr. 50 – 0 fr. 15 = 0 fr. 35.

189. — Un charretier pèse sur une bascule* publique sa charrette et son chargement et trouve 5825 kilog.: sachant que le chargement seul pèse 4956 kilog., quel est le poids de la charrette? — **R.** 869 kilogrammes.

SOLUTION RAISONNÉE. — Le poids de la charrette est de 5825k – 4956k = 869 kilogrammes.

190. — Charlemagne* monta sur le trône en 768 et mourut en 814. Combien d'années a-t-il régné? — **R.** 46 ans.

SOLUTION RAISONNÉE. — Il a régné un nombre d'années égal à 814 – 768 = 46 ans.

191. — Christophe Colomb* découvrit l'Amérique* en 1492. En 1878, depuis combien d'années l'Amérique était-elle découverte? — **R.** Depuis 386 ans.

SOLUTION RAISONNÉE. — L'Amérique était découverte depuis un nombre d'années égal à 1878 – 1492 = 386 ans.

192. — Une personne aura 90 ans en 1888. En quelle année est-elle née? — **R.** En 1798.

SOLUTION RAISONNÉE. — Cette personne est née dans l'année 1888 – 90 = 1798.

193. — Deux tonneaux contiennent, l'un 428 litres et l'autre 349 litres. Combien l'un contient-il de plus que l'autre? — **R.** 79 litres.

SOLUTION RAISONNÉE. — L'un contient plus que l'autre $428^l - 349^l$ = 79 litres.

(Page 28 de l'Élève.)

194. — Un voyageur doit rester en route pendant 72 jours; s'il est en voyage depuis 49 jours, combien de jours restera-t-il encore avant de rentrer? — **R.** 23 jours.

SOLUTION RAISONNÉE. — Il restera encore en route $72^j - 49^j$ = 23 jours.

195. — Quelle est la différence de capacité de deux tonneaux qui contiennent, l'un 721 litres et l'autre 429 litres, 54? — **R.** $291^l,46$.

SOLUTION RAISONNÉE. — La différence de capacité est de 721 lit. – $429^l,54 = 291^l,46$.

196. — Un écolier a versé à la caisse d'épargne* scolaire $7^f,25$ en deux fois; la 1re fois il a versé $4^f,35$. Combien a-t-il versé la 2e fois? — **R.** 2 fr. 90.

SOLUTION RAISONNÉE. — Il a versé la 2e fois 7 fr. 25 – 4 fr. 35 = 2 fr. 90.

197. — Un régiment compte 2305 hommes; 434 hommes sont envoyés en détachement. Combien reste-t-il d'hommes au régiment? — **R.** 1871 hommes.

SOLUTION RAISONNÉE. — Il en reste 2305 – 434 = 1871.

198. — Une personne paie 2475 fr. sur une dette de 10350 fr. Que doit-elle encore? — **R.** 7875 francs.

SOLUTION RAISONNÉE. — Elle doit encore 10350 fr. – 2475 fr. = 7875 francs.

199. — On vend une marchandise $15^f,20$. Sachant qu'on gagne $3^f,40$, dire ce que coûte la marchandise. — **R.** 11 fr. 80.

SOLUTION RAISONNÉE. — La marchandise a coûté 15 fr. 20 – 3 fr. 40 = 11 fr. 80.

200. — Que faut-il ajouter à 357 pour avoir 524? — **R.** 167.

SOLUTION RAISONNÉE. — Il faut ajouter 524 – 357 = 167.

201. — Sur un compte de $725^f,80$ on fait une réduction de $13^f,45$. A combien s'élève le compte ainsi réduit? — **R.** 712 fr. 35.

SOLUTION RAISONNÉE. — Le compte ainsi réduit s'élève à 725 fr. 80 — 13 fr. 45 = 712 fr. 35.

202. — La tour de Strasbourg* a 142 mètres de hauteur et le

Panthéon*, à Paris, a 79 mètres. De combien la tour de Strasbourg est-elle plus haute que le Panthéon ? — **R.** De 63 mètres.

SOLUTION RAISONNÉE. — La tour de Strasbourg est plus haute de $142^m - 79^m = 63$ mètres.

203. — Une marchandise a coûté 3214 fr. Combien l'a-t-on revendue, si l'on a perdu 486 fr. ? — **R.** 2728 francs.

SOLUTION RAISONNÉE. — On l'a vendue 3214 fr. — 486 fr. = 2728 francs.

204. — Un laboureur aurait dû recevoir $248^f,75$; mais il n'a reçu que $197^f,80$. Que lui doit-on encore ? — **R.** 50 fr. 95.

SOLUTION RAISONNÉE. — On lui doit encore 248 fr. 75 — 197 fr. 80 = 50 fr. 95.

205. — Deux ouvriers ont fait ensemble 347 mètres d'un certain ouvrage ; le 1er a fait $175^m,25$. Combien de mètres a fait le second ? — **R.** $171^m,75$.

SOLUTION RAISONNÉE. — Le second a fait $347^m - 175^m,25 = 171^m,75$.

206. — François Ier* naquit en 1494 et mourut en 1547. Combien de temps a-t-il vécu ? — **R.** 53 ans.

SOLUTION RAISONNÉE. — Il a vécu un nombre d'années égal à 1547 — 1494 = 53 ans.

207. — Un maître doit à son domestique 249 fr. ; mais, en raison de divers dégâts, il croit devoir lui retenir $50^f,70$. Combien lui remet-il ? — **R.** 198 fr. 30.

SOLUTION RAISONNÉE. — Il lui remet 249 fr. — 50 fr. 70 = 198 fr. 30.

208. — Un navire doit exécuter un voyage de 95 jours. Il tient la mer depuis 49 jours ; combien sera-t-il encore de temps à rentrer au port ? — **R.** 46 jours.

SOLUTION RAISONNÉE. — Il restera encore en mer $95^j - 49^j = 46$ jours.

209. — Deux bœufs pèsent ensemble 1724 kil. ; l'un pèse $897^k,49$; quel est le poids de l'autre ? — **R.** $826^k,51$.

SOLUTION RAISONNÉE. — Le poids de l'autre est de $1724^k - 897^k,49 = 826^k,51$.

210. — Combien a duré un voyage qui a commencé le 2 du mois et qui finit le 13 ? — **R.** 11 jours.

SOLUTION RAISONNÉE. — Il a duré $13^j - 2^j = 11$ jours.

211. — Un régiment avait 2417 hommes la veille d'une bataille ; le lendemain, il n'avait plus que 1858 hommes. Quelle a été la perte de ce régiment ? — **R.** De 559 hommes.

SOLUTION RAISONNÉE. — La perte a été de $2417^h - 1858^h = 559$ hommes.

(**Page 29** de l'Élève.)

212. — Une personne gagne d'abord 3082 fr. dans une entreprise, puis perd dans une seconde 2905 fr. Quel est son bénéfice réel ? — **R.** 177 francs.

Solution raisonnée. — Son bénéfice est de 3082 fr. – 2905 fr. = 177 francs.

213. — Une personne hérite de 47000 fr., à la condition d'acquitter un legs* de 9650 fr. Quel est son héritage réel ? — **R.** 37350 francs.

Solution raisonnée. — Son héritage réel est de 47000 fr. – 9650 fr. = 37350 francs.

214. — Le Mont-Blanc, dans les Alpes*, est élevé de 4810 mètres, et la Maladetta, dans les Pyrénées*, de 3482 mètres. Quelle est la différence des hauteurs de ces deux montagnes ? — **R.** 1328 mètres.

215. — Dans une année, les naissances ont été à Paris de 53570, et les décès de 43664. Quel est l'excès des naissances sur les décès ? — **R.** De 9906.

216. — La plus haute montagne de l'Asie* est un pic* de l'Himalaya*, au Thibet*, qui s'élève à 8588 mètres. La plus haute montagne de l'Amérique* est la Nevada de Sorata, dans le Pérou*, dont la hauteur est de 7696 mètres. Quelle est la différence des hauteurs? — **R.** 892 mètres.

217. — Un père avait 32 ans à la naissance de son fils. Quel sera l'âge du fils quand le père aura 70 ans? — **R.** 38 ans.

218. — Une personne qui avait placé chez un banquier* 43500 fr. en retire 18720 francs. Quelle somme y laisse-t-elle ? — **R.** 24780 fr.

219. — Dans une année, le total des naissances dans toute la France a été de 1017896 et celui des décès de 979333. Quel a été l'excès des naissances sur les décès? — **R.** De 38563.

220. — La plus haute pyramide* d'Égypte* a 146 mètres, et la flèche des Invalides*, à Paris, a 105 mètres. Quelle est la différence ? — **R.** 41 mètres.

221. — La distance de Paris à Orléans* est de 121 kilomètres; celle de Paris à Bordeaux*, par Orléans, est de 578 kilomètres. Quelle est la distance d'Orléans à Bordeaux? — **R.** 457 kilomètres.

222. — La plus haute montagne de l'Afrique* est le pic de Ténériffe*, dans l'île de ce nom, dont la hauteur n'est que de 3710 mètres. De combien de mètres est-elle moins élevée que le pic de l'Himalaya en Asie*, qui a 8588 mètres, que la Nevada de Sorata en Amérique* qui a 7696 mètres, et que le Mont-Blanc* en Europe*, qui a 4810 mètres. — **R.** 1° 4878^{m}; — 2° 3986^{m}; — 3° 1100^{m}.

223. On fixe la fondation de Rome* à l'année 753 avant Jésus-Christ. A quelle année du monde correspond cette date, si le commencement de l'histoire remonte à 4963 avant Jésus-Christ? — R. L'an 1210.

224. — Les Turcs* comptent les années à partir de 622 après Jésus-Christ. Si leurs années avaient la même longueur que les nôtres, en quelle année seraient-ils en 1878? Mais l'année 1878 correspond pour eux à l'année 1294. Combien d'années ont-ils comptées de plus que nous? — R. 1° En l'an 1256. — 2° 38 années de plus que nous.

Solution raisonnée. — Si les années des Turcs avaient la même durée que les nôtres, ils seraient en 1878 dans l'année 1878 − 622 = 1256. — Mais comme ils sont en 1878 dans l'année 1294, ils ont compté 1294 — 1256 = 38 années de plus.

225. — La ville de Briançon, dans les Hautes-Alpes*, est située à une hauteur de 1306 mètres au-dessus de la mer. A combien de mètres est-elle située au-dessus du Vésuve*, qui n'est qu'à 1198 mètres au-dessus de la mer? — R. 108 mètres.

(**Page 30** de l'Élève.)

CHAPITRE VII

PROBLÈMES DE RÉCAPITULATION

SUR L'ADDITION ET LA SOUSTRACTION

(*Première année d'Arithmétique*, pages 26 à 47.)

226. — Un ouvrier gagne 3f,75 par jour. Il dépense 0f,45 pour son déjeuner, et 1f,15 pour son dîner. Que lui reste-t-il du prix de sa journée? — R. 2 fr. 15.

Solution raisonnée. — L'ouvrier dépense 0 fr. 45 + 1 fr. 15 = 1 fr. 60. Donc il lui reste 3 fr. 75 − 1 fr. 60 = 2 fr. 15.

227. — Une ménagère a dépensé au marché 7f,70; que lui reste-t-il, si elle avait 20 fr.? — R. 12 fr. 30.

228. — Un maître d'hôtel* va au marché et achète du beurre pour 7f,25, des légumes pour 2f,30, de la viande pour 11f,45, et de la volaille pour 19f,50. On demande quel est le montant de sa dépense et ce qui doit lui rester s'il avait 50 fr. — R. 1° 40 fr. 50; — 2° 9 fr. 50.

Solution raisonnée. — Le montant de sa dépense est de 7 fr. 25 + 2 fr. 30 + 11 fr. 45 + 19 fr. 50 = 40 fr. 50. — Il lui reste donc 50f − 40f,50 = 9f,50.

229. — On doit à une personne 525 fr. : on lui donne une 1re fois 275f,40, et une 2e fois 129f,25. Que lui doit-on encore? — **R.** 120f,35.

SOLUTION RAISONNÉE. — On a donné 275f,40 + 129f,25 = 404f,65. On doit donc encore 525f — 404f,65 = 120f,35.

230. — Un cultivateur achète un champ 1000 fr. Il le paie avec les prix de vente d'un cheval, d'une jument et d'un bélier. Le cheval a été vendu 576 francs et la jument 199 fr. de moins. Combien a été vendu le bélier? — **R.** 47 francs.

SOLUTION RAISONNÉE. — Le cheval ayant été vendu 576 fr., la jument a été vendue 576 fr. – 199 fr. = 377 fr. Donc le cheval et la jument ont été vendus ensemble 576 fr. + 377 fr. = 953 francs. Donc le bélier valait 1000 fr. – 953 = 47 francs.

231. — Un élève économe dépose à la caisse d'épargne scolaire: une 1re fois, 2f,25; une 2e fois, 0f,70; une 3e fois, 4f,75, et une 4e fois, 3f,30. Quelle somme a-t-il versée, et combien devrait-il verser encore pour avoir un livret de 25 fr.? — **R.** 1° 11 francs; — 2° 14 francs.

SOLUTION RAISONNÉE. — L'élève a versé 2f,25 + 0f,70 + 4f,75 + 3f,30 = 11 francs. Il devrait donc encore verser 25f – 11f = 14 fr.

232. — Une armée de 22 500 hommes reçoit un 1er renfort de 3450 hommes, et un 2e de 7849 hommes. A combien se trouve porté alors l'effectif de cette armée? — **R.** A 33 799 hommes.

SOLUTION RAISONNÉE. — L'effectif est alors égal à 22500h + 3 450h + 7 849h = 33799 hommes.

233. — Une maison, fraîchement réparée, a été vendue 24 950 fr ; les réparations sont évaluées à 7850 fr. A quel prix aurait-on dû vendre la maison avant les réparations? — **R.** 17 100 fr.

SOLUTION RAISONNÉE. — Son prix de vente aurait dû être diminué du prix des réparations; il aurait été de 24950f — 7850f = 17 100 francs.

234. — Une maison a coûté 27 348 fr.; on y fait pour 7025 fr. de réparations. Combien devrait-on la vendre si on voulait y faire un bénéfice de 2450 fr.? — **R.** 36 823 francs.

SOLUTION RAISONNÉE. — Il faudrait la vendre un prix égal à la somme des 3 nombres donnés : 27348 fr. + 7025 fr + 2450 fr. = 36 823 francs.

235. — Que reste-t-il d'une somme de 1000 fr. sur laquelle on a dépensé 248 fr. et 705 fr.? — **R.** 47 francs.

SOLUTION RAISONNÉE. — La dépense a été de 248 fr. + 705 fr. = 953 fr. Donc il reste 1000 fr. – 953 fr. = 47 fr.

(Page 31 de l'Élève.)

236. — Dans une école composée de 3 divisions, il y a 125 élèves; la 3e division comprend 45 élèves et la 2e 36 élèves. Combien y a-t-il d'élèves dans la 1re division? — **R.** 44 élèves.

SOLUTION RAISONNÉE. — La 2e et la 3e division comprennent 36 + 45 = 81 élèves. La première contiendra donc 125 — 81 = 44 élèves.

237. — Une vache laitière* donne annuellement 2075 litres de lait. Dans les 60 premiers jours de l'année, elle a donné 609 litres; dans les 90 jours suivants, 725 litres, et dans les deux mois suivants, 280 litres. Combien doit-elle encore donner de litres de lait? — **R.** 461 litres.

SOLUTION RAISONNÉE. — Dans les premiers mois de l'année la vache a donné 609l + 725l + 280l = 1614 litres. Donc dans les derniers mois elle donnera 2075l — 1614l = 461 litres.

238. — Une pièce de drap a 52m,60. On en a vendu une première fois 23m,50 et une seconde fois 17m,80. Que reste-t-il sur cette pièce? — **R.** 11m,30.

SOLUTION RAISONNÉE. On a vendu 23m,50 + 17m,80 = 41m,30; donc il en reste 52m,60 — 41m,30 = 11m,30.

239. — Un mercier* a vendu 148 fr. un ballot de coton qui lui coûtait 102f,20. Quel est son bénéfice? — **R.** 45 fr. 80.

240. — Une personne voudrait se libérer d'une dette de 748f,85. Elle donne deux acomptes* : l'un de 256f,70, et l'autre de 439f,50. Que doit-elle encore? — **R.** 52 fr. 65.

SOLUTION RAISONNÉE. — Elle a déjà donné 256 fr. 70 + 439 fr. 50 = 696 fr. 20. Donc elle doit encore 748 fr. 85 — 696 fr. 20 = 52 fr. 65.

241. — Sur une pièce de drap de 32 mètres, on a pris 5m,25 pour un habit, 2m,50 pour un pantalon et 6m,75 pour un manteau. Que reste-t-il encore de cette pièce de drap? — **R.** 17m,50.

SOLUTION RAISONNÉE. — On a déjà pris sur la pièce 5m,25 + 2m,50 + 6m,75 = 14m,50. Donc il reste encore 32m — 14m,50 = 17m,50.

242. — Une armée comptait 50264 hommes avant la bataille : après la bataille, il n'y avait plus que 46478 hommes. Combien manquait-il d'hommes? — **R.** 3786 hommes.

243. — Un banquier* avait dans sa caisse 157380 fr. Combien lui reste-t-il après avoir fait deux paiements : l'un de 49560 fr., et l'autre de 25940 fr.? — **R.** 81880 francs.

SOLUTION RAISONNÉE. — Les deux paiements s'élèvent à 49560 fr. + 25940 = 75500 francs. Donc il lui reste encore 157380 fr. — 75500 fr. = 81880 francs.

244. — Un ouvrier a commencé un travail le 8 d'un mois, et l'a fini le 29 du même mois. Combien de jours a duré ce travail? — **R.** 21 jours.

245. — Un agriculteur* a consacré les 2500 fr. qu'il a retirés du produit de son vin à faire l'acquisition de divers instruments : 1° une charrette qui a été évaluée 695 fr.; 2° un tombereau évalué 348 fr.; 3° une charrue défonceuse évaluée 256 fr., et 4° une paire de charrues évaluées 125 fr. A combien s'élève le montant de ces diverses acquisitions, et que reste-t-il à cet agriculteur de cette somme de 2500 fr.? — **R.** 1° 1424 fr. — 2° 1076 francs.

SOLUTION RAISONNÉE. — Le montant des acquisitions s'élève à : 695 fr. + 348 fr. + 256 fr. + 125 fr. = 1424 fr. Donc il reste à l'agriculteur 2500 fr. — 1424 fr. = 1076 francs.

246. — Que reste-t-il à faire d'un travail qui a 125 mètres de longueur, si on en a déjà fait 48^m,20 et 39^m,85? — **R.** 36^m,95.

SOLUTION RAISONNÉE. — Le travail déjà fait est de 48^m,20 + 39^m,85 = 88^m,05. Celui qui reste à faire est donc de 125^m — 88^m,05 = 36^m,95.

247. — Un banquier* reçoit d'un négociant 50000 fr.; mais ce négociant retire une 1re fois 27315^f,80, et une 2e fois 18409^f,45, Quelle somme reste-t-il encore en dépôt chez le banquier? — **R.** 4244 fr. 75.

SOLUTION RAISONNÉE. — Le négociant a retiré 27315 fr. 80 + 18409 fr. 45 = 45755 fr. 25. Il lui reste donc encore en dépôt 50000 fr. — 45755 fr. 25 = 4244 fr. 75.

248. — Un berger avait 348 moutons; il en a vendu une première fois 159, et une seconde fois 130. Combien lui en reste-t-il? — **R.** 59 moutons.

SOLUTION RAISONNÉE. — Le berger a vendu 159 + 130 = 289 moutons. Donc il lui en reste 348 — 289 = 59.

249. — Une ferme a été achetée 22500 fr., mais il y manque divers ustensiles dont on fait l'acquisition et qui sont évalués 1250 fr. A combien revient la ferme? — **R.** A 23750 fr.

(Page 32 de l'Élève.)

250. — Une ferme a été achetée 42800 fr.; on y apporte des améliorations estimées 4300 fr.; on la revend en perdant 2500 fr. Combien l'a-t-on vendue? — **R.** 44600 fr.

SOLUTION RAISONNÉE. Avec les améliorations, la ferme revient à 42800 fr. + 4300 fr. = 47100 francs. Si on perd 2500 fr., c'est qu'on ne l'a vendue que 47100 fr. — 2500 fr. = 44600 francs.

251. — D'un tonneau de vin de 486 litres, on a retiré : le lundi, 9 litres; le mardi, 15 litres; le mercredi, 22 litres; le jeudi, 48 litres; le vendredi, 37 litres; le samedi, 56 litres, et enfin le dimanche, 19 litres. Que doit-il rester dans le tonneau? — **R.** 280 litres.

SOLUTION RAISONNÉE. — On a retiré du tonneau 9^l + 15^l + 22^l + 48^l + 37^l + 56^l + 19^l = 206 litres. Il doit en rester 486^l — 206^l = 280 litres.

252. — Un ouvrier économe place à la caisse d'épargne* $125^{f},40$, puis 75 fr., puis $90^{f},85$, puis $50^{f},50$, et enfin 200 fr. Une maladie le force à en retirer : d'abord 25 fr., puis 50 fr., puis 15 fr., puis 30 fr. Combien lui reste-t-il encore à la caisse d'épargne? — **R.** 421 fr. 25.

Solution raisonnée. — L'ouvrier a placé à la caisse d'épargne 125 fr. 40 + 75 fr. + 90 fr. 85 + 50 fr. 50 + 200 fr. = 541 fr. 75. Il en a retiré 25 fr. + 50 fr. + 15 fr. + 30 fr. = 120 fr. Donc il lui reste encore 541 fr. 75 — 120 fr. = 421 fr. 75.

CHAPITRE VIII

EXERCICES SUR LA MULTIPLICATION

(*Première année d'Arithmétique,* pages 48 à 56.)

253. — Effectuez les multiplications suivantes :

	(1)	(2)	(3)	(4)
	25	34	27	69
	4	9	8	7
R.	100	306	216	483

254. — Effectuez les multiplications suivantes :

	(1)	(2)	(3)	(4)
	3156	7824	450	27898
	2	6	3	5
R.	6312	46944	1350	139490

255. — Effectuéz les multiplications suivantes :

	(1)	(2)	(3)	(4)
	370809	42072	2474	32000
	7	6	9	8
R.	2595663	252432	22266	256000

256. — (1) Multipliez 192738046 par 2 — **R.** 385476092
(2) — 28170935 par 3 — **R.** 84512805
(3) — 290763845 par 4 — **R.** 1163055380
(4) — 987654321 par 5 — **R.** 4938271605
(5) — 232432531 par 6 — **R.** 1394595186
(6) — 230132423 par 7 — **R.** 1610926961

257. — (1) Multipliez 23414324 par 60 — **R.** 1404859440
(2) — 8196374 par 300 — **R.** 2458912200
(3) — 2736 par 4000 — **R.** 10944000
(4) — 7500 par 300 — **R.** 2250000
(5) — 32700 par 8000 — **R.** 261600000
(6) — 457800 par 50 — **R.** 22890000

(**Page 33** de l'Élève.)

258. — Effectuez les multiplications suivantes :

(1) 492 × 32 — **R.** 15744
(2) 388 × 47 — **R.** 18236
(3) 817 × 21 — **R.** 17157
(4) 1474 × 67 — **R.** 98758
(5) 12096 × 56 — **R.** 677376
(6) 672 × 96 — **R.** 64512
(7) 83781 × 17 — **R.** 1424277
(8) 12065 × 95 — **R.** 1146175

259. — Effectuez les multiplications suivantes :

(1) 8554 × 21 — **R.** 179634
(2) 6059 × 33 — **R.** 199947
(3) 8968 × 26 — **R.** 233168
(4) 837 × 43 — **R.** 35991
(5) 1666 × 17 — **R.** 28322
(6) 62852 × 76 — **R.** 4776752
(7) 4760 × 56 — **R.** 266560
(8) 4506 × 63 — **R.** 283878

260. — Effectuez les multiplications suivantes :

(1) 17103 × 53 — **R.** 906459
(2) 18144 × 56 — **R.** 1036061
(3) 1836 × 51 — **R.** 93636
(4) 1080 × 24 — **R.** 25920
(5) 2304 × 32 — **R.** 73728
(6) 9114 × 98 — **R.** 893172
(7) 8811 × 89 — **R.** 784179
(8) 20220 × 93 — **R.** 1880460

261. — Effectuez les multiplications suivantes :

(1) 168800 × 504 — **R.** 85075200
(2) 603586 × 743 — **R** 448464398
(3) 6561 × 769 — **R.** 5037719
(4) 8016 × 894 — **R.** 7193124
(5) 3456 × 436 — **R.** 1506816
(6) 503841 × 726 — **R.** 365790744
(7) 62889 × 743 — **R.** 46726527
(8) 462480 × 78 — **R.** 36073440

262. — Effectuez les multiplications suivantes :

(1) 235304 × 547 — **R.** 128711288
(2) 61368 × 7456 — **R.** 457559808
(3) 6948905 × 235 — **R.** 1632992675
(4) 8064 × 896 — **R.** 7225344
(5) 14615 × 327 — **R.** 4779105
(6) 136172 × 636 — **R.** 86605392
(7) 605604 × 654 — **R.** 396065016
(8) 26901 × 549 — **R.** 14768649

263. — Effectuez les multiplications suivantes :

(1) 1323 × 186 — **R.** 246078
(2) 144708 × 197 — **R.** 28507476
(3) 13890 × 929 — **R.** 12903810
(4) 154413 × 818 — **R.** 126309834
(5) 228872 × 40 — **R.** 9154880
(6) 88065 × 925 — **R.** 81460125
(7) 54928 × 634 — **R.** 34824352
(8) 755514 × 826 — **R.** 624054564

264. — Effectuez les multiplications suivantes :

	(1)	(2)	(3)	(4)
	4235	94325	425794	67945
	852	736	3255	834
R.	3608220	69423200	1385959470	56666130

265. — Effectuez les multiplications suivantes :

	(1)	(2)	(3)	(4)
	96923	823795	36745	49723
	425	1298	382	549
R.	41192275	1069285910	14036590	27297927

266. — Effectuez les multiplications suivantes :

	(1)	(2)	(3)	(4)
	32546	234675	36793	56783
	357	4225	824	456
R.	11618922	991501875	30317432	25893048

(Page **34** de l'Élève.)

267. — Effectuez les multiplications suivantes :

	(1)	(2)	(3)	(4)
	784029	13496	407926	7089245
	57	86	567	7653
R.	44689653	1160656	230727042	54253091985

268. — Effectuez les multiplications suivantes :

(1) 63729 × 35 — **R.** 2230515
(2) 5963 × 304 — **R.** 1812752
(3) 8073614 × 12 — **R.** 96883368
(4) 4278 × 5009 — **R.** 21428502
(5) 47029 × 8050 — **R.** 378583450
(6) 6253049 × 14 — **R.** 87542686
(7) 540026 × 80900 — **R.** 43688103400
(8) 42918 × 70006 — **R.** 3004517508

269. — Effectuez les multiplications suivantes :

(1) 7190832 × 16 — **R.** 115053312
(2) 30804 × 520001 — **R.** 16018110804
(3) 4007006 × 1003 — **R.** 4019027018
(4) 51975 × 1673 **R.** [illegible]
(5) 40308 × 52007 — **R.** 2096298156
(6) 30070 × 40900 — **R.** 1229863000

270. — Effectuez les multiplications suivantes :

(1) 20,7 × 3,45 — **R.** 71,415
(2) 35,43 × 2,4 — **R.** 85,032
(3) 54,73 × 65,4 — **R.** 3579,342
(4) 7,80 × 65,4 — **R.** 510,12
(5) 9,27 × 18,7 — **R.** 173,319
(6) 49,324 × 98,76 — **R.** 4871,23824

271. — Effectuez les multiplications suivantes :

(1) 923 × 76,54 — **R.** 70646,42
(2) 6,954 × 700 — **R.** 4867,8
(3) 3,207 × 46050 — **R.** 147682,35
(4) 70,80 × 65,070 — **R.** 4606,956
(5) 49,75 × 3,020 — **R.** 150,245
(6) 53,78 × 5,20 — **R.** 279,656

272. — Effectuez les multiplications suivantes :

(1) 105 × 3,015 — **R.** 316,575
(2) 4253 × 0,018 — **R.** 76,554
(3) 43,75 × 3,5 — **R.** 153,125
(4) 7,3 × 154 — **R.** 1124,2
(5) 0,009 × 1507 — **R.** 13,563
(6) 34,7 × 2,18 — **R.** 75,646

273. — Effectuez les multiplications suivantes :

	(1)	(2)	(3)	(4)
	7,25	0,008	66	3,25
	17	15,2	0,254	0,7
R.	123,25	0,1216	16,764	2,275

	(5)	(6)	(7)	(8)
	800	425,3	67,3	0,025
	15,725	0,1087	0,475	150,4
R.	12580	46,23011	31,9675	3,76

274. — Multipliez par 10 les nombres suivants :

(1) 35 × 10 = 350 (3) 7825 × 10 = 78250
(2) 254 × 10 = 2540 (4) 39 × 10 = 390

275. — Multipliez par 100 les nombres suivants :

(1) 107 × 100 = 10700 (3) 926 × 100 = 92600
(2) 89 × 100 = 8900 (4) 7060 × 100 = 706000

276. — Multipliez par 1000 les nombres suivants :

(1) 34 × 1000 = 34000 (3) 318 × 1000 = 318000
(2) 27 × 1000 = 27000 (4) 900 × 1000 = 900000

277. — Multipliez par 10 les nombres décimaux suivants :

(1) 0,3 × 10 = 3
(2) 15,24 × 10 = 152,4

(3) 0,008 × 10 = 0,08
(4) 431,7 × 10 = 4317
(5) 49,78 × 10 = 497,8
(6) 3,7965 × 10 = 37,965
(7) 1,3 × 10 = 13
(8) 2,008 × 10 = 20,08

(Page 35 de l'Élève.)

278. — Multipliez par 100 les nombres décimaux suivants :

(1) 0,4375 × 100 = 43,75
(2) 13,2071 × 100 = 1320,71
(3) 18,723 × 100 = 1872,3
(4) 36,2127 × 100 = 3621,27
(5) 0,0736 × 100 = 7,36
(6) 4,175 × 100 = 417,5
(7) 9,67 × 100 = 967
(8) 143,987 × 100 = 14398,7

279. — Multipliez par 1000 les nombres décimaux suivants :

(1) 12,756 × 1000 = 12756
(2) 6,18 × 1000 = 6180
(3) 314,15 × 1000 = 314150
(4) 948,759 × 1000 = 948759
(5) 8,196 × 1000 = 8196
(6) 24,7 × 1000 = 24700
(7) 18,267 × 1000 = 18267
(8) 17,23 × 1000 = 17230

280. — Multipliez successivement par 10, par 100 et par 1000 chacun des nombres décimaux suivants :

(1) 4,005 × 10 = 40,05
4,005 × 100 = 400,5
4,005 × 1000 = 4005
(2) 725,2 × 10 = 7252
725,2 × 100 = 72520
725,2 × 1000 = 725200
(3) 0,08 × 10 = 0,8
0,08 × 100 = 8
0,08 × 1000 = 80
(4) 47,5 × 10 = 475
47,5 × 100 = 4750
47,5 × 1000 = 47500

CHAPITRE IX

PROBLÈMES SUR LA MULTIPLICATION

(*Première année d'Arithmétique*, pages 57 à 60.)

281. — Combien y a-t-il de jours dans 49 semaines? — **R.** 343 jours.

SOLUTION RAISONNÉE. — Si dans une semaine il y a 7 jours, dans 49 semaines il y en aura 49 fois plus, ou 7 j. × 49 = 343 jours.

282. — Si l'hectolitre de vin coûte 19 fr., que devra-t-on payer pour 8 hectolitres? — **R.** 152 fr.

SOLUTION RAISONNÉE. — Si un hectolitre coûte 19 francs, 8 hectolitres coûteront 8 fois plus, ou 19 fr. × 8 = 152 fr.

283. — Quelle dépense fait-on en employant pendant 6 jours un ouvrier auquel on donne 3f,75 par jour? — **R.** 22f,50.

SOLUTION RAISONNÉE. — Si l'ouvrier reçoit 3 fr. 75 pour un jour, pour 6 jours il recevra 6 fois plus, ou 3f,75 × 6 = 22f,50.

284. — Un cultivateur met 7 minutes pour faire un sillon*. Combien mettra-t-il de minutes pour en faire 724? — **R.** 5068 minutes.

SOLUTION RAISONNÉE. — Si le cultivateur met 7 minutes pour faire un sillon, pour en faire 724 il mettra 724 fois plus de minutes, ou 7m × 724 = 5068 minutes.

285. — Un épicier achète 29 sacs de haricots à 38 fr. le sac. A combien s'élève le montant de son achat? — **R.** 1102 fr.

SOLUTION RAISONNÉE. — Si un sac coûte 38 francs, 29 sacs coûteront 29 fois plus, ou 38 fr. × 29 = 1102 fr.

286. — Quel est le nombre 8 fois plus grand que 2519? — **R.** 20 152.

287. — Un vitrier pose des carreaux à 9 fenêtres. Chaque fenêtre a 8 carreaux, et on lui paie chaque carreau à raison de 0f,50. Combien recevra-t-il en tout? — **R.** 36 fr.

SOLUTION RAISONNÉE. — Si un carreau coûte 0 fr. 50 et si chaque fenêtre a 8 carreaux, les carreaux d'une fenêtre coûteront 0f,50 × 8 = 4 fr. Les carreaux de 9 fenêtres coûteront 9 fois plus, ou 4 fr. × 9 = 36 fr.

288. — Une pièce de vin coûte 125f,80. Que devra-t-on payer pour 4 pièces? — **R.** 503f,20.

SOLUTION RAISONNÉE. — Si une pièce de vin coûte 125f,80, 4 pièces coûteront 4 fois plus, ou 125f,80 × 4 = 503f,20.

289. — Il y a 60 minutes dans une heure, 24 heures dans un jour, et 365 jours dans l'année. On demande : 1° combien il y a de minutes dans un jour; 2° combien il y a d'heures dans une année. — **R.** 1° 1440 minutes dans un jour; — 2° 8660 heures dans une année.

SOLUTION RAISONNÉE. — 1° Puisqu'une heure contient 60 minutes, 24 heures, ou un jour, en contiendront 24 fois plus, ou 60 minutes × 24 = 1440 minutes; 2° puisqu'un jour contient 24 heures, 365 jours, ou une année, en contiendront 365 fois plus, ou 24 heures × 365 = 8660 heures.

290. — On demande combien il y a de jours dans un siècle, sachant qu'un siècle est de cent ans, et que tous les quatre ans l'année est bissextile, c'est-à-dire qu'elle a un jour de plus que l'année ordinaire. — **R.** 36525 jours.

SOLUTION RAISONNÉE. — Si l'année était toujours de 365 jours, dans un siècle, ou cent ans, il y aurait 100 fois plus de jours, ou 365 × 100 = 36500. Mais dans 100 ans, il y a 25 années bissextiles; donc il y aura 25 jours de plus, ou 36500 + 25 = 36525 jours.

(**Page 36** de l'Élève.)

291. — Un petit colporteur* vend des crayons à raison de 0f,08 la pièce. Il en a vendu 45. Combien a-t-il reçu? — **R.** 3f,60.

SOLUTION RAISONNÉE. — Le colporteur a reçu 0f,08 × 45 = 3f,60.

292. — Un maître maçon emploie pendant 8 jours 12 ouvriers, qu'il paie à raison de 2f,75 par jour. Quelle somme lui faudra-t-il pour payer tous les ouvriers? — **R.** 264 fr.

SOLUTION RAISONNÉE. — Puisque chaque ouvrier reçoit 2f,75 par jour, pour 8 jours il recevra 8 fois plus, ou 2f,75 × 8 = 22 fr., et 12 ouvriers recevront 12 fois plus, ou 22 fr. × 12 = 264 fr.

293. — Il y a 52 semaines dans une année, et la semaine est de 6 jours de travail. Combien y a-t-il de jours de travail dans une année? — **R.** 312 jours.

SOLUTION RAISONNÉE. — Puisqu'il y a 6 jours de travail dans une semaine, dans 52 semaines, ou une année, il y en aura 52 fois plus, ou 6 j. × 52 = 312 jours.

294. — Quel sera le prix de 8 pièces d'étoffe de chacune 120 mètres, à raison de 0f,90 le mètre? — **R.** 864 fr.

SOLUTION RAISONNÉE. — Si 1 pièce d'étoffe contient 120 mètres, 8 pièces d'étoffe en contiendront 8 fois plus, ou 120m × 8 = 960 mètres. Si 1 mètre d'étoffe coûte 0f,90, 960 mètres coûteront 960 fois plus, ou 0f,90 × 960 = 864 fr.

295. — On a acheté 18 caisses d'oranges contenant chacune 125 oranges, à raison de 0f,15 l'orange. Combien devra-t-on débourser pour solder cet achat? — **R.** 337f,50.

SOLUTION RAISONNÉE. — Si une caisse contient 125 oranges, 18 caisses en contiendront 18 fois plus, ou 125 × 18 = 2250 oranges. Si une orange coûte 0f,15, 2250 oranges coûteront 2250 fois plus, ou 0f,15 × 2250 = 337f,50.

296. — Un ouvrier gagne 2f,85 par jour. Que gagne-t-il dans un mois, s'il travaille 25 jours? — **R.** 71f,25.

SOLUTION RAISONNÉE. — Si un ouvrier gagne 2f,85 par jour, en 25 jours il gagnera 25 fois plus, ou 2f,85 × 25 = 71f,25.

297. — Un employé reçoit 166f,66 par mois. Quel est son traitement annuel*? — **R.** 2000 fr.

SOLUTION RAISONNÉE. — Si un employé reçoit 166f,66 par mois, en 12 mois il recevra 12 fois plus, ou 166f,66 × 12 = 1999f,92, ou mieux 2000 fr.

298. — Un cultivateur a récolté 259 hectolitres de blé, qu'il vend 19f,70 l'hectolitre. Quel est le produit de sa récolte? — **R.** 5102f,30.

SOLUTION RAISONNÉE. — Si l'hectolitre de blé se vend 19f,70, 259 hectolitres se vendront 259 fois plus, ou 19f,70 × 259 = 5102f,30.

299. — On compte généralement qu'un are de terrain planté en vigne peut produire 3 hectolitres de vin. Que produirait, à ce compte, une vigne de 159 ares? — **R.** 477 hectolitres.

SOLUTION RAISONNÉE. — Si un are produit 3 hectolitres, 159 ares en produiront 159 fois plus, ou 3 hect. × 159 = 477 hectolitres.

300. — Une batterie d'artillerie est composée de 3 canons. Chaque canon tire 25 coups par heure. Dire le nombre de coups que la batterie peut tirer en 5 heures. — **R.** 375 coups.

SOLUTION RAISONNÉE. — Si un canon tire 25 coups par heure, 3 canons en tireront 3 fois plus, ou 25 × 3 = 75 coups, et en 5 heures ils en tireront 5 fois plus, ou 75 × 5 = 375 coups.

301. — Un général, au moment de livrer combat, fait distribuer 40 cartouches* à chacun des 25400 hommes qui sont sous ses ordres. Quel est le nombre de cartouches distribuées? — **R.** 1016000 cartouches.

SOLUTION RAISONNÉE. — Si chaque homme reçoit 40 cartouches, 25400 hommes en recevront 25400 fois plus, ou 40 × 25400 = 1016000 cartouches.

302. — Pour faire un certain ouvrage, 26 ouvriers ont mis 8 jours. Quel temps aurait-il fallu à un seul ouvrier pour faire ce même ouvrage? — **R.** 208 jours.

SOLUTION RAISONNÉE. — Si 26 ouvriers ont mis 8 jours à faire un ouvrage, 1 seul ouvrier aurait mis 26 fois plus de temps, ou 8 j. × 26 = 208 jours.

303. — Dans un parc*, on compte 15 rangées d'arbres; chaque rangée comprend 79 arbres. Combien y a-t-il d'arbres dans le parc? — **R.** 1185 arbres.

SOLUTION RAISONNÉE. — Si une rangée contient 79 arbres, 15 rangées en contiendront 15 fois plus, ou 79 × 15 = 1185 arbres.

304. — Dans le partage d'une certaine somme entre 15 personnes, chacune d'elles a eu 2f,40. Quelle est la somme distribuée? — **R.** 36 fr.

SOLUTION RAISONNÉE. — Si chaque personne a eu 2f,40, les 15 personnes ont eu 15 fois plus, ou 2f,40 × 15 = 36 fr.

305. — L'heure vaut 60 minutes, la minute 60 secondes. D'après cela, combien y a-t-il de secondes dans 12 heures? — **R.** 43 200 secondes.

SOLUTION RAISONNÉE. — Si une minute vaut 60 secondes, 1 heure, qui vaut 60 minutes, vaudra 60 fois plus de secondes, ou 60 × 60 = 3600 secondes, et 12 heures en vaudront 12 fois plus, ou 3600 × 12 = 43 200 secondes.

306. — On a compté 29 secondes, ou battements du pouls*, entre un éclair et le bruit du tonnerre. A quelle distance est-on du nuage orageux, la vitesse du son étant de 340 mètres par seconde? — **R.** A 9 860 mètres.

SOLUTION RAISONNÉE. — Si le son parcourt 340 mètres en une seconde, en 29 secondes il en parcourra 29 fois plus, ou 340 mètres × 29 = 9860 mètres.

(Page 37 de l'Élève.)

307. — Un épicier a reçu 15 balles* de morue*. Si la balle lui coûte 40f,75, combien doit-il? — **R.** 611f,25.

SOLUTION RAISONNÉE. — Si une balle de morue coûte 40f,75, 15 balles coûteront 15 fois plus, ou 40f,75 × 15 = 611f,25.

308. — Cinq ouvriers ont fait ensemble un certain ouvrage. Chaque ouvrier fait 35 mètres de cet ouvrage. Combien les 5 ouvriers en ont-ils fait? — **R.** 175 mètres.

SOLUTION RAISONNÉE. — Si un ouvrier a fait 35 mètres, 5 ouvriers en ont fait 5 fois plus, ou 35 mèt. × 5 = 175 mètres.

309. — Un laboureur trace un sillon* en 5 minutes. Combien de minutes mettra-t-il pour tracer 480 sillons? — **R.** 2400 minutes.

SOLUTION RAISONNÉE. — S'il faut 5 minutes pour tracer un sillon, pour en tracer 480, il faudra 480 fois plus de minutes, ou 5 min. × 480 = 2400 minutes.

310. — Si le drap coûte 11f,40 le mètre, quel sera le prix de 28m,45? — **R.** 324f,33.

SOLUTION RAISONNÉE. — Si un mètre coûte 11f,40, 28 mètres coûteront 28 fois plus, et les 45 centièmes d'un mètre coûteront les 45 centièmes de 11f,40; donc 28m,45 coûteront 11f,40 multipliés par 28 et par 0,45, ou 11f,40 × 28,45 = 324f,33.

311. — On a employé 18 ouvriers pour un certain travail pendant 12 jours. Quel temps eût-il fallu si on n'avait employé qu'un seul ouvrier? — R. 216 jours.

SOLUTION RAISONNÉE. — Si 18 ouvriers ont mis 12 jours, un seul ouvrier aurait mis 18 fois plus de jours, ou 12 j. × 18 = 216 jours.

312. — Quel est le nombre de citrons* contenus dans 4 caisses qui en contiennent chacune 12 douzaines? — R. 576 citrons.

SOLUTION RAISONNÉE. — Si une caisse contient 12 douzaines de citrons, elle en contient 12 × 12 = 144, et les 4 caisses en contiennent 4 fois plus, ou 144 × 4 = 576.

CHAPITRE X

PROBLÈMES DE RÉCAPITULATION

SUR L'ADDITION, LA SOUSTRACTION ET LA MULTIPLICATION

(*Première année d'Arithmétique*, pages 26 à 61.)

313. — Joseph va à l'école avec 19 noix; il en mange 6 et en donne 8 à un camarade. Combien lui en reste-t-il? — R. 5 noix.

SOLUTION RAISONNÉE. — Si Joseph mange 6 noix et en donne 8, il lui en manque 6 + 8 = 14; donc il lui en reste 19 — 14 = 5.

314. — Une montre avance de cinq minutes par jour, et une pendule retarde de trois minutes dans le même temps. Quelle sera l'avance de la montre sur la pendule au bout de 15 jours? — R. 2 heures.

SOLUTION RAISONNÉE. — La montre avance sur la pendule de 5m + 3m = 8 minutes, par jour. En 15 jours, cette avance sera 15 fois plus grande, ou 8 min. × 15 = 120 minutes ou 2 heures.

315. — On a acheté 785 fagots de sarments* à raison de 0f,08 le fagot. Combien doit-on? et, si on payait avec un billet de 100 fr., quelle somme resterait-il? — R. 1° 62f,80; — 2° 37f,20.

SOLUTION RAISONNÉE. — Si un fagot coûte 0f,08, 785 fagots coûteront 785 fois plus, ou 0f,08 × 785 = 62f,80. Sur un billet de 100 fr. il resterait 100 fr. — 62f,80 = 37f,20.

316. — Une ménagère va au marché avec 10 fr.; elle achète 2k,25 de haricots à 0f,45 le kilogramme, 3 paquets de radis à 0f,10 le paquet, 2^{k},525 de sucre à 1^{f},60 le kilogramme. Que lui restera-t-il après avoir payé ces emplettes? — **R.** 4^{f},65.

SOLUTION RAISONNÉE.

2^{k},25 de haricots à 0^{f},45	coûtent	0^{f},45 × 2,25	=	1^{f},01
3 paquets de radis à 0^{f},10	—	0 ,10 × 3	=	0 ,30
2^{k},525 de sucre à 1 ,60	—	1 ,60 × 2,525	=	4 ,04
		Total........		5^{f},35

Sur 10 francs il reste 10 fr. — 5^{f},35 = 4^{f},65.

317. — Un ouvrier gagne 3^{f},50 par jour; il dépense tous les jours 1^{f},80. Quel est le montant de ses économies après 45 jours de travail? — **R.** 76^{f},50.

SOLUTION RAISONNÉE. — Si un ouvrier gagne 3^{f},50 et dépense 1^{f},80 par jour, il économise 3^{f},50 — 1^{f},80 = 1^{f},70, et dans 45 jours il économisera 45 fois plus, ou 1^{f},70 × 45 = 76^{f},50.

318. — Un ouvrier gagne 1265 fr. par an et dépense 923^{f},75. Que lui restera-t-il au bout de l'année? — **R.** 341^{f},25.

SOLUTION RAISONNÉE. — Il reste à l'ouvrier 1265 fr. — 923^{f},75 = 311^{f},25.

319. — Une flotte* est composée de 4 vaisseaux et de 3 frégates*. Chaque vaisseau porte 920 hommes et chaque frégate 345 hommes. Quel est le nombre d'hommes se trouvant sur cette flotte? — **R.** 4715 hommes.

SOLUTION RAISONNÉE.

Les 4 vaisseaux portent....	920 × 4	=	3680 hommes
Les 3 frégates en portent...	345 × 3	=	1035 —
	Total...........		4715 hommes

(**Page 38** de l'Élève.)

320. — Un valet de ferme reçoit 345 fr. de gages, en outre de la nourriture évaluée 425^{f},50. Combien peut-il dire qu'il gagne par an? — **R.** 770^{f},50.

SOLUTION RAISONNÉE. — Ce valet gagne par an 345 fr. + 425^{f},50 = 770^{f},50.

321. — Un peintre d'enseignes a fait 18 lettres, qu'on lui paie à raison de 0^{f},12 par lettre. Combien reçoit-il? — **R.** 2^{f},16.

SOLUTION RAISONNÉE. — Il reçoit 18 fois 0^{f},12, ou 0^{f},12 × 18 = 2^{f},16.

322. — Un marchand de faïence* avait en magasin 748 assiettes; il en a vendu une 1re fois 496 et une 2e fois 226. Combien lui en reste-t-il, et combien lui en manque-t-il pour servir un autre client qui lui en demande 50? — **R.** 1° 26 assiettes; 2° 24 assiettes.

SOLUTION RAISONNÉE. — Le marchand a vendu 496 + 226 = 722 assiettes. Il lui en reste donc 748 — 722 = 26. Pour en livrer 50, il lui en manque 50 — 26 = 24.

323. — Quel est le nombre d'élèves contenus dans une salle de classe, sachant qu'il y a 8 tables contenant chacune 6 élèves, et 3 bancs contenant chacun 5 élèves? — R. 63 élèves.

SOLUTION RAISONNÉE.

Les 8 tables contiennent	6 × 8 =	48 élèves
Les 3 bancs —	5 × 3 =	15 —
	Total............	63 élèves

324. — Un ouvrier a fait pour un particulier 15 journées à 3f,25 la journée. L'ouvrier a reçu un acompte de 22f,15. Combien lui est-il dû encore? — R. 26f,60.

SOLUTION RAISONNÉE. — Les 15 journées de l'ouvrier valent 3f,25 × 15 = 48f,75. S'il a reçu 22f,15, il lui est encore dû 48f,75 — 22f,15 = 26f,60.

325. — On a partagé une propriété de 325 ares entre 4 frères; les 3 premiers ont eu chacun 70ares,25. Quelle est la part du 4e, s'il a le reste? — R. 114a,25.

SOLUTION RAISONNÉE. — Les 3 premiers ont reçu 70a,25 × 3 = 210a,75. Le 4e aura 325 ar. — 210a,75 = 114a,25.

326. — Un instituteur a dans sa classe 56 élèves, dont 48 paient 2f,50 et 8 paient 2 fr. A combien s'élève par mois la rétribution* scolaire de tous ces élèves? — R. 136 francs.

SOLUTION RAISONNÉE.

Les 48 élèves paient...	2f,50 × 48 =	120 francs
Les 8 — ...	2 fr. × 8 =	16 —
	Total..........	136 francs

327. — Un manufacturier* emploie 25 ouvriers; 18 de ces ouvriers gagnent 2f,25 par jour et les autres 2f,80. Dites quelle est la somme nécessaire pour payer à tous ces ouvriers une semaine de travail, sachant qu'ils ne travaillent pas le dimanche. — R. 360f,60.

SOLUTION RAISONNÉE. — Les 18 ouvriers gagnent par jour 2f,25 × 18 = 40f,50; les autres ouvriers sont au nombre de 25 — 18 = 7, et gagnent 2f,80 × 7 = 19f,60. Les 25 ouvriers gagnent donc par jour 40f,50 + 19f,60 = 60f,10. Dans les 6 jours de la semaine ils gagneront 60f,10 × 6 = 300f,00.

328. — Quel est est le bénéfice réalisé par un marchand qui a vendu une pièce d'étoffe de 18m,25 à 2f,75 le mètre, sachant que cette pièce d'étoffe coûtait 38f,90? — R. 11f,30.

SOLUTION RAISONNÉE. — Le marchand a vendu son étoffe 2f,75 × 18,25 = 50f,1875, ou mieux 50f,20. Donc son bénéfice est de 50f,20 — 38f,90 = 11f,30.

329. — Un marchand de vin a acheté 590 hectolitres de vin à

19f,25 l'hectolitre; il le revend à raison de 18f,75 l'hectolitre. Quelle perte éprouve-t-il? — R. 295 francs.

Solution raisonnée. — Le marchand perd sur chaque hectolitre 19f,25 — 18f,75 = 0f,50. Donc sur 590 hectolitres il perdra 0f,50 × 590 = 295 francs.

Remarque. — Pour faire la multiplication de 0f,50 par 590, il suffit de prendre la moitié de 590 francs; en effet 590 fois 1 franc feraient 590 fr.; donc 590 fois 0f,50, ou un demi-franc, feront la moitié de 590 ou 295 fr.

330. — Combien doit-on payer pour 15 douzaines de mouchoirs, si le mouchoir coûte 0f,45? — R. 81 francs.

Solution raisonnée. — 15 douzaines de mouchoirs font 12 × 15 = 180 mouchoirs; donc tous ces mouchoirs coûteront 0f,45 × 180 = 81 francs.

On peut aussi dire : une douzaine de mouchoirs coûtera 0f,45 × × 12 = 5f,40; donc 15 douzaines coûteront 5f,40 × 15 = 81 fr.

331. — Un joueur a perdu une 1re fois 48f,50; une 2e fois 27f,85, et enfin une 3e fois autant que les 2 premières fois. Combien a-t-il perdu cette 3e fois, et combien a-t-il perdu en tout? — R. 1° 76f,35; — 2° 152f,70.

Solution raisonnée. — La 3e fois le joueur a perdu 48f,50 + 27f,85 = 76f,35. Il a donc perdu en tout 76f,35 + 76f,35 ou 76f,35 × 2 = 152f,70.

332. — La lumière du soleil nous arrive en 8 minutes 16 secondes, et la vitesse de la lumière est de 75 000 lieues par seconde. Quelle est la distance de la terre au soleil? — R. 37 200 000 lieues.

Solution raisonnée. — 8 minutes 16 secondes valent 60 sec. × 8 + 16 sec. = 480 sec. + 16 secondes = 496 secondes. Donc la distance de la terre au soleil est de 75 000 lieues × 496 = 37 200 000 lieues.

Remarque. — Les nombres qui figurent dans ce problème ne sont pas d'une exactitude très rigoureuse. Les astronomes admettent quelquefois une ou deux secondes de plus ou de moins, et les 75 000 lieues sont encore plus contestées. En sorte qu'il sera bon de signaler aux enfants cette incertitude des données et du résultat, et de leur recommander de retenir seulement que la distance de la terre au soleil est comprise entre 36 000 000 et 38 000 000 de lieues.

333. — Un ouvrier fait en 12 jours 48 mètres d'ouvrage, payés 240 fr.; en 8 jours, 32 mètres, payés 160 fr.; et en 6 jours, 25 mètres, payés 104 fr. On demande combien il a travaillé de jours, combien il a fait de mètres d'ouvrage et combien il a reçu en totalité. — R. 1° 26 jours; — 2° 105 mètres; — 3° 504 francs.

SOLUTION RAISONNÉE. —	12 jours	48 mètres	240 francs.
	8	32	160
	6	25	104
Totaux....	26 jours	105 mètres	504 francs

(Page 39 de l'Élève.)

334. — Que gagne-t-on en revendant à 6f,50 le kilogramme 78 kilogrammes qui ont coûté 453f,60 ? — R. 53f,40.

SOLUTION RAISONNÉE. — 78 kilogr. à 6f,50 le kilogramme valent 6f,50 × 78 = 507 fr. Donc on gagne 507 fr. — 453f,60 = 53f,40.

335. — Combien y a-t-il de secondes dans 5 heures 28 minutes et 37 secondes? — R. 19717 secondes.

SOLUTION RAISONNÉE. — 5 heures et 28 minutes valent 60 min. × 5 + 28 min. = 328 minutes ; 328 min. et 37 sec. = 60 sec. × 328 + 37 sec. = 19680 sec. + 37 sec. = 19717 secondes.

336. — Un homme dépense 5 fr. par jour pour sa nourriture, 40 fr. par mois pour son logement et 600 fr. pour son entretien. A combien peuvent s'élever ses dépenses diverses, s'il a un revenu de 3600 francs? — R. 695 francs.

SOLUTION RAISONNÉE. — Cet homme dépense pour sa nourriture 5 fr. × 365 = 1825 fr., pour son logement 40 fr. × 12 = 480 fr., et pour son entretien 600 fr. ; en tout : 1825f + 480f + 600f = 2905 fr. Les autres dépenses peuvent donc s'élever à 3600 fr. — 2905 fr. = 695 francs.

337. — Une fontaine donne 18 litres d'eau par heure ; une deuxième donne 21 litres par heure, et une troisième 12 litres. Combien donneront-elles de litres en 2 jours 6 heures, si elles coulent ensemble? — R. 2754 litres.

SOLUTION RAISONNÉE. — En une heure les trois fontaines donnent 18l + 21l + 12l = 51 litres ; or 2 jours et 6 heures valent 24h × 2 + 6h = 48h + 6h = 54 heures ; donc en 54 heures les trois fontaines donneront 51l × 54 = 2754 litres.

338. — Un ouvrier, gagnant 2f,50 par jour, a reçu, après 18 jours de travail, 36f,80. Lui a-t-on payé ce qui lui était dû, et dans le cas contraire, que lui doit-on encore? — R. On lui doit 8f,20.

SOLUTION RAISONNÉE. — L'ouvrier, en 18 jours, a gagné 2f,50 × 18 = 45 fr. On lui doit donc encore 45 fr. — 36f,80 = 8f,20.

339. — Une personne a un revenu de 2847 fr. par an ; elle veut mettre 1f,25 par jour de côté. On demande ce qu'il lui reste à dépenser. — R. 2390f,75.

SOLUTION RAISONNÉE. — Dans un an cette personne mettra de côté 1f,25 × 365 = 456f,25. Donc il lui restera à dépenser 2847 fr. — 456f,25 = 2390f,75.

340. — Dans un ménage, le père gagne 114f,25 par mois, la mère et les enfants gagnent ensemble 15f,75 par semaine. Dire quel est le gain de cette famille par an. — R. 2190 francs.

SOLUTION RAISONNÉE. — Dans un an le père gagne 114f,25 × 12 = 1371 fr.; la mère et les enfants gagnent 15f,75 × 52 = 819 fr. Donc toute la famille gagne 1371f + 819f = 2190 fr.

341. — Un négociant a acheté 259 hectolitres de vin à 19f,50 l'hectolitre : il les revend à 22f,75. Quel est le bénéfice total qu'il réalise ? — R. 841f,75.

SOLUTION RAISONNÉE. — Ce négociant gagne sur chaque hectolitre 22f,75 — 19f,50 = 3f,25. Donc sur 259 hectolitres il réalisera un bénéfice de 3f,25 × 259 = 841f,75.

342. — Un entrepreneur* emploie 17 ouvriers qu'il paie de la façon suivante : 7 d'entre eux ont 4f,75 par jour ; 5 ont 4f,25, et les autres ont 4 fr. Quelle somme dépense-t-il pour la paie des six jours d'une semaine? — R. 447 francs.

SOLUTION RAISONNÉE. — Les 7 premiers ouvriers reçoivent 4f,75 × 7 = 33f,25 ; les 5 suivants reçoivent 4f,25 × 5 = 21f,25 ; les derniers, qui sont au nombre de 17 — 7 — 5 = 10 — 5 = 5, reçoivent 4 fr. × 5 = 20 fr. Donc dans un jour tous les ouvriers recevront 33f,25 + 21f,25 + 20 fr. = 74f,50, et dans une semaine 74f,50 × 6 = 447 francs.

343. — Un cordonnier a calculé que la main-d'œuvre et les fournitures nécessaires pour confectionner une paire de souliers pouvaient être évaluées à 7f,50. Quel est le bénéfice qu'il réalise sur la vente de 18 paires de souliers à 9f,75 la paire ? — R. 40f,50.

SOLUTION RAISONNÉE. — Sur chaque paire de souliers le cordonnier gagne 9f,75 — 7f,50 = 2f,25. Sur 18 paires de souliers il gagnera 2f,25 × 18 = 40f,50.

344. — Dans un ménage d'ouvriers le père et la mère gagnent ensemble 6f,25 par jour, et les dépenses totales de la famille s'élèvent à 4f,50. Quelle sera l'économie réalisée au bout d'une semaine, si on ne travaille pas le dimanche? — R. 6 francs.

SOLUTION RAISONNÉE. — Dans les 6 jours de travail de la semaine le père et la mère gagnent 6f,25 × 6 = 37f,50, et les dépenses de la famille pendant les 7 jours de la semaine s'élèvent à 4f,50 × 7 = 31f,50. L'économie réalisée sera donc de 37f,50 — 31f,50 = 6 fr.

345. — Le pain d'un kilogr. étant vendu 0f,30, quel est le bénéfice réalisé par un boulanger qui vend 250 kilogr. de pain, le kilogr. lui revenant à 0f,22 ? — R. 20 francs.

SOLUTION RAISONNÉE. — Le boulanger gagne sur un kilogramme de pain 0f,30 — 0f,22 = 0f,08. Sur 250 kilogrammes, il gagnera 250 fois plus ou 0f,08 × 250 = 20 francs.

Remarque. — Pour multiplier 0,08 par 250, il est préférable de multiplier 250 par 0,08, parce que le multiplicateur n'a qu'un chiffre significatif.

346. — Un ouvrier économe verse tous les mois $17^f,50$ à la caisse d'épargne*. Au bout d'un an, une maladie l'oblige à retirer 150 fr. Que lui reste-t-il encore? — **R.** 60 francs.

SOLUTION RAISONNÉE. — L'ouvrier a versé à la caisse d'épargne $17^f,50 \times 12 = 210$ fr. Il lui reste donc 210 fr. — 150 fr. = 60 fr.

347. — Une couturière prend $1^f,75$ pour la confection d'une chemise. Il faut, pour une chemise, $2^m,25$ de toile à $2^f,10$ le mètre; il faut ensuite $0^f,25$ de menues fournitures. D'après cela, à quelle somme reviendront 4 douzaines de chemises? — **R.** $322^f,80$.

SOLUTION RAISONNÉE. — Le prix de la toile nécessaire pour une chemise est de $2^f,10 \times 2,25 = 4^f,725$. Donc une chemise coûtera $1^f,75 + 4^f,725 + 0^f,25 = 6^f,725$. Or 4 douzaines de chemises font $12 \times 4 = 48$ chemises. Donc 48 chemises reviendront à $6^f,725 \times 48 = 322^f,80$.

(Page 40 de l'Élève.)

348. — Un marchand de toile a acheté une pièce de 525 mètres de toile, à raison de $2^f,10$ le mètre. Il en a vendu 85 mètres à $3^f,75$, et le reste à $2^f,50$. Quel est le bénéfice qu'il a fait sur la vente de la pièce? — **R.** $316^f,25$.

SOLUTION RAISONNÉE.

85^m de toile	à $3^f,75$ le m.	valent	$3^f,75 \times 85 = 318^f,75$	$1418^f,75$
440^m —	à $2^f,50$	—	$2^f,50 \times 440 = 1100$ fr.	
525^m —	à $2^f,10$	—	$2^f,10 \times 525 = \ldots\ldots$	$1102^f,50$
			Bénéfice................	$316^f,25$

349. — Un agriculteur récolte 354 hectolitres de blé et 154 quintaux de paille. Il vend le blé $18^f,50$ l'hectolitre et la paille $4^f,25$ le quintal. A combien s'élève le produit de la vente de sa récolte? — **R.** $7\,203^f,50$.

SOLUTION RAISONNÉE.

354 hect. de blé à $18^f,50$ l'hect. valent..	$18^f,50 \times 354 =$	$6549^f,00$
154 quint. de paille à $4^f,25$ le q. valent.	$4^f,25 \times 154 =$	$654^f,50$
	Total..............	$7203^f,50$

350. — Dites quelle est la somme que je possède, sachant que si vous me donniez $24^f,25$ je pourrais dépenser $59^f,75$, et qu'il me resterait encore $12^f,50$. — **R.** 48 francs.

SOLUTION RAISONNÉE. Si je peux dépenser $59^f,75$ et qu'il me reste $12^f,50$, c'est que j'ai $59^f,75 + 12^f,50 = 72^f,25$; donc, avant qu'on m'eût donné $24^f,25$, j'avais seulement $72^f,25 - 24^f,25 = 48$ fr.

351. — Une locomotive* parcourt 45 kilomètres à l'heure; une 2ᵉ locomotive parcourt 52 kilomètres par heure. Quel sera le chemin fait par chaque locomotive dans 7 heures et combien l'une aura-t-elle fait de kilomètres de plus que l'autre? — **R.** 1° 315 kilomètres; — 2° 364 kilomètres; — 3° 49 kilomètres.

SOLUTION RAISONNÉE. — La première locomotive, en 7 heures, aura fait $45^k \times 7 = 315$ kilom.; la deuxième aura fait $52^k \times 7 = 364$ kilomètres. La seconde aura fait de plus que la première $364^k - 315^k = 49$ kilomètres.

352. — Dans une famille, le père gagne $2^f,75$, la mère $1^f,50$, et 3 enfants chacun $0^f,85$. On demande : 1° le gain total de cette famille pour une semaine de 6 jours de travail; 2° ce que cette famille pourrait déposer, à la fin de la semaine, à la caisse d'épargne, si la dépense journalière est évaluée à 4 fr. — **R.** 1° $40^f,80$; — 2° $12^f,80$.

SOLUTION RAISONNÉE.

Gain du père en un jour........	$2^f,75$	
— de la mère —	1 ,50	
— des 3 enfants : $0^f,85 \times 3 =$	2 ,55	
Gain de la famille en un jour....	$6^f,80$	
— en 6 jours....	$6^f,80 \times 6 =$	$40^f,80$
Dépense de la famille en 7 jours..	$4^f,00 \times 7 =$	$28^f,00$
	Bénéfice............	$12^f,80$

353. — Un peintre a pris l'entreprise de la peinture à faire dans une maison d'habitation. Il a 15 portes à peindre, pour chacune desquelles on lui donne $2^f,85$; 34 fenêtres, pour lesquelles on lui accorde 2 fr. par fenêtre ; il a le même nombre de persiennes*, et on lui donne $2^f,75$ par persienne. On demande combien il recevra pour son travail. — **R.** $204^f,25$.

SOLUTION RAISONNÉE.

Portes....................	$2^f,85 \times 15 =$	$42^f,75$
Fenêtres..................	$2,00 \times 34 =$	68 ,00
Persiennes................	$2,75 \times 34 =$	93 ,50
	Total...............	$204^f,25$

354. — Un papetier achète les crayons à raison de $0^f,40$ la douzaine. Il vend chaque crayon $0^f,05$. Quel bénéfice réalisera-t-il sur une grosse de crayons, c'est-à-dire sur 12 douzaines? — **R.** $2^f,40$.

SOLUTION RAISONNÉE. — Le papetier vend une douzaine de crayons $0^f,05 \times 12 = 0^f,60$. Il gagne donc $0^f,60 - 0^f,40 = 0^f,20$. Sur 12 douzaines, il gagnera 12 fois plus, ou $0^f,20 \times 12 = 2^f,40$.

355. — Un boulanger fait tous les jours 98 kilogrammes de pain, qu'il vend à raison de $0^f,40$ le kilogramme. Quel doit être le total de ses recettes au bout d'une semaine? — **R.** $274^f,40$.

SOLUTION RAISONNÉE. — En 7 jours le boulanger fera $98^k \times 7 =$ 686 kilog. de pain, qu'il vendra $0^f,40 \times 686 = 274^f,40$.

Remarque. — Il faut multiplier 686 par 0,40.

356. — Une batterie d'artillerie a tiré 56 coups par heure. Combien en a-t-elle tiré dans 3 jours, en tirant 10 heures par jour? — **R.** 1680 coups.

Solution raisonnée. — En 10 heures la batterie a tiré 56 × 10 = 560 coups, et en 3 jours 3 fois plus, ou 560 × 3 = 1680 coups.

357. — Guillaume a 25 ans. Son père a 3 fois son âge moins 18 ans. Quel est l'âge de son père? — **R.** 57 ans.

Solution raisonnée. — Le père a 25 × 3 — 18 = 75 — 18 = 57 ans.

358. — Pour construire une petite maison d'habitation, on a employé 15 ouvriers, qui ont travaillé 12 jours, à raison de 3f,50 par ouvrier et par jour. Les matériaux de construction ont coûté 725 fr. On vend cette maison avec un bénéfice de 200 fr. Combien l'a-t-on vendue? — **R.** 1555 francs.

Solution raisonnée. — 15 ouvriers ont coûté, par jour, 3f,50 × 15 = 52f,50, et en 12 jours 52f,50 × 12 = 630 fr. La maison a donc coûté 630 fr. + 725 fr. = 1355 francs. Si on l'a vendue avec un bénéfice de 200 fr., on a dû la vendre 1355 fr. + 200 fr. = 1555 fr.

(Page 41 de l'Élève.)

359. — Une fermière est allée au marché et y a vendu 15 paires de poulets à 4f,25 la paire, et 8 paires de canards à 2f,50 le canard. Quel est le produit de sa vente? — **R.** 103f,75.

Solution raisonnée.

15 paires de poulets à 4f,25 la paire..	4f,25 × 15	= 63f,75
8 paires de canards à 2f,50 le canard.	2f,50 × 16	= 40f,00
	Total...............	103f,75

360. — Un négociant a dans sa caisse 7850 fr.; il en retire 4 fois une somme de 1250f,25. Que doit-il rester dans la caisse? — **R.** 2849 francs.

Solution raisonnée. — 4 fois 1250f,25 font 1250f,25 × 4 = 5001 fr. Il doit donc rester 7850 fr. — 5001 fr. = 2849 fr.

361. — Dans une famille on mange tous les jours 3 pains de 3 kilogr. à 0f,29 le kilogr.; on boit 2 litres de vin à 0f,40 le litre. Quelle somme cette famille dépense-t-elle par semaine pour son pain et son vin? — **R.** 23f,87.

Solution raisonnée. — La dépense par jour pour le pain est de 0f,29 × 9 = 2f,61; la dépense pour le vin est de 0f,40 × 2 = 0f,80. Total : 3f,41. Dans une semaine la dépense totale sera de 3f,41 × 7 = 23f,87.

362. — On a meublé un appartement et on a acheté 3 fauteuils qui ont coûté 55 francs la pièce, une table qui a coûté 49 francs,

8 chaises à $6^f,25$ la pièce, une armoire qui a coûté 175 francs. A combien s'élève la dépense que l'on a faite pour meubler cet appartement? — R. 439 francs.

SOLUTION RAISONNÉE.

Fauteuils.............	55 fr. × 3 =	165 fr.
Table................		49
Chaises...............	$6^f,25$ × 8 =	50
Armoire...............		175
Total.................		439 fr.

363. — Un cultivateur prend deux batteurs en grange pour lui battre sa récolte; ceux-ci achèvent leur ouvrage en 78 journées, en battant chacun 25 gerbes par jour. Quel était le nombre des gerbes? — R. 3900 gerbes.

SOLUTION RAISONNÉE. — Les deux batteurs battent par jour 25 × 2 = 50 gerbes; en 78 jours ils auront battu 50 × 78 = 3900 gerbes.

364. — Les deux ouvriers précédents ont été payés à raison de dix centimes la gerbe. Combien chacun a-t-il gagné par jour? — R. $2^f,50$.

SOLUTION RAISONNÉE. — 25 gerbes à $0^f,10$ reviennent à $0^f,10$ × 25 = 25 × 0,10 = $2^f,50$.

365. — Établissez la facture suivante :

15 mètres de drap à $7^f,50$ le mètre....... =	$112^f,50$
21 mètres de lustrine* à $0^f,75$ le mètre.... =	$18^f,00$
3 mètres de flanelle* à 4 fr. le mètre..... =	$12^f,00$
Total......	$142^f,50$

366. — Établissez la facture suivante :

2 fourches..................	à $1^f,50$ =	$3^f,00$
4 pelles.....................	à $1^f,25$ =	$5^f,00$
2 cribles*..................	à $3^f,25$ =	$6^f,50$
3 balais d'écurie.............	à $0^f,20$ =	$0^f,60$
1 brosse.....................	à $1^f,75$ =	$1^f,75$
Total......		$16^f,85$

367. — Établissez la facture suivante :

30	litres de chènevis*.........	à $0^f,28$ =	$8^f,40$
15	— millet*...........	à $0^f,30$ =	$4^f,50$
12	— navette*..........	à $0^f,30$ =	$3^f,60$
10	— colza*............	à $0^f,50$ =	$5^f,00$
25	— graine de lin*.....	à $0^f,45$ =	$11^f,25$
	Total......		$32^f,75$

Page 42 de l'Élève.)

368. — Établissez la facture suivante :

50 quintaux de son........	à 15f le quintal.	=	750f,00
40 — remoulage*..	à 25f	—	=	1000f,00
10 — blé..........	à 24f	—	=	240f,00
		Total......		1990f,00

369. — Établissez la facture suivante :

10 kilogrammes de sucre............	à 1f,60	=	16f,00
3 — café Martinique*.	à 5f,00	=	15f,00
5 paquets de bougies.................	à 1f,20	=	6f,00
1 pot de moutarde...................	à 1f,50	=	1f,50
1 pot de cirage......................	à 0f,30	=	0f,30
8 kilogrammes de riz..............	à 0f,60	=	4f,80
2 — vermicelle.......	à 1f,00	=	2f,00
	Total......		45f,60

370. — Établissez le mémoire suivant de serrurerie :

Fourni	50 kilogrammes de clous.....	à 0f,85 le kil.		=	42f,50
—	45k,30 de boulons* en fer......	à 0f,80	—	=	36f,24
—	6 barres d'appui en fer pesant ensemble 21 kil.............	à 0f,16	—	=	9f,66
—	1 tuyau et 2 coudes* pesant 39k,50	à 0f,31	—	=	12f,21
		Total......			100f,61

CHAPITRE XI

EXERCICES SUR LA DIVISION

(*Première année d'Arithmétique*, pages 62 à 76.)

371. — Effectuez les divisions suivantes :

(1)	768 : 2 R. 384		(7)	786548 : 7 R. 112364
(2)	6650 : 7 R. 950		(8)	3256 : 2 R. 1628
(3)	305 : 5 R. 61		(9)	408 : 3 R. 136
(4)	9108 : 9 R. 1012		(10)	30297 : 1 R. 30297
(5)	222 : 6 R. 37		(11)	2018961 : 6 R. 336491
(6)	78084 : 4 R. 19521		(12)	47328 : 4 R. 11832

372. — Effectuez les divisions suivantes :

(1)	4935 : 5 R. 987		(7)	18702 : 2 R. 9351
(2)	828 : 6 R. 138		(8)	277656 : 4 R. 69414
(3)	370 : 2 R. 185		(9)	207 : 3 R. 69
(4)	298473 : 7 R. 42639		(10)	905472 : 8 R. 113184
(5)	783 : 9 R. 87		(11)	1032 : 6 R. 172
(6)	96144 : 8 R. 12018		(12)	42 : 7 R. 6

373. — Effectuez les divisions suivantes :

(1)	576 : 2	R.	288		(7)	89154 : 9	R.	9906
(2)	90873 : 9	R.	10097		(8)	725 : 5	R.	145
(3)	852 : 6	R.	142		(9)	32 : 8	R.	8
(4)	32 : 4	R.	8		(10)	4398 : 6	R.	733
(5)	190875 : 3	R.	63625		(11)	785493 : 3	R.	261831
(6)	795 : 5	R.	159		(12)	495 : 9	R.	55

(**Page 43** de l'Élève.)

374. — Effectuez les divisions suivantes.

(1)	108	par	27	R.	4
(2)	210	—	35	R.	6
(3)	322	—	46	R.	7
(4)	456	—	57	R.	8
(5)	945	—	35	R.	27
(6)	7395	—	85	R.	87
(7)	26400	—	44	R.	600
(8)	19260	—	36	R.	535
(9)	54693	—	59	R.	927
(10)	29495	—	347	R.	85
(11)	118991	—	463	R.	257
(12)	51612	—	748	R.	69
(13)	219945	—	341	R.	645
(14)	894	—	149	R.	6
(15)	152	—	19	R.	8
(16)	6232	—	38	R.	164
(17)	37638	—	153	R.	246
(18)	78375	—	57	R.	1375
(19)	17712	—	48	R.	369
(20)	126555	—	195	R.	649

375. — Effectuez les divisions suivantes :

(1)	188696	par	458	R.	412
(2)	221	—	13	R.	17
(3)	227336	—	724	R.	314
(4)	194888	—	136	R.	1433
(5)	1441524	—	786	R.	1834
(6)	3648	—	76	R.	48
(7)	1440	—	45	R.	32
(8)	8372	—	92	R.	91
(9)	828	—	36	R.	23
(10)	2716	—	97	R.	28
(11)	16592	—	122	R.	136
(12)	1518	—	66	R.	23
(13)	3741	—	87	R.	43
(14)	852768	—	987	R.	864

(15)	1856	—	64	R.	29
(16)	127323	—	129	R.	987
(17)	324	—	27	R.	12
(18)	1632	—	48	R.	34
(19)	1915800	—	824	R.	2325
(20)	269759	—	623	R.	433

376. — Effectuez les divisions suivantes :

(1)	16416	par	456	R.	36
(2)	335174	—	623	R.	538
(3)	16907	—	583	R.	29
(4)	912	—	57	R.	16
(5)	504	—	42	R.	12
(6)	9702	—	98	R.	99
(7)	4472	—	86	R.	52
(8)	816	—	17	R.	48
(9)	2779231	—	637	R.	4363
(10)	6806	—	82	R.	83
(11)	72126	—	18	R.	4007
(12)	2266524	—	754	R.	3006
(13)	21581245	—	415	R.	52003
(14)	37333	—	37	R.	1009
(15)	2241204	—	28	R.	80043
(16)	892446	—	446	R.	2001
(17)	329943	—	327	R.	1009
(18)	3023020	—	604	R.	5005
(19)	1047320	—	40	R.	26183
(20)	389456	—	16	R.	24341

377. — Effectuez les divisions suivantes :

(1)	108300	:	19	R.	5700
(2)	119520	:	747	R.	160
(3)	32263000	:	419	R.	77000
(4)	203000	:	25	R.	8120
(5)	370500	:	494	R.	750
(6)	5838400	:	656	R.	8900
(7)	2456300	:	7018	R.	350
(8)	1184400	:	12	R.	98700
(9)	2280	:	60	R.	38
(10)	79900	:	470	R.	170
(11)	21240	:	590	R.	36
(12)	241500	:	230	R.	1050
(13)	7857000	:	810	R.	9700
(14)	621000	:	1380	R.	450
(15)	12470000	:	43000	R.	290
(16)	26400000	:	8250	R.	3200

(**Page 44** de l'Élève.)

378. — Effectuez les divisions suivantes :

(1)	735	:	15	R.	49		
(2)	35617	:	43	R.	829		
(3)	32	:	16	R.	2		
(4)	45666	:	59	R.	774		
(5)	7906	:	67	R.	118		
(6)	485	:	97	R.	5		
(7)	19278	:	34	R.	567		
(8)	420	:	15	R.	28		
(9)	32640	:	68	R.	480		
(10)	78650	:	49	R.	1605	— reste	5
(11)	3276	:	24	R.	136	— reste	12
(12)	378	:	19	R.	19	— reste	17

379. — Effectuez les divisions suivantes :

(1)	211823	par	706	R.	300	— reste	23
(2)	8075	—	403	R.	20	— reste	15
(3)	23587	—	18	R.	1310	— reste	7
(4)	4613	—	42	R.	109	— reste	35
(5)	39426	—	363	R.	108	— reste	222
(6)	846384	—	84	R.	10076	— »	»
(7)	298583	—	2934	R.	101	— reste	2249
(8)	26375	—	259	R.	101	— reste	216
(9)	369932	—	363	R.	1019	— reste	35
(10)	47632	—	46	R.	1035	— reste	22
(11)	5843	—	54	R.	108	— reste	11
(12)	2173285	—	205	R.	10601	— reste	80
(13)	1943391	—	1843	R.	1054	— reste	869
(14)	932918	—	89	R.	10482	— reste	20
(15)	41537	—	207	R.	200	— reste	137
(16)	4781875	—	4592	R.	1041	— reste	1603

380. — Effectuez les divisions suivantes à 0,1 près :

(1)	295 :	75	R.	3,9		(9)	78092 :	4923	R.	15,8
(2)	486 :	25	R.	19,4		(10)	32567 :	765	R.	42,5
(3)	2473 :	856	R.	2,8		(11)	90547 :	348	R.	260,1
(4)	23405 .	479	R.	48,8		(12)	785 :	654	R.	1,2
(5)	6549 :	895	R.	7,3		(13)	20547 :	3489	R.	5,8
(6)	30654 :	75	R.	408,7		(14)	3296 :	397	R.	8,3
(7)	325 :	24	R.	13,5		(15)	6431 :	29	R.	221,7
(8)	41798 :	7659	R.	5,4		(16)	57204 :	835	R.	68,5

381. — Effectuez les divisions suivantes à 0,01 près :

(1)	1345	par	14	R.	96,07
(2)	7854	—	49	R.	160,28
(3)	5432	—	167	R.	32,52

(4)	764	—	25	R.	30,56
(5)	1036	—	78	R.	13,28
(6)	6789	—	509	R.	13,33
(7)	33809	—	211	R.	160,23
(8)	90401	—	151	R.	598,68
(9)	32059	—	495	R.	64,76
(10)	325377	—	738	R.	440,89
(11)	576589	—	632	R.	912,32
(12)	67940516	—	3054	R.	22226,40
(13)	5698014	—	692	R.	8234,12
(14)	3766320	—	519	R.	7256,87
(15)	46800005	—	1907	R.	24541,16
(16)	217439	—	853	R.	254,91

382. — Effectuez les divisions suivantes à 0,001 près:

(1)	2345	par	42	R.	55,833
(2)	63693	—	257	R.	247,832
(3)	98342	—	58	R.	1695,551
(4)	2734	—	52	R.	52,576
(5)	3852	—	47	R.	81,957
(6)	867	—	32	R.	27,093
(7)	14325	—	762	R.	18,799
(8)	8342	—	47	R.	177,489
(9)	2835	—	234	R.	12,111
(10)	7501	—	66	R.	113,651
(11)	9325	—	83	R.	112,349
(12)	7923	—	816	R.	9,709

383. — Divisez par 10 les nombres suivants :

(1)	345	: 10 =	34,5		(7)	0,059	: 10 =	0,0059
(2)	1,2	: 10 =	0,12		(8)	5,23	: 10 =	0,523
(3)	0,48	: 10 =	0,048		(9)	92,6	: 10 =	9,26
(4)	21	: 10 =	2,1		(10)	0,654	: 10 =	0,0654
(5)	1,29	: 10 =	0,129		(11)	347	: 10 =	34,7
(6)	53	: 10 =	5,3		(12)	11,5	: 10 =	1,15

(Page 45 de l'Élève.)

384. — Divisez par 100 les nombres suivants :

(1)	51,3	:	100	—	0,513
(2)	136	:	100	—	1,36
(3)	47,62	:	100	=	0,4762
(4)	2,07	:	100	=	0,0207
(5)	2150	:	100	=	21,50
(6)	493,6	:	100	=	4,936
(7)	1823,4	:	100	=	18,234
(8)	12,963	:	100	=	0,12963
(9)	50700	:	100	=	507

(10) 93,87 : 100 = 0,9387
(11) 2356,1 : 100 = 23,561
(12) 524 : 100 = 5,24

385. — Divisez par 1000 les nombres suivants :

(1) 48,345 : 1000 = 0,048345
(2) 95,90 : 1000 = 0,09590
(3) 735 : 1000 = 0,735
(4) 8,63 : 1000 = 0,00863
(5) 1726 : 1000 = 1,726
(6) 4,39 : 1000 = 0,00439
(7) 718,84 : 1000 = 0,71884
(8) 29,348 : 1000 = 0,029348
(9) 658 : 1000 = 0,658
(10) 9873,112 : 1000 = 9,873112
(11) 23561 : 1000 = 23,561
(12) 524,07 : 1000 = 0,52407

386. — Effectuez les divisions suivantes à moins de 0,01 :

(1) 24,3 : 8 R. 3,03
(2) 792,75 : 497 R. 1,59
(3) 32,008 : 24 R. 1,33
(4) 0,9 : 567 R. 0,001
(5) 78,49 : 6754 R. 0,01
(6) 4,328 : 35 R. 0,12
(7) 1,528 : 75 R. 0,02
(8) 0,7 : 492 R. 0,001

387. — Effectuez les divisions suivantes à moins de 0,001 :

(1) 43,7 : 12 R. 3,641
(2) 85,6 : 19 R. 4,505
3) 608,3 : 23 R. 26,447
(4) 1534,9 : 815 R. 1,883
(5) 92,067 : 33 R. 2,789
(6) 618,542 : 723 R. 0,855
(7) 841,627 : 1023 R. 0,822
(8) 1032,061 : 9407 R. 0,109

388. — Effectuez les divisions suivantes à moins de 0,001 :

(1) 34 : 785,6 R. 0,043
(2) 759 : 49,765 R. 15,251
(3) 21 : 4,8 R. 4,375
(4) 3 : 2,4 R. 1,250
(5) 785 : 97,56 R. 8,046
(6) 47 : 7,64 R. 6,151
(7) 1 : 48,7 R. 0,020
(8) 32 : 3,976 R. 8,048

389. — Effectuez les divisions suivantes jusqu'aux dixièmes

(1) 816,309 : 9,41 R. 86,7
(2) 2006,33 : 4,93 R. 406,9
(3) 7819,4 : 2526 R. 3,09

(4)	22,513	:	0,845	R.	26,6
(5)	93,1607	:	5,439	R.	17,1
(6)	1807,291	:	26,548	R.	68,07
(7)	817,03	:	0,757	R.	1079,2
(8)	5,4917	:	10246	R.	0,00005

390. — Effectuez les divisions suivantes jusqu'aux centièmes :

(1)	7,3	:	0,956	R.	7,63
(2)	78,65	:	3,4	R.	23,13
(3)	0,09	:	75,325	R.	0,001
(4)	17,29	:	53,4	R.	0,32
(5)	372,4	:	0,008	R.	46550
(6)	0,92	:	0,784	R.	1,17
(7)	0,1	:	15,3	R.	0,006
(8)	45,6	:	0,0009	R.	56666,66

391. — Effectuez les divisions suivantes jusqu'aux millièmes :

(1)	478,3	:	0,009	R.	53144,444
(2)	2,75	:	42,3	R.	0,065
(3)	91,004	:	156,25	R.	0,582
(4)	0,03	:	11,2	R.	0,002
(5)	91,2	:	0,54	R.	168,888
(6)	0,0089	:	0,42	R.	0,021
(7)	7,456	:	0,83	R.	89,831
(8)	2,07	:	0,391	R.	5,294
(9)	4,7	:	28,6	R.	0,164
(10)	36,3	:	45,492	R.	0,797
(11)	478,008	:	0,2	R.	2390,04
(12)	3,09	:	8,7654	R.	0,353

(**Page 46** de l'Élève.)

392. — Divisez successivement par 10, par 100 et par 1000 chacun des nombres suivants :

(1)	497	:	10	=	49,7
	497	:	100	=	4,97
	497	:	1000	=	0,497
(2)	85,48	:	10	=	8,548
	85,48	:	100	=	0,8548
	85,48	:	1000	=	0,08548
(3)	6	:	10	=	0,6
	6	:	100	=	0,06
	6	:	1000	=	0,006
(4)	749,2	:	10	=	74,92
	749,2	:	100	=	7,492
	749,2	:	1000	=	0,7492
(5)	5638	:	10	=	563,8
	5638	:	100	=	56,38
	5638	:	1000	=	5,638

(6)	5,732	:	10	=	0,5732
	5,732	:	100	=	0,05732
	5,732	:	1000	=	0,005732
(7)	3	:	10	=	0,3
	3	:	100	=	0,03
	3	:	1000	=	0,003
(8)	98	:	10	=	9,8
	98	:	100	=	0,98
	98	:	1000	=	0,098
(9)	65	:	10	=	6,5
	65	:	100	=	0,65
	65	:	1000	=	0,065
(10)	9,257	:	10	=	0,9257
	9,257	:	100	=	0,09257
	9,257	:	1000	=	0,009257
(11)	145	:	10	=	14,5
	145	:	100	=	1,45
	145	:	1000	=	0,145
(12)	0,3	:	10	=	0,03
	0,3	:	100	=	0,003
	0,3	:	1000	=	0,0003

CHAPITRE XII

PROBLÈMES SUR LA DIVISION

(*Première année d'Arithmétique*, pages 77 et 78.)

393. — Un domestique reçoit 30 francs par mois avec la nourriture. Combien gagne-t-il par jour? — **R.** 1 fr.

Solution raisonnée. — Le mois étant de 30 jours, et le domestique recevant 30 francs, le domestique gagne 1 fr. par jour. Cette conclusion, tout intuitive, est très claire pour les plus petits enfants.

394. — Un domestique quitte son maître après 6 mois et reçoit 300 francs. Combien gagne-t-il par mois? — **R.** 50 francs.

Solution raisonnée. — En un mois le domestique a dû gagner 6 fois moins qu'en 6 mois, ou 300 fr. : 6 = 50 fr.

395. — Une montre a avancé d'une heure ou de 60 minutes dans un mois de 30 jours. De combien a-t-elle avancé par jour? — **R.** De 2 minutes.

SOLUTION RAISONNÉE. — Si en 30 jours la montre a avancé de 60 minutes, en un jour elle a avancé de 30 fois moins, ou de 60^{m} : 30 = 2 minutes.

396. — Une montre retarde de 3 minutes par semaine. Combien lui faudra-t-il de semaines pour retarder d'une heure? — **R.** 20 semaines.

SOLUTION RAISONNÉE. — Il lui faudra autant de semaines que 3 minutes est contenu de fois dans 60 minutes, ou 60 : 3 = 20 semaines.

397. — Sur une promenade publique il y a 100 arbres disposés en quatre rangées pareilles. Combien chaque rangée contient-elle d'arbres? — **R.** 25 arbres.

SOLUTION RAISONNÉE. — Si 4 rangées contiennent 100 arbres, une seule rangée en contiendra 4 fois moins, ou 100 : 4 = 25 arbres.

398. — On a planté 400 arbres par rangées de 50 arbres. Combien y a-t-il de rangées? — **R.** 8 rangées.

SOLUTION RAISONNÉE. — Il y a autant de rangées que 50 est contenu de fois dans 400, ou 400 : 50 = 8 rangées.

399. — On a 1000 francs en pièces de 5 francs. Combien a-t-on de pièces? — **R.** 200 pièces.

SOLUTION RAISONNÉE. — On a autant de pièces que 5 francs est contenu de fois dans 1000 fr. ou 1000 : 5 = 200 pièces.

400. — On a 50 pièces de monnaie semblables qui font 250 fr. Que vaut une de ces pièces? — **R.** 5 francs.

SOLUTION RAISONNÉE. — Si 50 pièces valent 250 francs, une pièce vaut 50 fois moins, ou 250 fr. : 50 = 5 francs.

401. — J'ai acheté 24 kilogrammes d'une marchandise et j'ai donné 168 francs. Quel est le prix du kilogramme? — **R.** 7 francs.

SOLUTION RAISONNÉE. — Si 24 kilogrammes ont coûté 168 francs, 1 kilogramme coûte 24 fois moins, ou 168 fr. : 24 = 7 fr.

402. — On a reçu 93^{f},60 pour 78 litres d'eau-de-vie. Quel est le prix du litre? — **R.** 1^{f},20.

SOLUTION RAISONNÉE. — Si 78 litres d'eau-de-vie ont coûté 93^{f},60, 1 litre coûte 78 fois moins, ou 93^{f},60 : 78 = 1^{f},20.

403. — 15 ouvriers travaillant ensemble ont fait 900 mètres d'un certain ouvrage. Quelle est la part d'ouvrage faite par chaque ouvrier? — **R.** 60 mètres.

SOLUTION RAISONNÉE. — Si 15 ouvriers ont fait 900 mètres d'un ouvrage, 1 ouvrier en a fait 15 fois moins, ou 900^{m} : 15 = 60 mètres.

404. — 6 charrettes portent 9201 kilogrammes. Quel est le chargement de chaque charrette? — **R.** De 1531 kilog.

Solution raisonnée. — Puisque 6 charrettes portent 9201 kilog., 1 charrette porte 6 fois moins, ou 9201^k : 6 = 1534 kilog.

(Page 47 de l'Élève.)

405. — Une personne généreuse distribue 75 francs à 15 pauvres. Que revient-il à chaque pauvre ? — **R.** 5 francs.

Solution raisonnée. — Il revient à chaque pauvre la quinzième partie de 75 fr., ou 75 fr. : 15 = 5 francs.

406. — Lorsque l'hectolitre de vin coûte 25 francs, combien pourrait-on avoir d'hectolitres avec 1500 francs? — **R.** 60 hectolitres.

Solution raisonnée. — On peut avoir autant d'hectolitres que 25 fr. est contenu de fois dans 1500 fr., ou 1500 : 25 = 60 hectol.

407. — Un voyageur doit parcourir une distance de 72 kilomètres en 3 jours. Combien devra-t-il en parcourir chaque jour? — **R.** 24 kilomètres.

Solution raisonnée. — En un jour le voyageur parcourra 3 fois moins de kilomètres, ou 72^k : 3 = 24 kilomètres.

408. — Une école renferme 126 élèves répartis sur un certain nombre de bancs. Sachant que chaque banc contient 9 élèves, dire le nombre de bancs qu'il y a dans la classe. — **R.** 14 bancs.

Solution raisonnée. — Il y a autant de bancs que 9 est contenu de fois dans 126, ou 126 : 9 = 14 bancs.

409. — Un marchand de charbon a vendu un certain nombre de sacs de charbon et a éprouvé une perte totale de 189 francs. Sachant qu'il a perdu 3 francs par sac, on demande le nombre de sacs qu'il a vendus. — **R.** 63 sacs.

Solution raisonnée. — Il a vendu autant de sacs que 3 francs est contenu de fois dans 189 fr., ou 189 : 3 = 63 sacs.

410. — Une pièce de vin de 228 litres a coûté 165^f,30. A combien revient le litre? — **R.** A 0^f,725 ou 72 centimes et demi.

Solution raisonnée. — Si 228 litres ont coûté 165^f,30, 1 litre revient à 228 fois moins, ou à 165^f,30 : 228 = 0^f,725.

411. — Un ouvrier dépense par semaine 12^f,25. Combien dépense-t-il par jour? — **R.** 1^f,75.

Solution raisonnée. — En un jour l'ouvrier dépense 7 fois moins, ou 12^f,25 : 7 = 1^f,75.

412. — 100 volumes d'un ouvrage ont coûté 65 francs. Quel est le prix du volume? — **R.** 0^f,65.

Solution raisonnée. — Un volume coûte 100 fois moins, ou 65 fr. : 100 = 0^f,65.

413. — L'hectolitre d'avoine coûte 10 francs. Combien aura-t-on d'hectolitres avec 780 francs? — **R.** 78 hectolitres.

SOLUTION RAISONNÉE. — On aura autant d'hectolitres que 10 fr. est contenu de fois dans 780 fr., ou 780 : 10 = 78 hectolitres.

414. — Un pépiniériste* a 7845 arbres répartis en 15 rangées. Combien y a-t-il d'arbres par rangée ? — **R.** 523 arbres.

SOLUTION RAISONNÉE. — Si 15 rangées contiennent 7845 arbres, 1 rangée en contiendra 15 fois moins, ou 7845 : 15 = 523 arbres.

415. — Le prix d'une douzaine de crayons étant de 0f,38, combien pourrait-on avoir de douzaines avec 5f,70 ? — **R.** 15 douzaines.

SOLUTION RAISONNÉE. — On peut avoir autant de douzaines que 0f,38 est contenu de fois dans 5f,70, ou 5,70 : 0,38 = 15 douzaines.

416. — Un ouvrier peut mettre de côté 30f,25 par mois. Combien mettra-t-il de mois à économiser une somme de 453f,75 ? — **R.** 15 mois.

SOLUTION RAISONNÉE. — Il mettra autant de mois que 30f,25 est contenu de fois dans 453f,75, ou 453,75 : 30,25 = 15 mois.

417. — Un train de chemin de fer parcourt 60 kilomètres à l'heure. Combien parcourt-il par minute ? — **R.** 1 kilomètre.

SOLUTION RAISONNÉE. — Le train parcourant 60 kilomètres à l'heure, et l'heure contenant 60 minutes, le train parcourt 1 kilomètre dans 1 minute.

418. — Une tricoteuse de bas reçoit 56f,05 pour un certain nombre de paires de bas. Sachant qu'on lui donne 2f,95 pour chaque paire de bas, dire le nombre de paires qu'elle a remis. — **R.** 19 paires.

SOLUTION RAISONNÉE. — Elle a remis autant de paires de bas que 2f,95 est contenu de fois dans 56f,05, ou 56,05 : 2,95 = 19 paires.

419. — Quelqu'un doit 1482 francs, et il s'est engagé à payer cette somme dans l'année, en versant une même somme chaque semaine. De combien sera chaque paiement ? — **R.** De 28f,50.

SOLUTION RAISONNÉE. — L'année se composant de 52 semaines, cette personne doit verser chaque semaine la 52e partie de 1482 fr., ou 1482 fr. : 52 = 28f,50.

420. — Le produit de deux nombres est 429,36 ; l'un de ces deux nombres est 357,8. Quel est l'autre ? — **R.** 1,2.

SOLUTION RAISONNÉE. — Le second nombre est le quotient de la division de 429,36 par 357,8 ou 429,36 : 357,8 = 1,2 ; car le produit du diviseur 357,8 par le quotient 1,2 donnera le dividende 429,36.

421. — En multipliant un nombre par 40,3 on a obtenu 741,117. Quel est ce nombre ? — **R.** 18,39.

SOLUTION RAISONNÉE. — Le nombre cherché est le quotient de

741,117 par 40,3, ou 741,117 : 40,3 = 18,39; car 18,39 × 40,3 = 741,117.

422. — Sachant qu'un siècle vaut 100 ans, dire combien, en 1878, il s'est écoulé de siècles depuis la naissance de Jésus-Christ. — **R.** 18 siècles complets et 78 ans.

SOLUTION RAISONNÉE. — Il s'est écoulé autant de siècles que 100 ans est contenu de fois dans 1878, ou 1878 : 100 = 18,78, c'est-à-dire 18 siècles et 78 ans.

(Page 48 de l'Élève.)

423. — 159 balles* de laine pèsent 73140 kilog. Quel est le poids de chaque balle? — **R.** 460 kilogrammes.

SOLUTION RAISONNÉE. — Si 159 balles de laine pèsent 73140 kilogrammes, 1 balle pèse 159 fois moins, ou 73140^k : 159 = 460 kilogrammes.

424. — Une somme de 8900 francs est entièrement composée de billets de banque de 100 francs. Combien y en a-t-il? — **R.** 89 billets.

425. — Un petit colporteur* vend des crayons à 0^f,05. Sachant qu'il a reçu 2^f,25, on demande combien il a dû vendre de crayons. — **R.** 45 crayons.

SOLUTION RAISONNÉE. — Il a dû vendre autant de crayons que 0^f,05 est contenu de fois dans 2^f,25, ou 2^f,25 : 0,05 = 225 : 5 = 45 crayons.

426. — Un élève économe qui a contracté l'habitude de verser toutes les semaines la même somme à la caisse d'épargne* scolaire, a versé dans un an 13 francs. Combien a-t-il versé par semaine? — **R.** 0^f,25.

SOLUTION RAISONNÉE. — Comme l'année contient 52 semaines, l'élève a dû verser par semaine la 52e partie de 13 francs, ou 13^f : 52 = 0^f,25.

427. — On a payé 19^f,40 pour 5 kilogrammes d'une marchandise. Quel est le prix du kilogramme? — **R.** 3^f,88.

SOLUTION RAISONNÉE. — Si 5 kilog. ont coûté 19^f,40, 1 kilog. coûte 5 fois moins, ou 19^f,40 : 5 = 3^f,88.

428. — La grosse* de plumes contient 144 plumes. Combien y a-t-il de grosses dans 1008 plumes? — **R.** 7 grosses.

SOLUTION RAISONNÉE. — Il y a autant de grosses que 144 est contenu de fois dans 1008, ou 1008 : 144 = 7 grosses.

429. — Quel est le nombre par lequel on a multiplié 725 pour obtenir 1471,75? — **R.** 2,03.

SOLUTION RAISONNÉE. — C'est le quotient de 1471,75 par 725, ou 1471,75 : 725 = 2,03; car 725 × 2,03 = 1471,25.

430. — Un ouvrier a fait une dette de 270 francs, et il ne peut s'en acquitter qu'en remboursant 15 francs par mois. Dans combien de temps sera-t-il quitte? — **R.** 18 mois.

SOLUTION RAISONNÉE. — Il sera quitte dans autant de mois que 15 francs est contenu de fois dans 270 fr., ou 270 : 15 = 18 mois.

431. — Une somme de 25600 francs a été distribuée également entre 25 familles, victimes d'une inondation. Quelle a été la portion allouée à chaque famille? — **R.** 1024 francs.

SOLUTION RAISONNÉE. — La somme allouée à chaque famille a été la 25ᵉ partie de 25600 fr., ou 25600ᶠ : 25 = 1024 francs.

432. — Un employé, qui gagne 1800 francs par an, met tous les ans 300 francs de côté et emploie le reste pour son entretien et celui de sa famille. Combien dépense-t-il par jour? — **R.** 4ᶠ,10.

SOLUTION RAISONNÉE. — La dépense par an de cet employé est de 1800ᶠ – 300ᶠ = 1500 fr. Sa dépense par jour sera 365 fois moindre, ou 1500ᶠ : 365 = 4ᶠ,10 à 0ᶠ,01 près.

CHAPITRE XIII

PROBLÈMES DE RÉCAPITULATION SUR LES QUATRE OPÉRATIONS

(*Première année d'Arithmétique*, pages 26 à 78.)

433. — Un boulanger fait tous les jours 132 kilogr. de pain. Sachant que chaque pain pèse 3 kilogr., dire combien il fait de pains par jour. — **R.** 44 pains.

SOLUTION RAISONNÉE. — Il fait autant de pains que 3 kilog. est contenu de fois dans 132 kilog., ou 132 : 3 = 44 pains.

434. — Deux courriers vont à la rencontre l'un de l'autre : le premier fait 18 kilomètres à l'heure, l'autre en fait 12; ils ont à parcourir 300 kilomètres. Au bout de quel temps se rencontreront-ils? — **R.** Au bout de 10 heures.

SOLUTION RAISONNÉE. — Les deux courriers se rapprochent par heure de 18ᵏ + 12ᵏ = 30 kilomètres. Il leur faudra donc, pour se rencontrer, autant d'heures que 30 kilom. est contenu de fois dans 300 kilom., ou 300 : 30 = 10 heures.

435. — Quatre personnes se partagent une somme : la 1ʳᵉ reçoit 1518 fr.; la 2ᵉ 189 fr. de plus que la 1ʳᵉ; la 3ᵉ le tiers de ce qu'ont eu les deux premières, et la 4ᵉ 235 fr. de moins que la 3ᵉ. Quelle était la somme à partager? — **R.** 5140 francs.

SOLUTION RAISONNÉE.

Part de la 1re	....	1518 francs
— de la 2e.............	$1518^f + 189^f =$	1707 »
— de la 3e $(1518^f + 1707^f) : 3 = 3225^f : 3 =$		1075 »
— de la 4e.............	$1075^f - 235^f =$	840 »
Total	....	5140 francs

(Page 49 de l'Élève.)

436. — La douzaine d'oranges coûte $0^f,60$. Quel est le prix d'une orange? — **R.** $0^f,05$.

437. — Un marchand de chevaux vend 7850 fr. un certain nombre de chevaux qui lui coûtaient 8975 fr. Sachant qu'il perd 45 fr. par cheval, dire le nombre de chevaux qu'il a vendus. — **R.** 25 chevaux.

SOLUTION RAISONNÉE. — Le marchand de chevaux a perdu en tout $8975^f - 7850^f = 1125$ francs; et comme il a perdu 45 francs par cheval, il a dû vendre autant de chevaux que 45 francs est contenu de fois dans 1125 francs, ou 1125 : 45 = 25 chevaux.

438. — On doit donner la moitié de 15 840 fr. à une première personne, le tiers du reste à une seconde personne, et le quart du second reste à une troisième personne. Quelle sera la part de chacune? — **R.** 1° 7 920 fr.; — 2° 2 640 fr.; — 3° 1 320 fr.

SOLUTION RAISONNÉE.

La part de la 1re personne est de... $15840^f : 2 = 7920$ fr.
Le reste, étant l'autre moitié, est la même somme de 7920 francs.
La part de la 2e personne est de... $7920^f : 3 = 2640$ fr.
Le second reste est de $7920^f - 2640^f = 5280^f$.
La part de la 3e personne est de... $5280^f : 4 = 1320$ fr.

439. — A $0^f,50$ le mètre de ruban, combien aurait-on de mètres pour $11^f,75$? — **R.** $23^m,50$.

SOLUTION RAISONNÉE. — On aurait autant de mètres que $0^f,50$ est contenu de fois dans $11^f,75$, ou $11,75 : 0,50 = 23^m,50$.

Remarque. — A 1 franc le mètre, on aurait évidemment $11^m,75$; à $0^f,50$ le mètre on en aura 2 fois plus, ou $11^m,75 \times 2 = 23^m,50$.

440. — $23^m,50$ de ruban ont coûté $11^f,75$. Quel est le prix du mètre? — **R.** $0^f,50$.

SOLUTION RAISONNÉE. — Le prix du mètre est égal au prix total divisé par le nombre de mètres, c'est-à-dire à $11^f,75 : 23,50 = 0^f,50$.

Remarque importante. — Évitez de bonne heure, avec le plus grand soin, d'employer des expressions incorrectes comme celles-ci : 3 dixièmes de fois moins, 50 centièmes de fois moins. Dans l'exemple actuel, ne dites pas : puisque 23 mètres 50 centimètres, ou 23 mètres 50 centièmes ont coûté $11^f,75$, 1 mètre coûtera 23 fois et 50 centièmes de fois moins, ni 1 mètre coûtera 23,50 centièmes de fois moins.

Le véritable raisonnement serait celui-ci : Si on connaissait le prix du mètre, en le répétant 23 fois, et en en prenant les 50 centièmes, c'est-à-dire en le multipliant par 23,50, on trouverait 11f,75; donc on obtiendra le prix du mètre en divisant 11f,75 par 23,50. Mais ce raisonnement ne convient pas pour les jeunes enfants. Il faut s'en tenir à la phrase que nous avons donnée.

On peut encore faire le raisonnement ordinaire en supprimant la partie décimale du diviseur, et l'étendre sans explication au diviseur décimal. Ainsi on dira : Si 23 mètres avaient coûté 11f,75, 1 mètre coûterait 23 fois moins, ou 11f,75 divisé par 23; par conséquent si 23m,50 ont coûté 11f,75, 1 mètre coûtera 11f,75 divisé par 23,50.

441. — On a acheté 7 doubles décalitres de son pour 38f,50. On veut faire, en le revendant, un bénéfice total de 2f,80. Combien faudra-t-il vendre le double décalitre? — **R.** 5f,90.

Solution raisonnée. — On devra revendre les 7 doubles décalitres 38f,50 + 2f,80 = 41f,30, et par conséquent 1 double décalitre 7 fois moins, ou 41f,30 : 7 = 5f,90.

442. — Un ouvrier a fait, dans une semaine de six journées, un ouvrage pour lequel on lui a donné 12f,50 en argent, et de la marchandise pour 14f,50. A combien a-t-on estimé sa journée? — **R.** A 4f,50.

Solution raisonnée. — Les 6 journées de l'ouvrier ont été payées 12f,50 + 14f,50 = 27 francs; donc une journée a été payée 27 fr. : 6 = 4f,50.

443. — Un voyageur, qui fait 18 kilomètres par jour, doit faire un voyage de 162 kilomètres. Combien sera-t-il de jours à faire ce voyage? — **R.** 9 jours.

Solution raisonnée. — Il sera autant de jours que 18 kilom. est contenu de fois dans 162 kilom., ou 162 : 18 = 9 jours.

444. — Un marchand épicier a acheté pour 30 fr. un sac de haricots pesant 75 kilogr. Il veut faire sur la vente de ce sac de haricots un bénéfice total de 7f,50. Combien devra-t-il vendre le kilogr. de haricots? — **R.** 0f,50.

Solution raisonnée. — L'épicier devra revendre ses 75 kilog. de haricots 30 fr. + 7f,50 = 37f,50, et par conséquent 1 kilog. 75 fois moins, ou 37f,50 : 75 = 0f,50.

445. — On achète chez un marchand drapier 15m,50 de drap pour 137f,95. Seulement, comme on paie comptant, le marchand fait une réduction de 3f,10 sur le tout. A combien revient le mètre de drap? — **R.** A 8f,70.

Solution raisonnée. — Les 15m,50 de drap reviennent à 137f,95 — 3f,10 = 134f,85. Donc 1 mètre coûte 134f,85 divisé par le nombre de mètres 15m,50, ou 134f,85 : 15,5 = 8f,70 (voir n° 440, remarque).

446. — On partage une somme de 1410 fr. entre 5 personnes. Les 2 premières prennent chacune 375 fr. Que reviendra-t-il à chacune des autres, si elles se partagent également le reste? — **R.** 220 francs.

Solution raisonnée. — Les deux premières prennent 375 fr. × 2 = 750 fr. Il reste donc aux trois autres 1410f — 750f = 660 fr., et chacune d'elles recevra 660 fr. : 3 = 220 fr.

447. — Un marchand de chevaux a perdu 1037f,50 sur la vente de plusieurs chevaux. Sachant qu'il a perdu 41f,50 par cheval, dire le nombre de chevaux qu'il a vendus. — **R.** 25 chevaux.

Solution raisonnée. — Le marchand a vendu autant de chevaux que 41f,50 est contenu de fois dans 1037f,50, ou 1037,50 : 41,50 = 25 chevaux.

448. — Un cultivateur a vendu la laine de ses moutons, et avec le produit de cette vente il a acheté 105 quintaux de fourrage à 7 fr. le quintal. Sachant qu'il avait 210 moutons, dire à combien est évaluée la toison d'un mouton. — **R.** A 3f,50.

Solution raisonnée. — Le cultivateur a payé les 105 quintaux de fourrage 7 fr. × 105 = 735 fr. C'est la même somme, 735 fr., qu'il a retirée de la vente de ses 210 toisons. Donc une toison a été vendue 735 fr. : 210 = 3f,50.

(Page 50 de l'Élève.)

449. — Une marchandise achetée à 2f,50 le kilogr. a coûté 450 fr. Les frais de transport se sont élevés à 35 fr. Combien devra-t-on vendre le kilogr. de cette marchandise, si on veut réaliser un bénéfice total de 75 fr.? — **R.** 3f,11.

Solution raisonnée. — On devra vendre toute la marchandise 450f + 35f + 75f = 560 fr. Or chaque kilogramme ayant coûté 2f,50, il y a autant de kilog. que 2f,50 est contenu de fois dans 450 fr., ou 450 : 2,5 = 180 kilog. Il faudra donc vendre le kilog. de cette marchandise 560 fr. : 180 = 3f,11.

Remarque. — Ce nombre 3f,11 n'étant pas un prix de détail, le marchand devra vendre sa marchandise 3f,10, et il ne retirera des 180 kilog. que 3f,10 × 180 = 558 fr., au lieu de 560 fr., gagnant ainsi 2 francs de moins qu'il ne s'était proposé; ou bien il vendra sa marchandise 3f,15 et il retirera des 180 kilog. 3f,15 × 180 = 567, au lieu de 560f, gagnant ainsi 7 fr. de plus qu'il ne s'était proposé.

450. — On a acheté 180 kilogr. d'une certaine marchandise pour 450 fr. Les frais de transport et d'emballage se sont élevés à

45 fr. On revend cette marchandise à raison de 2f,60 le kilogr. Quelle perte éprouve-t-on par kilogr., et quelle est la perte totale sur les 180 kilogr.? — **R.** 1° 0f,15; — 2° 27 francs.

SOLUTION RAISONNÉE. — Les 180 kilog. de marchandise ont coûté 450f + 45f = 495 fr. On les a revendus 2f,60 × 180 = 468 fr. Donc la perte totale est de 495f — 468f = 27 fr., et la perte par kilogramme est de 27 fr. : 180 = 0f,15.

451. — Un marchand de volailles a vendu 12 paires de poulets, 6 paires de canards, 5 paires de dindons et 9 paires de lapins. Il a gagné sur les poulets 1f,25 par paire; il a perdu sur les canards 0f,75 par paire; il a gagné sur les dindons 1f,80 par paire, et enfin il a perdu encore une certaine somme sur chaque paire de lapins. Sachant que, tout compte fait, il lui est resté un bénéfice total de 15f,90, dire ce qu'il a perdu par paire de lapins. — **R.** 0f,40.

SOLUTION RAISONNÉE

Gain sur les poulets...	1f,25 × 12 = 15 fr.	} 24f,00
— dindons..	1f,80 × 5 = 9 fr.	
Perte sur les canards..	0f,75 × 6 .... =	4f,50
Sans compter les lapins, le bénéfice serait de...		19f,50
Mais le bénéfice réel est seulement de..........		15f,90
Donc le marchand a perdu sur les lapins.......		3f,60

et sur une paire de lapins : 3f,60 : 9 = 0f,40.

452. — Un ouvrier, qui a gagné 1277f,50 dans un an, a trouvé le moyen de placer 164f,25 à la caisse d'épargne*, en mettant tous les jours une petite somme de côté. Dire ce qu'il a gagné par jour, et quelle est la somme qu'il a économisée tous les jours. — **R.** 1° 3f,50; — 2° 0f,45.

SOLUTION RAISONNÉE. — L'ouvrier a gagné par jour 1277f,50 : 365 = 3f,50, et il a économisé par jour 164f,25 : 365 = 0f,45.

453. — 15 ouvriers ont fait dans 8 jours 720 mètres d'un certain ouvrage. Combien chaque ouvrier en a-t-il fait par jour? — **R.** 6 mètres.

SOLUTION RAISONNÉE. — En un jour les 15 ouvriers ont fait 720 mèt. : 8 = 90 mètres, et chaque ouvrier a fait 90 mèt. : 15 = 6 mètres.

454. — 3 tisserands ont mis 8 jours pour faire un certain nombre de mètres de toile. Combien eût-il fallu de tisserands pour faire le même nombre de mètres de toile en un jour? — **R.** 24 tisserands.

SOLUTION RAISONNÉE. — En un jour il eût fallu 8 fois plus de tisserands, ou 3 × 8 = 24 tisserands.

455. — Une propriété de 18 hectares a été achetée 21760 fr. On la revend avec un bénéfice de 4670 fr. A combien revient l'hectare de terre vendue? — **R.** 1635 francs.

SOLUTION RAISONNÉE. — Les 18 hectares ont été revendus 21760 fr. + 4670 fr. = 29430 francs. Donc l'hectare a été vendu 29430 fr. : 18 = 1635 fr.

456. — Lorsqu'on revend 495 fr. une marchandise qui a coûté 457f,95, on gagne 0f,95 par kilogramme. Combien a-t-on vendu de kilogrammes? — **R.** 39 kilogrammes.

SOLUTION RAISONNÉE. — En revendant la marchandise on a gagné 495 fr. — 457f,95 = 37f,05. Donc il y avait autant de kilog. de marchandise que 0f,95 est contenu de fois dans 37f,05, ou 37,05 : 0,95 = 39 kilogrammes.

457. — Un chapelier réalise un bénéfice de 1f,50 sur chaque chapeau qu'il vend. Combien devra-t-il vendre de chapeaux pour faire un bénéfice de 105 fr.? — **R.** 70 chapeaux.

SOLUTION RAISONNÉE. — Le chapelier devra vendre autant de chapeaux que 1f,50 est contenu de fois dans 105 fr., ou 105 : 1,5 = 70 chapeaux.

458. — Un chapelier achète des chapeaux à raison de 96 fr. la douzaine, et les revend 9f,50 la pièce. Quel bénéfice fait-il sur 45 chapeaux? — **R.** 67f,50.

SOLUTION RAISONNÉE. — Si 12 chapeaux ont coûté 96 fr., 1 chapeau revient à 96 fr. : 12 = 8 fr. Si le chapelier les revend 9f,50, il gagne sur chaque chapeau 1f,50; donc sur 45 chapeaux il gagne 45 fois plus, ou 1f,50 × 45 = 67f,50.

459. — Un petit marchand colporteur a fait dans une semaine les recettes suivantes : le lundi, 3f,85; le mardi, 2f,50; le mercredi, 0f,85; le jeudi, 4f,70; le vendredi, 3f,30; le samedi, 6f,45, et enfin le dimanche, 2f,90. Sachant que les marchandises qu'il a vendues dans cette semaine ne lui coûtent que 14 fr., on demande : 1° quel a été son bénéfice total; 2° combien il a gagné en moyenne par jour. — **R.** 1° 10f,55; — 2° 1f,51.

SOLUTION RAISONNÉE. — Les recettes du petit marchand s'élèvent à 3f,85 + 2f,50 + 0f,85 + 4f,70 + 3f,30 + 6f,45 + 2f,90 = 24f,55. Son bénéfice total est donc de 24f,55 — 14 fr. = 10f,55, et son bénéfice par jour est, en moyenne, de 10f,55 : 7 = 1f,51, par excès.

(Page 51 de l'Élève.)

460. — Un voyageur monte dans un train de chemin de fer à 8 heures du matin; il en descend à 7 heures du soir. Quelle a été la durée de son voyage? — **R.** 11 heures.

SOLUTION RAISONNÉE. — En ajoutant à midi, ou 12 heures, les 7 heures du soir, on obtient : 12h + 7h = 19 heures. Le voyage a donc duré : 19h — 8h = 11 heures.

461. — Un manufacturier* emploie 27 ouvriers. La paie de ces ouvriers pour une semaine de 6 jours de travail est de 612 fr. Sachant que 13 d'entre eux sont payés à raison de 3 fr. par jour, on désire savoir combien est payée la journée des autres. — R. 4f,50.

SOLUTION RAISONNÉE. — Les 13 premiers ouvriers reçoivent par jour 3 fr. × 13 = 39 fr. et en 6 jours 39 fr. × 6 = 234 fr.; les autres ouvriers sont au nombre de 27 — 13 = 14, et ils reçoivent pour 6 jours 612 fr. — 234 fr. = 378 fr. Donc pour 1 jour ils reçoivent 378 fr. : 6 = 63 fr., et chacun d'eux reçoit 63 fr. : 14 = 4f,50.

462. — 100 kilogrammes de tourteau* de lin* sont vendus 20f,60. Que devra-t-on payer pour 1275 kilogrammes? — R. 262f,65.

SOLUTION RAISONNÉE. — 1 kilog. de tourteau vaut 20f,60 : 100 = 0f,206 et 1275 kilogrammes valent 0f,206 × 1275 = 262f,65.

463. — Un négociant a acheté 456 hectolitres de vin pour 8344f,80. En le revendant, il a gagné 2f,50 par hectolitre. Combien a-t-il vendu l'hectolitre de vin? — R. 20f,80.

SOLUTION RAISONNÉE. — Un hectolitre de vin revient au négociant à 8344f,80 : 456 = 18f,30. Puisqu'il a gagné 2f,50 par hectolitre, il a dû vendre l'hectolitre 18f,30 + 2f,50 = 20f,80.

464. — Quel est le prix d'une marchandise, sachant qu'elle a été vendue 1349 fr., et qu'on aurait réalisé un bénéfice de 375 fr. si on l'avait vendue 59f,50 de plus? — R. 1033f,50.

SOLUTION RAISONNÉE. — Si on avait vendu cette marchandise 59f,50 de plus, on l'aurait vendue 1349 fr. + 59f,50 = 1408f,50. Or le bénéfice dans ce cas serait de 375 fr.; donc la marchandise a été vendue 1408f,50 — 375f = 1033f,50.

465. — Il faut cinq minutes à un cultivateur pour tracer un sillon avec sa charrue, et il doit labourer un champ de 96 sillons. Combien mettra-t-il de temps? — R. 8 heures.

SOLUTION RAISONNÉE. — Le cultivateur mettra 5 minutes × 96 = 480 minutes, et comme 1 heure vaut 60 minutes, il mettra autant d'heures que 60 est contenu de fois dans 480, ou 480 : 60 = 8 heures.

466. — Un épicier a acheté 45 pains de savon à raison de 10f,25 le pain. Il veut faire un bénéfice total de 125 fr. sur la vente de ce savon. Combien devra-t-il vendre chaque pain? — R. 13 francs.

SOLUTION RAISONNÉE. — Le bénéfice sur 45 pains doit être de 125 francs; sur un pain il sera 45 fois moindre ou 125 : 45 = 2f,77. Donc l'épicier devra vendre chaque pain de savon 10f,25 + 2f,77 = 13f,02, ou mieux 13 francs. Mais alors son bénéfice sera un peu diminué, car il sera seulement de 2f,75 × 45 = 123f,75 au lieu de 125 francs.

467. — Un voyageur pourrait faire un voyage en 21 jours, en faisant 18 kilomètres par jour; mais il ne peut faire que 12 kilomètres par jour. Combien de jours durera ce voyage? — **R.** 36 jours.

SOLUTION RAISONNÉE. — Le voyageur doit faire 18^{k} × 21 = 432^{k}. S'il ne fait plus que 12 kilomètres par jour, il lui faudra autant de jours que 12 kilomètres est contenu de fois dans 432 kilomètres, ou 432 : 12 = 36 jours.

468. — Un fermier demande de son blé 18^{f},50 l'hectolitre, et en vend 59 hectolitres à ce prix. Combien, avec le produit de cette vente, pourra-t-il acheter de quintaux de fourrage, si le fourrage se vend 7^{f},75 le quintal? — **R.** 140 quintaux.

SOLUTION RAISONNÉE. — Le fermier retire de son blé 18^{f},50 × 59 = 1091^{f},50. Avec cette somme il pourra acheter autant de quintaux de fourrage que 7^{f},75 est contenu de fois dans 1091^{f},50, ou 1091,50 : 7,75 = 140 quint. 83. S'il n'achète que 140 quintaux, il ne les paiera que 7^{f},75 × 140 = 1085 francs, et il lui restera 1091^{f},50 — 1085 fr. = 6^{f},50.

469. — Un marchand de drap livre 18^{m},45 de drap à 9^{f},75 le mètre, et reçoit en échange de la toile qui vaut 0^{f},75 le mètre. Combien reçoit-il de mètres de toile pour la valeur de son drap? — **R.** 239^{m},85.

SOLUTION RAISONNÉE. — Le drap que livre le marchand vaut 9^{f},75 × 18,45 = 179^{f},8875; il recevra donc autant de mètres de toile que 0^{f},75 est contenu de fois dans 179^{f},8875, ou 179,8875 : 0,75 = 239^{m},85, exactement.

470. — Un marchand de toile a acheté 4 pièces de toile pour 786^{f},60, à raison de 0^{f},60 le mètre. La 1re pièce contient 423^{m},25; la 2e, 258^{m},75, et la 3e, 149^{m},50. On demande ce que contient la 4e. — **R.** 479^{m},50.

SOLUTION RAISONNÉE. — Le marchand a acheté autant de mètres de toile que 0^{f},60 est contenu de fois dans 786^{f},60, ou 786,60 : 0,60 = 1311 mètres. Or les 3 premières pièces contiennent 423^{m},25 + 258^{m},75 + 149^{m},50 = 831^{m},50; donc la 4e pièce contient 1311 mètres — 831^{m},50 = 479^{m},50.

471. — On a partagé une somme entre 4 personnes; chacune d'elles a eu 780^{f},50 pour sa part. Quelle était la somme à partager? — **R.** 3122 francs.

472. — Un ouvrier, travaillant à forfait*, s'est promis de déposer 1^{f},50 à la caisse d'épargne, toutes les fois que sa journée arriverait à 6 fr. Sachant qu'il a déposé ainsi dans une année 123 fr. à la caisse d'épargne*, dire combien de fois dans l'année il a gagné 6 fr. par journée. — **R.** 82 fois.

SOLUTION RAISONNÉE. — L'ouvrier a gagné 6 francs par journée autant de fois que $1^f,50$ est contenu de fois dans 123 francs, ou 123 : 1,50 = 82 fois.

473. — La douzaine d'oranges coûte $0^f,45$, et on vend chaque orange $0^f,05$. Quel est le nombre d'oranges qu'on devra vendre pour réaliser un bénéfice de $4^f,50$? — R. 360 oranges.

SOLUTION RAISONNÉE. — On revend la douzaine d'oranges $0^f,05 \times 12 = 0^f,60$; on gagne donc sur une douzaine $0^f,60 - 0^f,45 = 0^f,15$. Pour gagner $4^f,50$ il faudra vendre autant de douzaines que $0^f,15$ est contenu de fois dans $4^f,50$, ou 4,50 : 0,15 = 30 douzaines, ou 12 × 30 = 360 oranges.

(Page 52 de l'Élève.)

474. — On sait que l'hectolitre de vin coûte $28^f,55$. Combien, avec le produit de la vente de 340 hectolitres de vin, pourrait-on avoir de quintaux de paille, si la paille vaut $3^f,50$ le quintal? — R. 2773 quintaux,42.

SOLUTION RAISONNÉE. — La vente du vin produit $28^f,55 \times 340 =$ 9707 francs. On aura donc pour 9707 francs autant de quintaux de paille que $3^f,50$ est contenu de fois dans 9707 fr., ou 9707 : 3,50 = $2773^q,42$.

475. — Un ouvrier a gagné 105 fr. dans 35 jours. Combien lui faudra-t-il de jours pour gagner 147 fr.? — R. 49 jours.

SOLUTION RAISONNÉE. — Si l'ouvrier dans 35 jours a gagné 105 francs, dans 1 jour il gagne 105 fr. : 35 = 3 fr. Donc, pour gagner 147 francs, il lui faudra autant de jours que 3 francs est contenu de fois dans 147 francs, ou 147 : 3 = 49 jours.

Remarque. — Cette question est une véritable règle de trois; on pourrait donc la résoudre par la méthode de *réduction à l'unité*, et dire par conséquent : Puisque, pour gagner 105 francs, il faut à l'ouvrier 35 jours, pour gagner 1 franc, il lui faudra 105 fois moins de temps, ou $\frac{35^j}{105}$, et pour gagner 147 francs, il lui faudra 147 fois plus de jours, ou $\frac{35^j \times 147}{105} = 49$ jours. Mais on remarquera combien ce raisonnement est fâcheux dans cet exemple, puisqu'il faut admettre que pour gagner 1 franc l'ouvrier travaille $\frac{35}{105}$ de jour. Il est vrai que cette fraction est égale à 1/3, et qu'à la rigueur un ouvrier peut travailler 1/3 de jour, mais cette fraction pourrait être aussi bien 2/7, 3/11, et appliquées au travail d'un ouvrier, ces fractions n'auraient pas de sens. Il vaut donc mieux raisonner comme nous l'avons fait.

476. — Quatre personnes possèdent ensemble une certaine somme. La 1re possède la moitié de ce que possède la 2e; la 2e a

250 fr. de plus que la 3ᵉ; la 3ᵉ a la moitié de ce que possède la 4ᵉ et 850 fr. de plus; enfin la 4ᵉ a 1256 fr. Quelle est la part de chaque personne? — R. 1° 864 fr.; — 2° 1728 fr.; — 3° 1478 fr.; — 4° 1256 fr.

SOLUTION RAISONNÉE. — La part de la 4ᵉ personne est de 1256 fr.; celle de la 3ᵉ est de $\frac{1256^f}{2} + 850^f = 628^f + 850^f = 1478$ francs. La part de la 2ᵉ est de $1478^f + 250^f = 1728$ francs. Celle de la 1ʳᵉ est de $1728^f : 2 = 864$ francs.

477. — Une marchandise a été achetée 748f,50, et en la revendant on a gagné le tiers du prix d'achat. Combien l'a-t-on vendue? — R. 998 francs.

SOLUTION RAISONNÉE. — On revendu la marchandise $748^f,50 + \frac{748^f,50}{3} = 748^f,50 + 249^f,50 = 998$ fr.

478. — Trois personnes ont à se partager une somme de 372 fr. La 1ʳᵉ en prend le tiers, la 2ᵉ le quart et la 3ᵉ le reste. Quelle est la part de chacune? — R. 1° 124 fr.; — 2° 93 fr.; — 3° 155 fr.

SOLUTION RAISONNÉE. — La première personne prend $\frac{372^f}{3} = 124^f$, la seconde prend $\frac{372^f}{4} = 93$ fr., et la 3ᵉ prend $372^f - (124^f + 93^f) = 372^f - 217^f = 155$ fr.

479. — Une montre avance de 15 minutes toutes les 15 heures. A 8 heures du matin, je la règle sur l'horloge du village. Quelle heure sera-t-il à cette montre lorsque l'horloge marquera midi? — R. Midi 4 minutes.

SOLUTION RAISONNÉE. — La montre, avançant de 15 minutes en 15 heures, avance d'une minute par heure. De 8 heures à midi il y a 4 heures; donc à midi la montre aura avancé de 4 minutes, et marquera $12^h\ 4^m$.

480. — Deux ouvriers, ayant travaillé ensemble pendant 28 jours, ont reçu pour salaire 168 fr.; l'un gagnait 3f,25 par jour. Combien l'autre gagnait-il? — R. 2f,75.

SOLUTION RAISONNÉE. — Si l'un des ouvriers gagne 3f,25 par jour, en 28 jours il a gagné $3^f,25 \times 28 = 91$ fr. Le second a donc gagné dans le même temps $168^f - 91^f = 77$ fr.; donc il gagnait par jour $77^f : 28 = 2^f,75$.

481. — Dans une promenade il y a 348 arbres répartis sur 12 rangées. Combien y a-t-il d'arbres dans chaque rangée? — R. 29 arbres.

SOLUTION RAISONNÉE. — Il faut partager 348 en 12 parties égales, c'est-à-dire diviser 348 par 12; or $348 : 12 = 29$.

482. — Un marchand devait une somme de 7250 fr. Il a donné en paiement 4550 fr. en argent et un certain nombre de barriques de vin estimé 150 fr. la barrique. Combien a-t-il donné de barriques ? — **R.** 18 barriques.

SOLUTION RAISONNÉE. — Après avoir payé 4550 francs en argent, le marchand doit encore 7250^f — 4550^f = 2700 fr. Pour payer ces 2700 fr. il devra donner autant de barriques de vin que 150 est contenu de fois dans 2700, ou 2700 : 150 = 18 barriques.

483. — Un voyageur de commerce a 1800 fr. d'appointements fixes et 9^f,50 par jour de frais de voyage. On demande ce qu'il pourra économiser dans un an, s'il ne dépense que 11^f,75 tous les jours. — **R.** 978^f,75.

SOLUTION RAISONNÉE. — Le voyageur dépensant 11^f,75 par jour et ne recevant que 9^f,50 de frais de voyage doit prendre par jour sur ses appointements fixes 11^f,75 — 9^f,50 = 2^f,25, et par an 2^f,25 × 365 = 821^f,25. Donc il économise 1800^f — 821^f,25 = 978^f,75.

484. — Un marchand de grains vend de l'avoine à 11^f,50 l'hectolitre et du son à 2^f,25 l'hectolitre. Il a vendu dans un jour pour 725 fr. de ces deux marchandises. Sachant qu'il a vendu 36 hectolitres de son, dire combien il a vendu d'hectolitres d'avoine. — **R.** 56 hectolitres.

SOLUTION RAISONNÉE. — 36 hectolitres de son à 2^f,25 valent 2^f,25 × 36 = 81 fr. Donc le marchand a retiré de la vente de l'avoine 725^f — 81^f = 644 fr., et comme l'hectolitre coûte 11^f,50, il a vendu autant d'hectolitres que 11^f,50 est contenu de fois dans 644 fr., ou 644 : 11,50 = 56 hectolitres.

485. — Un marchand drapier a acheté 475 mètres de drap à 8^f,75 le mètre. Il en vend 249^m,25 à 9^f,50 le mètre. A combien devra-t-il vendre le reste pour réaliser sur le tout un bénéfice de 925 fr. ? — **R.** 12 fr. le mètre.

SOLUTION RAISONNÉE. — Le marchand a payé son drap 8^f,75 × 475 = 4156^f,25. Il en a vendu pour une somme de 9^f,50 × 249,25 = 2367^f,85, à 2 centimes près. Il faut donc qu'il en retire encore 4156^f,25 — 2367^f,85 = 1788^f,40, et comme il veut faire un bénéfice de 925 fr., il faut qu'il vende le reste de son drap 1788^f,40 + 925^f = 2713^f,40. Or il lui reste un nombre de mètres égal à 475^m — 249^m,25 = 225^m,75. Donc il devra vendre le mètre 2713^f,40 : 225,75 = 12 fr., à 2 centimes près.

486. — Sachant que 100 kilogrammes de café ont coûté 165 fr. dire ce qu'on devrait vendre 435 kilogrammes du même café, si on voulait faire un bénéfice de 0^f,35 par kilogramme. — **R.** 870 fr.

SOLUTION RAISONNÉE. — 1 kilogramme de café coûte 165^f : 100 = 1^f,65. Si on veut gagner 0^f,35 par kilogramme, il faut le vendre 1^f,65 + 0^f,35 = 2 fr. Donc on doit vendre le tout 2^f × 435 = 870 fr.

(Page 53 de l'Élève.)

487. — Un fermier paie 2500 fr. de droit de fermage*. L'exploitation de sa ferme lui coûte 3756 fr. Sachant qu'il a récolté une année 235 hectolitres de vin, qu'il a vendu $22^f,50$ l'hectolitre, et 650 quintaux de fourrage, qu'il a vendu $7^f,25$ le quintal, dire quel est le bénéfice net que la ferme lui a rapporté. — R. 1394 fr.

Solution raisonnée. — Les frais du fermier s'élèvent à $2500^f + 3756^f = 6256$ fr. Mais son vin lui rapporte $22^f,50 \times 235 = 5287^f,50$, et son fourrage $7^f,25 \times 650 = 4712^f,50$. Il retire donc de sa ferme $5287^f,50 + 4712^f,50 = 10\,000$ fr. Donc son bénéfice net est de $10\,000^f - 6256^f = 3744$ fr.

488. — Un marchand de vin a acheté 34 hectolitres de vin à $22^f,75$, et 54 hectolitres à $20^f,25$. Il fait le mélange de ces vins et les vend à un prix tel qu'il réalise un bénéfice de 113 fr. sur le tout. On demande à quel prix il a vendu l'hectolitre du mélange. — R. $22^f,50$.

Solution raisonnée. — Le 1er vin a coûté $22^f,75 \times 34 = 773^f,50$, et le second $20^f,25 \times 54 = 1093^f,50$; en tout : $773^f,50 + 1093^f,50 = 1867$ fr. Le marchand a donc dû vendre le mélange $1867^f + 113^f = 1980$ fr., et comme il a 34 hect. + 54 hect. = 88 hectolitres, il a vendu chaque hectolitre $1980^f : 88 = 22^f,50$.

489. — Un minotier* moud du blé de 2 qualités différentes. Les 100 kilogrammes de farine obtenus avec le blé de 1re qualité lui reviennent à 45 fr., et les 100 kilogrammes obtenus avec le blé de 2e qualité lui reviennent à 29 fr. Il fait un mélange, en parties égales, des farines des deux qualités, et vend 875 kilogrammes de ce mélange à $0^f,50$ le kilogramme. Quel bénéfice réalise-t-il sur cette vente? — R. $113^f,75$.

Solution raisonnée. — 100 kilogrammmes de la 1re qualité de farine et 100 kilog. de la 2e qualité, ou 200 kilog. du mélange, coûtent au minotier $45^f + 29^f = 74$ fr. Donc 1 kilog. lui coûte $74^f : 200 = 0^f,37$, et comme il le vend $0^f,50$, il gagne $0^f,50 - 0^f,37 = 0^f,13$ par kilog. Donc sur 875 kilog. il gagnera $0^f,13 \times 875 = 133^f,75$.

490. — Un marchand de vin a fait dans un tonneau de 20 hectolitres un mélange de plusieurs qualités de vin. Il a mis d'abord 8 hectolitres à $26^f,50$ l'hectolitre, $10^{hl},5$ à $23^f,25$ l'hectolitre, et a achevé de remplir le tonneau avec de l'eau. Il vend l'hectolitre du mélange $27^f,25$. Quel bénéfice réalise-t-il en vendant les 20 hectolitres que contient le tonneau? — R. $88^f,875$.

Solution raisonnée. — Le 1er vin mis dans le tonneau revient à $26^f,50 \times 8 = 212$ fr., et le second vin à $23^f,25 \times 10,5 = 244^f,125$. Les 20 hectolitres du mélange, y compris l'eau qui n'a pas de prix, valent donc $212^f + 244^f,125 = 456^f,125$. Or ces 20 hectolitres ont été vendus $27^f,25 \times 20 = 545$ fr. Donc le bénéfice est de 545 fr. $- 456^f,125 = 88^f,875$.

491. — Le kilogramme de laine coûte $6^f,75$. La main-d'œuvre pour la fabrication du drap revient à $3^f,50$ par kilogramme de laine employée. Une pièce de drap de 85 mètres pèse 75 kilogrammes. Combien devra-t-on vendre le mètre de ce drap pour gagner $0^f,75$ par mètre? — R. $9^f,80$.

Solution raisonnée. — Le kilogramme de drap revient à $6^f,75 + 3^f,50 = 10^f,25$. La pièce de drap de 85 mètres, qui pèse 75 kilogrammes, coûtera $10^f,25 \times 75 = 768^f,75$, et 1 mètre coûtera $768^f,75 : 85 = 9^f,05$, par excès. Pour gagner $0^f,75$ par mètre, il faudra le vendre $9^f,05 + 0^f,75 = 9^f,80$.

492. — Un bassin est rempli par 3 robinets. Le 1er donne 15 litres d'eau par minute, le 2e en donne 13 litres, et le 3e 18 litres. Il y a au bassin un trou qui laisse écouler 14 litres par minute. Si on laisse les 4 orifices* ouverts, dire combien il y aura de litres d'eau dans le bassin au bout d'une heure. — R. 1920 litres.

Solution raisonnée. — Dans une minute le bassin reçoit $15^l + 13^l + 18^l = 46$ litres; mais il en perd dans le même temps 14 litres, donc il en reste dans le bassin $46^l - 14^l = 32$ litres. En 1 heure ou 60 minutes, il en restera 60 fois plus, ou $32^l \times 60 =$ 1920 litres.

493. — Un cultivateur donne 4 fr. à un certain nombre de femmes pour confectionner le cent de fagots de sarments*. Il a donné $28^f,40$. On demande ce que ces femmes lui ont confectionné de fagots. — R. 710 fagots.

Solution raisonnée. — Un cent de fagots coûtant 4 francs à confectionnner, un fagot coûtera 4 fr. : $100 = 0^f,04$, et les femmes auront confectionné autant de fagots que $0^f,04$ est contenu de fois dans $28^f,40$, ou $28,40 : 0,04 = 710$ fagots.

494. — La circonférence de la roue d'une charrette est de $4^m,25$. Cette charrette a parcouru un espace de 7820 mètres. Quel est le nombre de tours faits par cette roue? — R. 1840 tours.

Solution raisonnée. — La roue a fait autant de tours que $4^m,25$ est contenu de fois dans 7820 mètres, ou $7820 : 4,25 = 1840$ tours.

495. — Un marchand de blé a acheté 650 doubles décalitres de blé, à $3^f,80$ le double décalitre, et sur ce blé il a gagné 260 fr. Combien l'a-t-il vendu le double décalitre? — R. $4^f,20$.

Solution raisonnée. — Le marchand a gagné sur chaque double décalitre 260 fr. : $650 = 0^f,40$. Il a donc vendu le double décalitre $3^f,80 + 0^f,40 = 4^f,20$.

(Page 54 de l'Élève.)

496. — Un ouvrier père de famille a acheté 28 doubles décalitres de méteil (mélange de blé et de seigle) à raison de $3^f,85$ le double décalitre, et il convient avec le vendeur de le payer en quatre mois, par quatre paiements égaux. De combien sera chaque paiement? — R. De 26f,95.

SOLUTION RAISONNÉE. — L'ouvrier devra 3f,85 × 28 = 107f,80; chacun de ses paiements sera donc de 107f,80 : 4 = 26f,95.

497. — Un marchand de bœufs achète 25 paires de bœufs à raison de 567 fr. la pièce. Il paie 11f,50 d'entrée par bœuf et donne 18 fr. de gratification au conducteur. Sachant qu'il vend tous ces bœufs 35000 fr., dire ce qu'il a vendu chaque bœuf et quel est le bénéfice total qu'il a réalisé. — R. 1° 700 fr.; 2° 6057 fr.

SOLUTION RAISONNÉE. — Chaque bœuf coûte au marchand 567 fr. + 11f,50 = 578f,50; les 50 bœufs coûteront 578f,50 × 50 = 28925 fr., et, en y ajoutant 18 fr. de gratification, 28925f + 18f = 28943 fr. Le marchand gagne donc 35000f — 28943f = 6057 fr. Il a vendu chaque bœuf 35000 fr. : 50 = 700 fr.

498. — Un maître a donné 55 fr. à sa domestique pour acheter du sucre et du café, et elle doit en acheter pour une somme égale de l'un et de l'autre. Le sucre étant à 1f,60, et le café à 3f,40 le kilogramme, combien pourra-t-elle en avoir de kilogrammes de chaque sorte? — R. 17k,187 de sucre et 8k,088 de café.

SOLUTION RAISONNÉE. — La servante doit acheter pour une somme égale de chaque denrée, soit 55f : 2 = 27f,50. Elle aura donc autant de kilog. de sucre que 1f,60 est contenu de fois dans 27f,50, ou 27,50 : 1,60 = 17k,187, et autant de kilog. de café que 3f,40 est contenu de fois dans 27f,50, ou 27,50 : 3,40 = 8k,088.

499. — 248 kilogr. de haricots ont été vendus 99f,20. Le kilogr. de ces haricots avait coûté 0f,32. Quel bénéfice a-t-on fait par kilogramme et quel est le bénéfice réalisé sur le tout? — R. 1° 0f,08; 2° 19f,84.

SOLUTION RAISONNÉE. — Si 248 kilogrammes de haricots ont été vendus 99f,20, le kilog. a été vendu 99f,20 : 248 = 0f,40. On a donc fait par kilog. un bénéfice de 0f,40 — 0f,32 = 0f,08, et sur le tout un bénéfice de 0f,08 × 248 = 19f,84.

500. — Un marchand a acheté 50 rames* de papier pour 200 fr. Il les revend avec un cinquième de bénéfice. Combien vend-il la rame? — R. 4f,80.

SOLUTION RAISONNÉE. — Une rame de papier coûte au marchand 200 fr. : 50 = 4 fr. Or le cinquième de 4 fr. est 4 fr. : 5 = 0f,80; donc il vend la rame 4f,80.

501. — Une vieille femme a tricoté dans un hiver 13 paires de bas de laine qu'elle a vendus 3f,75 la paire. Sachant qu'elle a employé 3 kilogr. de laine pour faire ces bas et que la laine lui coûte 6f,50 le kilogr., dire ce qu'elle a gagné. — R. 29f,25.

SOLUTION RAISONNÉE. — La femme a vendu ses bas 3f,75 × 13 = 48f,75, et elle a dépensé 6f,50 × 3 = 19f,50. Donc elle a gagné 48f,75 — 19f,50 = 29f,25.

502. — Une marchande de fruits donne 6 pommes pour 0^{f},15. Dire combien de pommes elle doit vendre pour faire une recette de 12 francs. — **R.** 480 pommes.

SOLUTION RAISONNÉE. — La marchande devra vendre autant de fois 6 pommes qu'il y a de fois 0^{f},15 dans 12 fr., ou 12 : 0,15 = 80 fois. Donc elle devra vendre 80 fois 6 pommes ou 480 pommes.

503. — Un convoi* de chemin de fer est composé de 13 wagons portant chacun 10000 kilogr. de marchandises. Sachant que ces marchandises doivent être transportées à une distance de 125 kilom. et que l'on paie 0^{f},07 par 100 kilogr. de marchandises et par kilomètre parcouru, dire quelle serait la somme nécessaire pour payer le port de ces 13 wagons de marchandises. — **R.** 11375 fr.

SOLUTION RAISONNÉE. — Les 13 wagons portent $10000^{\text{k}} \times 13 =$ 130000 kilog. ou 1300 fois 100 kilog. Or 100 kilog. transportés à 1 kilomètre, paient 0^{f},07; donc 1300 fois 100 kilogrammes paieront 0^{f},07 × 1300 = 91 fr., et pour 125 kilomètres ils paieront 91 fr. × 125 = 11 375 fr.

504. — Si on mettait dans ma poche 25^{f},50, j'aurais trois fois ce que j'ai, moins 5^{f},40. Quelle est la somme que j'ai ? — **R.** 15^{f},45.

SOLUTION RAISONNÉE. — Puisqu'avec 25^{f},50 il me manquerait 5^{f},40 pour avoir trois fois ce que j'avais d'abord, en ajoutant 5^{f},40 à 25^{f},50, j'aurai 3 fois mon premier avoir. Donc 2 fois mon premier avoir égale 25^{f},50 + 5^{f},40 = 30^{f},90. Donc mon premier avoir égale 30^{f},90 : 2 = 15^{f},45. — *Preuve.* — Si j'ajoute 25^{f},50 à 15^{f},45, j'ai 25^{f},50 + 15^{f},45 = 40^{f},95 ; or 3 fois 15^{f},45 = 46^{f},35 ; et 46^{f},35 — 40^{f},95 = 5^{f},40.

505. — Un commis reçoit 1095 francs d'appointements* par an. Sachant qu'il a perdu 148 jours, combien doit-il recevoir ? — **R.** 651 fr.

SOLUTION RAISONNÉE. — Le commis reçoit par jour 1095^{f} : 365 = 3 francs ; en 148 jours, il perd 3^{f} × 148 = 444 fr., donc il recevra 1095^{f} — 444^{f} = 651 fr.

506. — Un conducteur de diligence a reçu 28^{f},50 pour 16 places de coupé * ou d'intérieur. Sur ces 16 places il y a 6 places de coupé qu'il fait payer 2 fr. la place. On demande ce qu'on a payé par place d'intérieur. — **R.** 1^{f},65.

SOLUTION RAISONNÉE. — Les 6 places de coupé rapportent au conducteur 2 fr. × 6 = 12 fr. Les places d'intérieur lui ont donc donné 28^{f},50 — 12^{f} = 16^{f},50, et comme il y en a 10, chacune lui a donné 16^{f},50 : 10 = 1^{f},65.

507. — Un maquignon* a acheté 8 chevaux pour 7400 francs, 5 mules pour 3560 francs et 12 ânes pour 900 fr. Il a gagné 50 francs par cheval, perdu 12 francs par mule et gagné 25 francs par âne.

On demande : 1° quel a été son gain ; 2° quelle a été sa perte ; 3° de combien le gain l'emporte sur la perte. — **R.** 1° 700 fr. ; — 2° 60 fr. ; — 3° 640 fr.

SOLUTION RAISONNÉE. — Le maquignon a gagné sur les chevaux $50^f \times 8 = 400$ fr., et sur les ânes $25^f \times 12 = 300$ fr., en tout 700 fr. ; il a perdu sur les mules $12^f \times 5 = 60$ fr. Donc le gain l'emporte sur la perte de $700^f - 60^f = 640$ fr.

Remarque. — Il est inutile de calculer les prix d'achat et les prix de vente de ces divers animaux.

(**Page 55** de l'Élève.)

508. — Une montre avance de deux minutes en 3 heures. En la mettant sur l'heure précise à midi, quelle heure marquera-t-elle le lendemain, à six heures du soir ? — **R.** 6 heures 20 minutes.

SOLUTION RAISONNÉE. — De midi au lendemain à 6 heures du soir il y a 30 heures, ou 10 fois 3 heures ; donc la montre aura avancé de 10 fois 2 minutes ou de 20 minutes. A 6 heures, elle marquera donc $6^h\ 20^m$.

509. — Un ouvrier a fait 39 journées et il a reçu $85^f,80$; un autre ouvrier a fait 3 journées de moins et il a touché $4^f,20$ de plus que son camarade. Combien gagnait-il par jour ? — **R.** $2^f,50$.

SOLUTION RAISONNÉE. — Le second ouvrier a touché $85^f,80 + 4^f,20 = 90$ fr., pour $39 - 3 = 36$ journées ; donc il gagnait par jour $90^f : 36 = 2^f,50$.

510. — Un rentier* a un revenu annuel* de 2000 francs. Cet homme dépense 60 francs par mois pour sa nourriture, 75 francs par trimestre pour son logement ; son habillement lui coûte 240 francs par an, et il fait encore pour 215 francs d'autres dépenses : de plus, il donne chaque dimanche $0^f,50$ aux pauvres, et les fêtes il double son aumône. Combien a-t-il de reste à la fin de l'année, sachant qu'un trimestre est de 3 mois, et qu'il y a 52 dimanches par an et 8 fêtes chômées* ? — **R.** 495 fr.

SOLUTION RAISONNÉE. — Revenu annuel du rentier.... 2000 fr.

Dépenses :			
Nourriture	$60^f \times 12 = 720^f$		
Logement	$75^f \times 4 = 300^f$		
Habillement	240^f		
Autres dépenses	215^f	1509 fr.	
Aux pauvres les dimanches	$0^f,50 \times 52 = 26^f$		
Supplément les jours de fêtes	$1^f \times 8 = 8^f$		
Reste		491 fr.	

511. — A la fin de l'année, un maître, en faisant le compte d'un ouvrier compagnon nourri chez lui, trouva qu'il avait dépensé 460 francs dans l'année, et que de cette manière, il s'était endetté de 40 francs. Combien cet ouvrier gagnait-il par mois ? — **R.** 35 fr.

SOLUTION RAISONNÉE. — Si l'ouvrier qui a dépensé 460 fr. dans un an s'est endetté de 40 fr., c'est qu'il n'a gagné que 460f — 40f = 420 fr. Donc, dans un mois il ne gagnait que 420f : 12 = 35 fr.

512. — J'ai 1825 francs de revenu annuel, et je voudrais en économiser le cinquième. Quelle doit être ma dépense journalière ? — R. 4 fr.

SOLUTION RAISONNÉE. — Le cinquième de 1825 fr. est 1825f : 5 = 365 fr. Je puis donc dépenser par an 1825f — 365f = 1460 fr., et par jour 1460f : 365 = 4 fr.

Remarque. — La division de 1825 par 5 ayant donné 365, je vois immédiatement que mon revenu est de 5 fr. par jour ; donc je puis dépenser 4 francs.

Je pouvais aussi diviser 1825 par 365 pour trouver mon revenu par jour. Ce revenu étant de 5 fr., je pouvais en dépenser 4.

513. — Un fonctionnaire a 30000 francs de traitement annuel, et en économise le quart. Quelle somme lui reste-t-il à dépenser journellement ? — R. 61f,64.

SOLUTION RAISONNÉE. — Le quart de 30000 fr. est 30000f : 4 = 7500 fr. Il reste donc au fonctionnaire à dépenser par an 30000f — 7500 = 22500 fr., et par jour, 22500f : 365 = 61f,64.

514. — Un père de famille a acheté un petit cochon pour 87 francs. Pendant l'année cet animal a consommé 8 doubles décalitres d'orge, à 3f,25 le double décalitre, 14 doubles décalitres de son, à 0f,75, et 16 doubles décalitres de pommes de terre, à 1f,25. Étant tué, il a fait 85 kilogrammes de viande. A combien revient le kilogramme ? — R. 1f,10.

SOLUTION RAISONNÉE.

Prix d'achat du cochon....................		37f 00
Dépenses en orge............	3f,25 × 8 =	26f,00
— en son.............	0f,75 × 14 =	10f,50
— en pommes de terre	1f,25 × 16 =	20f,00
Prix de revient de 85 kilog. de viande.......		93f,50
Prix d'un kilogramme........	93f,50 : 85 =	1f,10

515. — Un marchand a acheté du drap pour 1972 francs, et il dit que s'il en eût acheté 8 mètres de plus, il aurait dû payer 2088 francs. Combien lui coûte le mètre de drap et combien en a-t-il acheté de mètres ? — R. 1° 14f,50, — 2° 136 mètres.

SOLUTION RAISONNÉE. — Puisque le marchand a payé 1972 fr., et que pour 8 mètres de plus il aurait dû payer 2088 fr., c'est que 8 mètres valent 2088f — 1972f = 116 fr., et 1 mètre 116f : 8 = 14f,50. Puisque le mètre coûte 14f,50, le marchand a acheté autant de mètres que 14f,50 est contenu de fois dans 1972 fr., ou 1972 : 14,50 = 136 mètres.

516. — Deux courriers se dirigent l'un vers l'autre. La distance qui les sépare est de 56 kilomètres. L'un fait 5 kilomètres à l'heure et l'autre en fait 3. Au bout de combien de temps se rencontreront-ils, et quel chemin aura parcouru chacun d'eux? — **R.** 1° 7 heures; — 2° 35 kilom. et 21 kilomètres.

SOLUTION RAISONNÉE. — Dans une heure les deux courriers se rapprochent de $5^k + 3^k = 8$ kilomètres. Ils se rencontrent donc au bout d'autant d'heures qu'il y a de fois 8 kilom. dans 56 kilom., c'est-à-dire au bout de 7 heures. L'un aura fait $5^k \times 7 = 35$ kilom., et l'autre $3^k \times 7 = 21$ kilom.

517. — Un fabricant de chapeaux en a vendu quatre douzaines à un marchand chapelier; celui-ci a payé en espèces, en donnant 14 pièces de 20 francs et 64 pièces de 5 francs. Quel était le prix d'un chapeau? — **R.** $12^f,50$.

SOLUTION RAISONNÉE. — Les 4 douzaines de chapeaux, ou les 48 chapeaux, ont coûté $20^f \times 14 + 5^f \times 64 = 280^f + 320^f = 600^f$; donc un chapeau a coûté $600^f : 48 = 12^f,50$.

(Page 56 de l'Élève.)

518. — Ce marchand chapelier dit qu'il revendra ses chapeaux 15 francs pièce. Combien gagnera-t-il sur son marché? — **R.** 120 fr.

SOLUTION RAISONNÉE. — Le marchand gagne sur chaque chapeau $15^f - 12^f,50 = 2^f,50$; sur 48 chapeaux il gagnera $2^f,50 \times 48 = 120$ francs.

519. — Un autre fabricant de chapeaux les vend en gros* à raison de 15 francs pièce, et il en a vendu pour 9000 francs à un marchand chapelier. Combien lui en a-t-il vendu de douzaines? — **R.** 50 douzaines.

SOLUTION RAISONNÉE. — Le nombre des chapeaux est égal à $9000 : 15 = 600$ chapeaux, et le nombre des douzaines à $600 : 12 = 50$ douzaines.

520. — Un marchand de porcelaine* avait acheté une grosse, c'est-à-dire douze douzaines de vases, au prix de 15 francs la douzaine. Dans le transport il en a cassé 9, et il a encore gagné 63 francs en revendant les autres. Combien les a-t-il revendus la pièce? — **R.** $1^f,80$.

SOLUTION RAISONNÉE. — Le marchand a payé ses vases $15^f \times 12 = 180$ francs, et comme il a gagné 63 francs, il a dû les vendre $180^f + 63^f = 243$ francs. Or sur les 12 douzaines de vases, ou 144 vases, il en a cassé 9; donc il lui en restait encore $144 - 9 = 135$. Donc il a vendu chaque vase $243^f : 135 = 1^f,80$.

521. — Un vigneron de mauvaise foi avait un tonneau contenant 200 litres, qui était plein à moitié de vin rouge. Il en but d'abord 25 litres, et voulut ensuite le remplir pour le vendre. Pour cela, il y mit 15 seaux de vin blanc, chaque seau contenant 8 litres, et acheva de remplir le tonneau avec de l'eau. Combien y mit-il de litres d'eau ? — R. 20 litres d'eau.

SOLUTION RAISONNÉE. — Le tonneau contenait d'abord $230^l : 2 =$ 115 litres de vin rouge. On en retranche 25 litres; il en reste donc $115^l - 25^l = 90$ litres. On y ajoute 15 seaux de vin blanc, ou $8^l \times 15 = 120$ litres. Le tonneau contient alors $90^l + 120^l = 210$ litres. Le vigneron a dû y ajouter $230^l - 210^l = 20$ litres d'eau.

522. — On a dépensé $56^f,25$ pour payer la journée de 40 ouvriers, hommes, femmes et enfants. Les hommes gagnent chacun $1^f,80$, et les femmes $1^f,35$. On demande ce que gagne chaque enfant, sachant que sur les 40 ouvriers, il y a 17 hommes et 14 femmes. — R. $0^f,75$.

SOLUTION RAISONNÉE. — Les 17 hommes gagnent par jour $1^f,80 \times 17 = 30^f,60$, et les 14 femmes $1^f,35 \times 14 = 18^f,90$; en tout $30^f,60 + 18^f,90 = 49^f,50$; il reste donc pour les enfants $56^f,25 - 49^f,50 = 6^f,75$. Or le nombre des ouvriers est de 40, et les hommes et les femmes sont $17 + 14 = 31$; il y a donc 9 enfants; donc chaque enfant reçoit $6^f,75 : 9 = 0^f,75$.

523. — Un ouvrier est payé à raison de $0^f,80$ par mètre de travail, et pour un mois de 24 journées il a reçu $106^f,80$. Combien a-t-il fait de mètres par jour ? — R. $5^m,56$.

SOLUTION RAISONNÉE. — L'ouvrier a gagné par jour $106^f,80 : 24 = 4^f,45$. Donc il fait par jour autant de mètres que $0^f,80$ est contenu de fois dans $4^f,45$, ou $4,45 : 0,80 = 5^m,56$.

524. — Un coquetier* a vendu 30 douzaines d'œufs pour 18 francs, et il dit que sur cette vente il a perdu 3 francs. Combien lui coûtait donc la douzaine? — R. $0^f,70$.

SOLUTION RAISONNÉE. — Le coquetier avait acheté ses 30 douzaines d'œufs $18^f + 3^f = 21$ fr. Donc la douzaine lui coûtait $21^f : 30 = 0^f,70$.

525. — Quelqu'un a payé 697 francs, avec des pièces de 5 francs, de deux francs, de un franc et de cinquante centimes, et il y en avait un nombre égal des unes et des autres. Combien y avait-il de pièces de chaque valeur? — R. 82.

SOLUTION RAISONNÉE. — Avec une pièce de chaque espèce on a payé $5^f + 2^f + 1^f + 0^f,50 = 8^f,50$; il y avait donc autant de pièces de chaque espèce que $8^f,50$ est contenu de fois dans 697 francs, ou $697 : 8,5 = 82$.

526. — Je devais mille francs, et j'ai déjà donné deux acomptes, l'un de $452^f,50$, et l'autre de $228^f,75$. On me demande du blé pour le reste de la somme. Le prix du double décalitre étant de $4^f,25$, combien dois-je donner de blé pour être quitte? — R. 75 doubles décalitres.

SOLUTION RAISONNÉE. — J'ai déjà payé 452f,50 + 228f,75 = 681f,25. Je dois encore 1000f — 681f,25 = 318f,75. Je devrai donc donner autant de doubles décalitres que 4f,25 est contenu de fois dans 318f,75, ou 318,75 : 4,25 = 75 doubles décalitres.

527. — Pour l'exploitation de son domaine, un propriétaire employait, l'année dernière, 8 domestiques, à qui il donnait 2040 francs de gages : cette année il n'en a que six, à qui il donne cette même somme. Combien un domestique gagne-t-il cette année de plus que l'année dernière? — **R.** 85 fr.

SOLUTION RAISONNÉE. — L'année dernière chaque domestique recevait 2040f : 8 = 255 fr.; cette année chaque domestique reçoit 2040f : 6 = 340 fr. Chaque domestique gagne dans cette année de plus que l'année dernière 340f — 255f = 85 fr.

(Page 57 de l'Élève.)

528. — On a payé 1800 francs à 25 ouvriers qui ont travaillé 24 jours et 12 heures par jour. Combien chaque ouvrier gagnait-il par heure? — **R.** 0f,25.

SOLUTION RAISONNÉE. — Chaque ouvrier a reçu 1800f : 25 = 72f; donc chaque ouvrier gagnait par jour 72f : 24 = 3 fr., et par heure 3f : 12 = 0f,25.

529. — Un terrassier* en 70 journées a cassé 140 mètres cubes de pierre, et ce travail lui est payé à raison de 1f,25 le mètre. Combien a-t-il gagné par jour? — **R.** 2f,50.

SOLUTION RAISONNÉE. — Le terrassier a recu 1f,25 × 140 = 175f. Donc dans un jour il a gagné 175f : 70 = 2f,50.

530. — Un maquignon* a acheté des chevaux pour 16640 francs, et en les revendant immédiatement pour 17290 francs, il dit qu'il a gagné 25 francs par tête. Combien a-t-il acheté de chevaux, et combien les a-t-il payés et revendus chacun? — **R.** 1° 26 chevaux; — 2° 640 fr.; — 3° 665 fr.

SOLUTION RAISONNÉE. — Le maquignon a gagné 17290f — 16640f = 650 fr.; donc il a acheté et revendu autant de chevaux que 25 fr. est contenu de fois dans 650 fr., ou 650 : 25 = 26 chevaux. Il les a achetés 16640f : 26 = 640 fr., et il les a revendus 17290f : 26 = 665 fr.

531. — Un ébéniste* dit qu'il a gagné 1314 francs dans son année, et qu'il a mis de côté un franc par jour. Combien cet ouvrier dépensait-il journellement, l'année étant comptée de 365 jours? — **R.** 2f,60.

SOLUTION RAISONNÉE. — L'ébéniste a gagné par jour 1314f : 365 = 0f,00. S'il a économisé 1 fr. par jour, il a pu dépenser 2f,60 par jour.

532. — Dans une famille, le père gagne 3f,70 par jour, la mère

1f,80, et les deux enfants chacun 0f,75. La dépense totale de la famille est de 225 francs par trimestre. Ils ont acheté une maison qui leur coûte 3500 francs en principal, plus 190 francs de frais. Combien la famille mettra-t-elle de temps pour payer cette dépense avec ses économies, sachant qu'elle ne travaille, en moyenne, que 24 jours par mois? — R. 3 ans 4 mois.

SOLUTION RAISONNÉE. — La famille gagne par jour 3f,70 + 1f,80 + 1f,50 = 7 fr., et par mois 7f × 24 = 168 fr. Or elle dépense par mois 225f : 3 = 75 fr. Donc elle économise par mois 168f — 75f = 93 fr. Donc pour payer 3500f + 190f = 3690 fr., il lui faudra autant de mois que 93 fr. est compris de fois dans 3690 fr., ou 3690 : 93 = 39 mois, 6, ou mieux 40 mois, ou 3 ans 4 mois.

533. — Un entrepreneur* a occupé 12 ouvriers, sur chacun desquels il avait 0f,75 de bénéfice par jour; leur entreprise finie, le maître avait 315 fr. de profit. Combien ces ouvriers ont-ils travaillé de jours? — R. 35 jours.

SOLUTION RAISONNÉE. — L'entrepreneur faisait par jour un bénéfice de 0f,75 × 12 = 9 fr. Donc les ouvriers ont travaillé autant de jours que 9 fr. est contenu de fois dans 315 fr., ou 315 : 9 = 35 jours.

534. — Un marchand coutelier a acheté en fabrique 40 douzaines de couteaux à raison de 26f,50 la douzaine, et il dit qu'il a gagné 260 francs sur ce marché. Combien a-t-il donc revendu chaque couteau? — R. 2f,75.

SOLUTION RAISONNÉE. — Le marchand a acheté ses couteaux 26f,50 × 40 = 1060 fr., et il les a revendus 1060f + 260f = 1320 fr. Comme il avait 12 × 40 = 480 couteaux, il a dû vendre chaque couteau 1320f : 480 = 2f,75.

535. — Une autre fois ce même marchand a acheté des couteaux qu'il avait payés en gros 25f,20 la douzaine, et qu'il a revendus en détail 2f,75 pièce. Sachant qu'à ce prix il a dû gagner 195 fr. sur ce marché, on demande combien il a acheté et revendu de couteaux. — R. 25 douzaines.

SOLUTION RAISONNÉE. — Le marchand a revendu chaque douzaine de couteaux 2f,75 × 12 = 33 fr.; il a donc gagné sur chaque douzaine 33f — 25f,20 = 7f,80; donc il a acheté et revendu autant de douzaines de couteaux que 7f,80 est contenu de fois dans 195 fr., ou 195 : 7,80 = 25 douzaines.

536. — Un marchand épicier a acheté 28 pains de sucre, pesant chacun 7 kilogrammes, pour la somme de 271f,40. Combien doit-il revendre le kilogr. pour gagner 0f,10 par kilogramme — R. 1f,50.

SOLUTION RAISONNÉE. — Le marchand a acheté 7k × 28 = 196k de sucre pour la somme de 271f,40; donc chaque kilogramme lui coûte 274f,40 : 196 = 1f,40 Donc il doit le revendre 1f,40 + 0f,10 = 1f,50.

537. — En gagnant 0f,10 par kilogramme, combien cet épicier gagnera-t-il sur tout le sucre dont il est question au problème précédent? — **R.** 19f,60.

538. — On a donné une pièce de cinq francs à une servante pour aller au marché. Elle doit acheter : 1° deux kilogrammes et demi de viande, à 1f,10 le kilogramme; 2° un demi-kilogramme de beurre, à 1f,40 le kilogramme; 3° des fruits pour 0f,35; et 4° des légumes pour 0f,30. Elle achètera des œufs pour le reste de la somme. Le prix des œufs étant de 0f,60 la douzaine, on demande combien elle pourra en acheter. — **R.** 18 œufs.

Solution raisonnée. — Somme donnée à la servante... 5f,00

Dépenses :			
Viande........	1f,10 × 2,5 =	2f,75	4f,10
Beurre........	1f,40 × 0,5 =	0f,70	
Fruits....................		0f,35	
Légumes..................		0f,30	

Il reste à la servante pour les œufs.................. 0f,90

Chaque œuf coûtant 0f,60 : 12 = 0f,05, la servante pourra acheter autant d'œufs que 0f,05 est contenu de fois dans 0f,90, ou 0,90 : 0,05 = 18 œufs, soit une douzaine et demie.

(Page 58 de l'Élève.)

539. — Un employé a 1200 fr. d'appointements* par an, et il dit qu'il économise 450 fr. Quelle est donc sa dépense journalière, l'année étant comptée de 365 jours? — **R.** 2f,05.

Solution raisonnée. — L'employé dépense par an 1200f — 450f = 750 fr., et par jour 750f : 365 = 2f,05.

540. — Un coquetier* avait 30 douzaines d'œufs qu'il devait vendre 0f,70 la douzaine; mais il en a cassé 2 douzaines. Combien doit-il vendre ceux qui lui restent pour ne rien perdre? — **R.** 0f,75 la douzaine.

Solution raisonnée. — Le coquetier devait retirer de ses œufs 0f,70 × 30 = 21 fr. Il faut qu'il vende encore 21 francs les 28 douzaines qui lui restent; donc il doit vendre chaque douzaine 21f : 28 = 0f,75.

541. — La distance de Paris au Havre* est de 228 kilomètres. Le prix des places en 1re classe est de 30f,90, en 2e classe de 23f,15, en 3e classe de 17 fr. Le train express* part de Paris à 8 heures du matin et arrive au Havre à midi 48 minutes; le train omnibus* part à 7 heures du matin et arrive à 3h 5m du soir. On demande :

1° Quelle économie on fera en prenant les secondes au lieu des premières et les troisièmes au lieu des secondes;

2° Quelle perte de temps on éprouve en prenant l'omnibus plutôt que l'express;

3° Quelle est la vitesse de chaque train par heure et par seconde.

R. 1° 7f,75 et 6f,15; — 2° 3 heures 17 minutes; — 3° le 1er, 47km,5 par heure, ou 13m,18 par seconde; le 2e 28km,2 par heure, ou 7m,83 par seconde.

SOLUTION RAISONNÉE. — En prenant les secondes au lieu des premières on fait une économie de 30f,90 — 23f,15 = 7f,75.

En prenant les troisièmes au lieu des secondes, on fait une économie de 23f,15 — 17f = 6f,15.

Trajet du train omnibus : de 7 heures à midi, il y a 5 heures; de midi à 3h 5m, il y a 3h 5m; total : 8h 5m. — Trajet du train express : de 8h à 12h 48m, il y a 4h 48m. La différence est de 8h 5m — 4h 48m = 7h 65m — 4h 48m = 3h 17m.

Pour trouver la vitesse des trains on convertit les heures en minutes et en secondes. Ainsi 8h = 60m × 8 = 480 minutes; donc 8h 5m = 485 minutes; de même 4h = 60 × 4 = 240 minutes; donc 4h 48m = 288 minutes.

Donc le train omnibus a, par minute, une vitesse de 228km : 485 = 0km,470 = 470 mètres; par heure, il fera 470m × 60 = 28 200m = 28km,2, et par seconde 470m : 60 = 7m,83.

De même le train express a, par minute, une vitesse de 228km : 288 = 0km,791 = 791 mètres; par heure, il fera 791m × 60 = 47460m = 47km,5, et par seconde 791m : 60 = 13m,18.

542. — La distance de Paris à Bordeaux* est de 578 kilomètres. Le prix des places en 1re classe est de 78f,35, en 2e classe de 58f,75, en 3e classe de 43f,60. Le train express* part de Paris à 10h 45m du matin et arrive à Bordeaux à 10h 18m du soir. Le train omnibus* part à 11h 45m du matin et arrive à 4h 49m du matin. On demande :

1° Quelle économie on fera en prenant les secondes au lieu des premières, et les troisièmes au lieu des secondes;

2° Quelle perte de temps on éprouve en prenant l'omnibus plutôt que l'express;

3° Quelle est la vitesse de chaque train par heure et par seconde.

R. 1° 19f,60 et 15f,15; — 2° 5 heures 31 minutes; — 3° le 1er, 50 kilom. par heure, ou 13m,90 par seconde; le 2e, 33km,8 par heure, ou 9m,40 par seconde.

Nota. — La solution raisonnée est identique à celle du n° 541.

CHAPITRE XIV

SYSTÈME MÉTRIQUE

Exercices sur les mesures de longueur.

(*Première année d'Arithmétique*, pages 79 à 83.)

(**Page 59** de l'Élève.)

543. — Écrivez en lettres les nombres suivants :

Première colonne.

(1) $4^m,7$ (quatre mètres, sept décimètres).
(2) $26^m,85$ (vingt-six mètres, quatre-vingt-cinq centimètres).
(3) $3^m,423$ (trois mètres, quatre cent vingt-trois millim.).
(4) $0^m,07$ (sept centimètres).
(5) $187^m,5$ (cent quatre-vingt-sept mètres, cinq décimètres).
(6) $9^m,475$ (neuf mètres, quatre cent soixante-quinze mill.).

Deuxième colonne.

(7) $1^m,25$ (un mètre, vingt-cinq centimètres).
(8) $18^m,705$ (dix-huit mètres, sept cent cinq millimètres).
(9) $0^m,003$ (trois millimètres).
(10) $8^m,2$ (huit mètres, deux décimètres).
(11) $15^m,04$ (quinze mètres, quatre centimètres).
(12) $7^m,208$ (sept mètres, deux cent huit millimètres).

544. — Faites l'addition, par colonnes, des nombres qui précèdent. — R. 1° $232^m,018$; — 2° $50^m,406$.

545. — Écrivez en chiffres les nombres suivants, en prenant le mètre pour unité :

Première colonne.

(1) 9 mètres 5 centimètres ($9^m,05$).
(2) 6 décimètres ($0^m,6$).
(3) 24 millimètres ($0^m,024$).
(4) 4 mètres 3 décimètres ($4^m,3$).
(5) 18 mètres 8 millimètres ($18^m,008$).
(6) 347 centimètres ($3^m,47$).

Deuxième colonne.

(7) 5 décimètres ($0^m,5$).
(8) 2 mètres 3 millimètres ($2^m,003$).
(9) 745 décimètres ($74^m,5$).
(10) 3 mètres 40 millimètres ($3^m,040$).
(11) 8 mètres 2 centimètres ($8^m,02$).
(12) 43 centimètres ($0^m,43$).

546. — Faites l'addition, par colonnes, des nombres qui précèdent. — R. 1° $35^m,152$; — 2° $88^m,493$.

547. — Écrivez en lettres les nombres suivants :

Première colonne.

(1) 0^{m},004 (quatre millimètres).
(2) 153^{m},2 (cent cinquante-trois mètres, deux décimètres).
(3) 7^{m},34 (sept mètres, trente-quatre centimètres).
(4) 4^{m},93 (quatre mètres, quatre-vingt-treize centimètres).
(5) 0^{m},009 (neuf millimètres).
(6) 375^{m},8 (trois cent soixante-quinze mètres, huit décim.).

Deuxième colonne.

(7) 7^{m},534 (sept mètres, cinq cent trente-quatre millim.).
(8) 12^{m},25 (douze mètres, vingt-cinq centimètres).
(9) 0^{m},738 (sept cent trente-huit millimètres).
(10) 43^{m},48 (quarante-trois mètres, quarante-huit centim.).
(11) 0^{m},707 (sept cent sept millimètres).
(12) 1^{m},024 (un mètre, vingt-quatre millimètres).

548. — Faites l'addition, par colonnes, des nombres qui précèdent. — R. 1° 541^{m},283 ; — 2° 65^{m},733.

549. — Écrivez en chiffres les nombres suivants, en prenant le mètre pour unité :

Première colonne.

(1) 18 décimètres (1^{m},8).
(2) 9 mètres 4 millimètres (9^{m},004).
(3) 4 millimètres (0^{m},004).
(4) 159 mètres 8 centimètres (159^{m},08).
(5) 1524 décimètres (152^{m},4).
(6) 18 mètres 47 centimètres (18^{m},47).

Deuxième colonne.

(7) 2 mètres 25 millimètres (2^{m},025).
(8) 18 millimètres (0^{m},018).
(9) 4 mètres 2 centimètres (4^{m},02).
(10) 734 centimètres (7^{m},34).
(11) 43 millimètres (0^{m},043).
(12) 175 dix-millièmes de mètre (0^{m},0175).

(Page 60 de l'Élève.)

550. — Faites l'addition, par colonnes, des nombres précédents. — R. 1° 340^{m},758 ; — 2° 13^{m},4635.

551. — Écrivez en lettres les nombres suivants :

Première colonne.

(1) 3^{m},02 (trois mètres, deux centimètres).
(2) 170^{m},254 (cent soixante-dix mètres, deux cent cinquante-quatre millimètres).
(3) 0^{m},001 (un millimètre).
(4) 29^{m},004 (vingt-neuf mètres, quatre millimètres).

(5) $0^m,0274$ (deux cent soixante-quatorze dix-millièmes de mètre).

(6) $0^m,009$ (neuf millimètres).

Deuxième colonne.

(7) $567^m,3$ (cinq cent soixante-sept mètres, trois décimètres).

(8) $48^m,75$ (quarante-huit mètres, soixante-quinze centim.).

(9) $729^m,349$ (sept cent vingt-neuf mètres, trois cent quarante-neuf millimètres).

(10) $0^m,009$ (neuf millimètres).

(11) $2^m,1$ (deux mètres, un décimètre).

(12) $14^m,73$ (quatorze mètres, soixante-treize centimètres).

552. — Faites l'addition, par colonnes, des nombres précédents, en prenant le décamètre pour unité. — **R.** 1° $20^{Dm},23154$; — 2° $136^{Dm},2238$.

553. — Faites l'addition des mêmes nombres, en prenant le décimètre pour unité. — **R.** 1° $2023^{dm},154$; — 2° $13622^{dm},38$.

554 — Écrivez en chiffres les nombres suivants, en prenant le mètre pour unité.

Première colonne.

(1) 19 décimètres ($1^m,9$).

(2) 748 millimètres ($0^m,748$).

(3) 3 mètres 5 centimètres ($3^m,05$).

(4) 1473 millimètres ($1^m,473$).

(5) 42 mètres 8 centimètres ($42^m,08$).

(6) 2 mètres 7 millimètres ($2^m,007$).

Deuxième colonne.

(7) 7254 centimètres ($72^m,54$).

(8) 4 décimètres ($0^m,4$).

(9) 82475 centimètres ($824^m,75$).

(10) 43 mètres 9 millimètres ($43^m,009$).

(11) 7 centimètres ($0^m,07$).

(12) 1 millimètre ($0^m,001$).

555. — Faites l'addition des nombres de la première colonne, en prenant le centimètre pour unité. — **R.** $5125^{cm},8$.

556. — Faites l'addition des nombres de la 2e colonne, en prenant le décimètre pour unité. — **R.** $9407^{dm},7$.

557. — Convertir 4275 mètres en kilomètres, en décimètres, en hectomètres et en millimètres. — **R.** $4^{Km},275$; — 42750 décim.; $42^{Hm},75$; — 4275000 millim.

558. — Écrivez en chiffres les nombres suivants :

Première colonne.

(1) 4 kilomètres 9 mètres ($4^{Km},009$).

(2) 31 hectomètres 2 décamètres ($31^{Hm},2$).

(3) 6 myriamètres 8 mètres (6^{Mm},0008).
(4) 17 décamètres 9 mètres (17^{Dm},9).

Deuxième colonne.

(5) 4 hectomètres 5 décamètres (4^{Hm},5).
(6) 24 myriamètres 54 mètres (24^{Mm},0054).
(7) 7 kilomètres 9 décamètres (7^{Km},09).
(8) 15 décamètres 3 mètres (15^{Dm},3).

559. — Faites la somme des nombres de la 1re colonne, en prenant le kilomètre pour unité. — **R.** 67^{Km},316.

560. — Faites la somme des nombres de la 2e colonne, en prenant le décamètre pour unité. — **R.** 24774^{Dm},7.

561. — Convertir 18^{m},7 en hectomètres, en décimètres, en kilomètres et en centimètres. — **R.** 0^{Hm},187 ; — 187 décim. ; — 0^{Km},0187 ; — 1870 centim.

562. — Écrivez en lettres les nombres suivants :

Première colonne.

(1) 7^{Hm},009 (sept hectomètres, neuf décimètres).
(2) 15^{Km},7258 (quinze kilomètres, sept mille deux cent cinquante-huit décimètres).
(3) 0^{m},995 (neuf cent quatre-vingt-quinze millimètres).
(4) 18^{Dm},0257 (dix-huit décamètres, deux cent cinquante-sept millimètres).
(5) 0^{m},3 (trois décimètres).
(6) 194^{Hm},752 (cent quatre-vingt-quatorze hectomètres, sept cent cinquante-deux décimètres.

Deuxième colonne.

(7) 9^{Km},087654 (neuf kilomètres, quatre-vingt-sept mille six cent cinquante-quatre millimètres).
(8) 10^{m},7 (dix mètres, 7 décimètres).
(9) 4^{Dm},25 (quatre décamètres, vingt-cinq décimètres).
(10) 20^{Km},725 (vingt kilomètres, sept cent vingt-cinq mètres).
(11) 8^{Hm},09 (huit hectomètres, neuf mètres).
(12) 615^{Dm},436 (six cent quinze décamètres, quatre cent trente-six centimètres).

(**Page 61** de l'Élève.)

563. — Faites la somme des nombres de la 1re colonne, en prenant le décamètre pour unité. — **R.** 3608^{Dm},3452.

564. — Faites la somme des nombres de la 2e colonne, en prenant le kilomètre pour unité. — **R.** 36^{Km},829214.

565. — Convertir 72^{m},25 en décamètres, en kilomètres et en décimètres. — **R.** 7^{Dm},225 ; — 0^{Km},07225 ; — 722^{dm},5.

566. — Écrivez en chiffres les nombres suivants :

Première colonne.

(1) 7 décamètres 8 centimètres (7^{Dm},008).
(2) 15 kilomètres 25 décamètres (15^{Km},25).
(3) 3 myriamètres 8 mètres (3^{Mm},0008).
(4) 2 mètres 3 millimètres (2^{m},003).

Deuxième colonne.

(5) 17 hectomètres 49 mètres (17^{Hm},49).
(6) 5 décamètres 3 centimètres (5^{Dm},003).
(7) 27 centimètres (0^{m},27).
(8) 1524 millimètres (1^{m},524).

567. — Faites la somme des nombres de la 1re colonne, prenant le mètre pour unité. — R. 45330^{m},083.

568. — Faites la somme des nombres de la 2e colonne, en p nant le décimètre pour unité. — R. 18008^{dm},21.

569. — Convertir 32745^{Hm},25 en mètres, en kilomètres, en d cimètres et en myriamètres. — R. 3274525 mèt. ; — 3274^{Km},52 — 32745250 décim. ; — 327^{Mm},4525.

570. — Convertir 7432 millimètres en décamètres, en mètres en kilomètres et en décimètres. — R. 0^{Dm},7432 ; — 7^{m},43 — 0^{Km},007432 ; — 74^{dm},32.

571. — Convertir 0^{m},32 en décimètres, en hectomètres, en d camètres et en millimètres. — R. 3^{dm},2 ; — 0^{Hm},0032 ; — 0^{Dm},03 — 320 millim.

572. — Convertir 12^{Km},274 en décamètres, en myriamètres, e mètres et en décimètres. — R. 1227^{Dm},4 ; — 1^{Mm},2274 ; — 12274 — 122740 décim.

573. — Convertir 3 kilomètres en millimètres, en décamètre en hectomètres et en décimètres. — R. 3000000 millim. ; — 300 d cam. ; — 30 hectom. ; — 30000 décim.

Exercices sur les mesures de capacité.

(*Première année d'Arithmétique*, pages 84 à 86).

574. — Écrivez en lettres les nombres suivants :

Première colonne.

(1) 3^{l},07 (trois litres, sept centilitres).
(2) 15^{l},724 (quinze litres, sept cent vingt-quatre millilitres).
(3) 0^{l},006 (six millilitres).

(4) 192^{l},5 (cent quatre-vingt-douze litres, cinq décilitres).
(5) 7^{l},074 (sept litres, soixante-quatorze millilitres).
(6) 80^{l},409 (quatre-vingts litres, quatre cent neuf millilitres).

Deuxième colonne.

(7) 0^{l},027 (vingt-sept millilitres).
(8) 18^{l},09 (dix-huit litres, neuf centilitres).
(9) 4^{l},5 (quatre litres, cinq décilitres).
(10) 348^{l},2 (trois cent quarante-huit litres, de uxdécilitres).
(11) 45^{l},04 (quarante-cinq litres, quatre centilitres).
(12) 0^{l},005 (cinq millilitres).

575. — Faites, par colonnes, l'addition des nombres précédents. — **R.** 1° 298^{l},783 ; — 2° 415^{l},862.

(**Page 62** de l'Élève.)

576. — Écrivez en chiffres les nombres suivants, en prenant le litre pour unité :

Première colonne.

(1) 34 décilitres (3^{l},4).
(2) 7 litres 9 millilitres (7^{l},009).
(3) 9 centilitres (0^{l},09).
(4) 9724 millilitres (9^{l},724).
(5) 15 litres 9 centilitres (15^{l},09).
(6) 2 litres 5 décilitres (2^{l},5).

Deuxième colonne.

(7) 724 décilitres (72^{l},4).
(8) 7 centilitres (0^{l},07).
(9) 2 millilitres (0^{l},002).
(10) 39 litres 24 centilitres (39^{l},24).
(11) 197 litres 1 millilitre (197^{l},001).
(12) 3497 centilitres (34^{l},97).

577. — Faites, par colonnes, l'addition des nombres qui précèdent. — **R.** 1° 37^{l},813 ; — 2° 343^{l},683.

578. — Écrivez en lettres les nombres suivants :

Première colonne.

(1) 8^{l},025 (huit litres, vingt-cinq millilitres).
(2) 175^{l},3 (cent soixante-quinze litres, trois décilitres).
(3) 0^{l},007 (sept millilitres).
(4) 2^{l},125 (deux litres, cent vingt-cinq millilitres.
(5) 170^{l},37 (cent soixante-dix litres, trente-sept centilitres).
(6) 49^{l},5 (quarante-neuf litres, cinq décilitres).

Deuxième colonne.

(7) 10^{l},020 (dix-neuf litres, vingt millilitres).
(8) 0^{l},005 (cinq millitres).
(9) 1342^{l},2 (treize cent quarante-deux litres, deux décilitres).
(10) 56^{l},25 (cinquante-six litres, vingt-cinq centilitres).

(11) $4^{l},370$ (quatre litres, trois cent soixante-dix millilitres).
(12) $0^{l},027$ (vingt-sept millilitres).

579. — Faites, par colonnes, l'addition des nombres qui précèdent. — **R.** 1° $405^{l},327$; — 2° $1421^{l},872$.

580. — Écrivez en chiffres les nombres suivants, en prenant le litre pour unité :

Première colonne.

(1) 8 centilitres ($0^{l},08$).
(2) 1529 décilitres ($152^{l},9$).
(3) 3 litres 5 millilitres ($3^{l},005$).
(4) 18 millilitres ($0^{l},018$).
(5) 784 centilitres ($7^{l},84$).
(6) 7988 décilitres ($798^{l},8$).

Deuxième colonne.

(7) 24 litres 25 millilitres ($24^{l},025$).
(8) 2 litres 3 décilitres ($2^{l},3$).
(9) 6 centilitres ($0^{l},06$).
(10) 174 décilitres ($17^{l},4$).
(11) 987 millilitres ($0^{l},987$).
(12) 39 litres 1 centilitre ($39^{l},01$).

581. — Faites, par colonnes, l'addition des nombres qui précèdent. — **R.** 1° $962^{l},643$; — 2° $83^{l},782$.

582. — Écrivez en lettres les nombres suivants :

Première colonne.

(1) $5^{l},25$ (cinq litres, vingt-cinq centilitres).
(2) $3977^{l},02$ (trois mille neuf cent soixante-dix-sept litres, deux centilitres).
(3) $4^{l},3$ (quatre litres, 3 décilitres).
(4) $0^{l},027$ (vingt-sept millilitres).
(5) $147^{l},2$ (cent quarante sept litres, deux décilitres).
(6) $0^{l},01$ (un centilitre).

Deuxième colonne.

(7) $39^{l},275$ (trente-neuf litres, deux cent soixante-quinze millilitres).
(8) $0^{l},127$ (cent vingt-sept millilitres).
(9) $436^{l},39$ (quatre cent trente-six litres, trente-neuf centil.).
(10) $0^{l},072$ (soixante-douze millilitres).
(11) $31^{l},21$ (trente-et-un litres, vingt-et-un centilitres).
(12) $0^{l},001$ (un millilitre).

583. Faites, par colonnes, l'addition des nombres qui précèdent, en prenant le décilitre pour unité. — **R.** 1° $41338^{dl},07$; — 2° $5070^{dl},75$.

584. — Faites, par colonnes, l'addition des mêmes nombres, en prenant l'hectolitre pour unité. — **R**. 41^{Hl},33807 ; — 2° 5^{Hl},07075.

(Page 63 de l'Elève.)

585. — Écrivez en chiffres les nombres suivants, en prenant le litre pour unité :

Première colonne.

(1) 4 décilitres. (0^{l},4).
(2) 1 centilitre 2 millilitres (0^{l},012).
(3) 15 litres 3 centilitres (15^{l},03).
(4) 9 décilitres 8 millilitres (0^{l},908).
(5) 15 litres 2 décilitres (15^{l},2).
(6) 4 décilitres 1 centilitre (0^{l},41).

Deuxième colonne.

(7) 17 litres 3 centilitres (17^{l},03).
(8) 9 litres 18 millilitres (9^{l},018).
(9) 521 centilitres (5^{l},24).
(10) 1829 décilitres 182^{l},9).
(11) 37 centilitres (0^{l},37).
(12) 3 millilitres (0^{l},003).

586. — Faites la somme des nombres de la 1re colonne, en prenant le litre pour unité. — **R**. 31^{l},960.

587. — Faites la somme des nombres de la 2e colonne, en prenant le décilitre pour unité. — **R**. 2145^{dl},61.

588. — Convertir 349 litres en décalitres, en centilitres et en hectolitres. — **R**. 34^{Dl},9 ; — 34900 centil. ; — 3^{Hl},49.

589. — Convertir 24 litres en décilitres, en millilitres et en kilolitres. — **R**. 240 décil. ; — 24000 millil. ; — 0^{Kl},024.

590. — Écrivez en lettres les nombres suivants :

Première colonne.

(1) 3^{Hl},25 (trois hectolitres, vingt-cinq litres).
(2) 495^{l} ,03 (quatre cent quatre-vingt-quinze litres, trois centilitres).
(3) 3^{Dl},279 (trois décal., deux cent soixante-dix-neuf centil.

Deuxième colonne.

(4) 15^{Dl},259 (quinze décal., deux cent cinquante-neuf centil.
(5) 398^{Hl},407 (trois cent quatre-vingt-dix-huit hectolitres, quatre cent sept décilitres.
(6) 13^{Hl},009 (treize hectolitres, neuf décilitres.

Troisième colonne.

(7) 0^{Hl},43 (quarante-trois litres).
(8) 15^{Dl},2 (quinze décalitres, deux litres).
(9) 43^{l} ,009 (quarante-trois litres, neuf millilitres).

591. — Faites l'addition des nombres de la 1re colonne, en prenant le décalitre pour unité. — **R**. 85^{Dl},282.

592. — Faites l'addition des nombres de la 2e colonne, en prenant le litre pour unité. — **R.** 41291^{l},19.

593. — Faites l'addition des nombres de la 3e colonne, en prenant l'hectolitre pour unité. — **R.** 2^{Hl},38009.

594. — Convertir 784 litres 8 centilitres en décalitres, en décilitres, en hectolitres et en centilitres. — **R.** 78^{Dl},408; — 7840^{dl},8; — 7^{Hl},8408; — 78408 centil.

595. — Convertir 3^{Dl},24 en décilitres, en hectolitres, en millilitres et en centilitres. — **R.** 324 décil.; — 0^{Hl},324; — 32400 millil.; — 3240 centil.

596. — Écrivez en chiffres les nombres suivants :

(1) 4 hectolitres 3 litres (4^{Hl},03).
(2) 9 décilitres 8 millilitres (9^{dl},08).
(3) 573 décalitres 4 centilitres (573^{Dl},004).
(4) 2 litres 9 millilitres (2^{l},009).
(5) 3 hectolitres 4 décilitres (3^{Hl},004).
(6) 25 décilitres 2 centilitres (25^{dl},2).
(7) 11 décilitres 3 centilitres (11^{dl},3).
(8) 724 décalitres 9 décilitres 724^{Dl},09).

597. — Faites l'addition de tous les nombres de l'exercice précédent, en prenant le litre pour unité. — **R.** 13680^{l},097.

598. — Convertir 3 litres 8 centilitres en millilitres, en décalitres, en hectolitres et en décilitres. — **R.** 3080 millil.; — 0^{Dl},308; — 0^{Hl},0308; — 30^{dl},8.

599. — Convertir 1925 décalitres en litres, en hectolitres, en décilitres et en centilitres. — **R.** 19250 lit.; — 192^{Hl},5; — 192500^{dl}; — 1925000 centil.

(**Page 64** de l'Élève.)

600. — Convertir 3 hectolitres 18 centilitres en décalitres, en décilitres, en litres et en millilitres. — **R.** 30^{Dl},018; — 3001^{dl},8; — 300^{l},18; — 300180 millil.

601. — Convertir 15 décilitres 39 millilitres en litres, en hectolitres, en décalitres et en centilitres. — **R.** 1^{l},539; — 0^{Hl},01539; — 0^{Dl},1539; — 153^{cl},9.

602. — Lorsque l'unité d'un nombre est le décilitre, que représente le 2e chiffre décimal? — **R.** des millilitres.

603. — Lorsque l'unité d'un nombre est l'hectolitre, que représente le 4e chiffre décimal? — **R.** des centilitres.

604. — Lorsque l'unité d'un nombre est le décalitre, que représente le 1er chiffre décimal? Et le 3e? — **R.** 1° des litres, — 2° des centilitres.

605. — Quel est le rapport de l'hectolitre au centilitre? — **R.** de 10000 à 1.

606. — Quel est le rapport du décilitre au centilitre? — **R.** de 10 à 1.

607. — Quel est le rapport du décalitre à l'hectolitre? — **R.** de 1 à 10.

608. — Quel est le rapport du millilitre à l'hectolitre? — **R.** de 1 à 100000.

Exercices sur les mesures de poids.

(*Première année d'Arithmétique*, pages 87 à 93).

609. — Écrivez en lettres les nombres suivants

Première colonne.

(1) 7gr,75 (sept grammes, soixante-quinze centigrammes).
(2) 0gr,008 (huit milligrammes).
(3) 25gr,6 (vingt-cinq grammes, six décigrammes).
(4) 153gr,07 (cent cinquante-trois grammes, sept centigr.).

Deuxième colonne.

(5) 2gr,079 (deux grammes, soixante-dix-neuf milligr.).
(6) 0gr,001 (un milligramme).
(7) 18gr,4 (dix-huit grammes, quatre décigrammes).
(8) 2gr,85 (deux grammes, quatre-vingt-cinq centigrammes).

Troisième colonne.

(9) 173gr,2 (cent soixante-treize grammes, deux décigrammes).
(10) 0gr,425 (quatre cent vingt-cinq milligrammes).
(11) 197gr,3 (cent quatre-vingt-dix-sept grammes, trois décig.).
(12) 5gr,496 (cinq grammes, quatre cent quatre-vingt-seize milligrammes).

610. — Faites, par colonnes, l'addition des nombres précédents. — **R.** 1° 186gr,428; — 2° 23gr,330; — 3° 376gr,421.

611. — Écrivez en chiffres les nombres suivants, en prenant le gramme pour unité :

Première colonne.

(1) 25 décigrammes (2gr,5).
(2) 4 centigrammes (0gr,04).
(3) 18 grammes 2 milligrammes (18gr,002).
(4) 15 milligrammes (0gr,015).
(5) 2 centigrammes (0gr,02).
(6) 9 milligrammes (0gr,009)

Deuxième colonne.

(7) 125 décigrammes (12gr,5).
(8) 79 grammes 2 centigrammes (79gr,02).
(9) 93 milligrammes (0gr,093).
(10) 2 décigrammes (0gr,2).
(11) 15 centigrammes (0gr,15).
(12) 2497 milligrammes (2gr,497).

612. — Faites, par colonnes, l'addition des nombres qui précèdent. — **R.** 1° 20gr,586; — 2° 91gr,460.

613. — Écrivez en lettres les nombres suivants :

Première colonne.

(1) 2gr,5 (deux grammes, cinq décigrammes).
(2) 178gr,275 (cent soixante dix-huit grammes, deux cent soixante-quinze milligrammes.
(3) 0gr,07 (sept centigrammes).
(4) 0gr,001 (quatre milligrammes).

Deuxième colonne.

(5) 79gr,2 (soixante-dix-neuf grammes, deux décigrammes).
(6) 3gr,45 (trois grammes, quarante-cinq centigrammes).
(7) 2gr,3 (deux grammes, trois décigrammes).
(8) 6gr,19 (six grammes, dix-neuf centigrammes).

Troisième colonne.

(9) 17gr,003 (dix-sept grammes, trois milligrammes).
(10) 1gr,257 (un gramme, deux cent cinquante-sept millig.).
(11) 95gr,3 (quatre-vingt-quinze grammes, trois décigr.).
(12) 0gr,005 (cinq milligrammes).

614. — Faites, par colonnes, l'addition des nombres qui précèdent. — **R.** 1° 180gr,849; — 2° 91gr,14; — 3° 113gr,565.

(**Page 65** de l'Élève.)

615. — Écrivez en chiffres les nombres suivants, en prenant le milligramme pour unité.

(1) 4 décigrammes (400 milligrammes).
(2) 34 gr. 9 centigr. (34090 milligrammes).
(3) 5 milligr. (5 milligrammes).
(4) 6 centigrammes (60 milligrammes).
(5) 18 gr. 24 milligr. (18024 milligrammes).
(6) 27 milligrammes (27 milligrammes).
(7) 847 décigr. (84700 milligrammes).
(8) 45 centigr. (450 milligrammes).

616. — Faites l'addition de tous ces nombres et exprimez le résultat en grammes. — **R.** 137gr,756.

617. — Convertir 7249 grammes en kilogrammes, en décigrammes, en hectogrammes et en centigrammes. — **R.** 7Kg,249; — 72490 décigrammes; — 72Hg,49; — 724900 centigrammes.

618. — Écrivez en lettres les nombres suivants :

Première colonne.

(1) $4^{Kg},725$ (quatre kilogrammes, sept cent vingt-cinq gr.).
(2) $3^{gr},087$ (trois grammes, quatre-vingt-sept milligrammes).
(3) $0^{Hg},2756$ (deux mille sept cent cinquante-six centigr.).

Deuxième colonne.

(4) $24^{Kg},08975$ (vingt-quatre kilogrammes, huit mille neuf cent soixante-quinze centigrammes).
(5) $2^{gr},67$ (deux grammes, soixante-sept centigrammes).
(6) $4^{Dg},249$ (quatre décagrammes, deux cent quarante-neuf centigrammes).

Troisième colonne.

(7) $0^{gr},207$ (deux cent sept milligrammes).
(8) $0^{Kg},7896$ (sept mille huit cent quatre-vingt seize décigr.).
(9) $15^{Dg},2079$ (quinze décagrammes, deux mille soixante-dix-neuf milligrammes).

619. — Faites la somme des nombres de la 1re colonne, en prenant le décagramme pour unité. — R. $475^{Dg},5647$.

620. — Faites la somme des nombres de la 2e colonne, en prenant le gramme pour unité. — R. $24134^{gr},91$.

621. — Faites la somme des nombres de la 3e colonne, en prenant le kilogramme pour unité. — R. $0^{Kg},941886$.

622. — Convertir 425 kilogr. 7 grammes en hectogrammes, en décagrammes, en myriagrammes et en décigrammes.—R. $4250^{Hg},07$ — $42500^{Dg},7$; — $42^{Mg},5007$; — 4250070 décigrammes.

623. — Convertir 10 hectogr. 25 décigrammes en kilogrammes, en grammes, en décigrammes et en centigrammes. — R. $1^{Kg},0025$; — $1002^{gr},5$; — 10025 décigrammes ; — 100250 centigrammes.

624. — Écrivez en chiffres les nombres suivants, en prenant le kilogramme pour unité :

Première colonne.

(1) 3 décagr. 25 centigr. ($0^{Kg},03025$).
(2) 5 décigrammes ($0^{Kg},0005$).
(3) 795 centigr. ($0^{Kg},00795$).
(4) 894 décagrammes ($8^{Kg},94$).

Deuxième colonne.

(5) 7 kilogr. 8 grammes ($7^{Kg},008$).
(6) 91 hectogram. 25 décig. ($9^{Kg},1025$).
(7) 7965 grammes ($7^{Kg},965$).
(8) 179897 milligr. ($0^{Kg},179897$).

625. — Faites l'addition des nombres de la 1re colonne, en prenant le centigramme pour unité. — R. 897870 centigrammes.

626. — Faites l'addition des nombres de la 2e colonne, en prenant l'hectogramme pour unité. — **R.** 242Hg,55397.

627. — Convertir 424 décagrammes 257 milligrammes en milligrammes, en décagrammes, en hectogrammes et en kilogrammes.— **R.** 4240257 milligrammes;—424Dg,0257; —42Hg,40257; — 4Kg,240257.

628. — Convertir 349 grammes en hectogrammes, en centigrammes, en décagrammes et en milligrammes. — **R.** 3Hg,49; — 34900 centigrammes; — 34Dg,9; — 349000 milligrammes.

629. — Convertir 157 quintaux en décagrammes, en kilogrammes, en grammes et en myriagrammes. — **R.** 1570000 décagrammes; — 15700 kilogrammes; — 15700000 grammes; — 1570 myriagrammes.

(**Page 66** de l'Élève.)

630. — Convertir 8 tonnes en myriagrammes, en hectogrammes et en kilogrammes. — **R.** 800 myriagrammes; — 80000 hectogrammes; — 8000 kilogrammes.

631. — Convertir 0 kilogr. 8 grammes en décagrammes, en hectogrammes, en décigrammes et en centigrammes. — **R.** 0Dg,8; — 0Hg,08; — 80 décigrammes; — 800 centigrammes.

632. — Convertir 7 hectogr. 3 décagrammes en grammes, en décagrammes, en kilogrammes et en décigrammes. — **R.** 730 gr.; — 73 décagrammes; — 0Kg,73; — 7300 décigrammes.

633. — Quel est le rapport de la tonne au quintal? — **R.** de 10 à 1.

634. — Quel est le rapport du quintal au kilogramme et au gramme? — **R.** de 100 à 1 et de 100000 à 1.

635. — Quel est le rapport du gramme à la tonne et au quintal? — **R.** de 1 à 1000000 et de 1 à 100000.

636. — Lorsque le kilogramme est l'unité d'un nombre, que représentent le 1er, le 2e, le 3e et le 4e chiffre décimal? — **R.** Le premier, des hectogrammes; le deuxième, des décagrammes; le troisième, des grammes; le quatrième, des décigrammes.

637. — Lorsque la tonne est l'unité d'un nombre, que représentent le 1er, le 2e, le 3e, le 4e, le 5e et le 6e chiffre décimal? — **R.** Le premier, des quintaux; le deuxième, des myriagrammes; le troisième, des kilogrammes; le quatrième, des hectogrammes; le cinquième, des décagrammes; le sixième, des grammes.

638. — Lorsque le décagramme est l'unité d'un nombre, que représentent le 1er, le 2e, le 3e et le 4e chiffre décimal? — **R.** Le premier, des grammes; le deuxième, des décigrammes; le troisième, des centigrammes; le quatrième, des milligrammes.

639. — Quel est le rapport du décigramme au kilogramme? — De 1 à 10000.

640. — Quel est le rapport du gramme au milligramme? — De 1000 à 1.

641. — Quel est le rapport du kilogramme au décigramme? — De 10000 à 1.

Exercices sur les monnaies.

(*Première année d'Arithmétique*, pages 94 à 97.)

642. — Écrivez en lettres les nombres suivants :

Première colonne.

(1) 4f,30 (quatre francs, trente centimes).
(2) 0f,09 (neuf centimes).
(3) 153f,48 cent cinquante-trois francs, quarante-huit centimes).
(4) 2f,24 (deux francs, vingt-quatre centimes).

Deuxième colonne.

(5) 0f,07 (sept centimes).
(6) 72f,15 (soixante-douze francs, quinze centimes).
(7) 42f,37 (quarante-deux francs, trente-sept centimes).
(8) 0f,10 (dix centimes).

Troisième colonne.

(9) 1732f,01 (dix-sept cent trente-deux francs, un centime).
(10) 5f,62 (cinq francs, soixante-deux centimes).
(11) 0f,75 (soixante-quinze centimes).
(12) 49f,20 (quarante-neuf francs, vingt centimes).

643. — Faites, par colonnes, l'addition des nombres précédents. — **R.** 1° 160f,11; 2° 114f,69; 3° 1787f,58.

644. — Écrivez en chiffres les nombres suivants, en prenant le franc pour unité :

(1) 2 décimes (0f,2).
(2) 45 centimes (0f,45).
(3) 147 décimes (14f,7).
(4) 8 francs 2 centimes (8f,02).
(5) 9 centimes (0f,09).
(6) 7484 centimes (74f,84).
(7) 147 francs 18 centimes (147f,18).
(8) 2 francs 4 décimes (2f,4).

645. — Faites l'addition de tous les nombres contenus dans l'exercice précédent, en prenant le franc pour unité. — **R.** 247f,88.

(Page 67 de l'Élève.)

646. — Écrivez en lettres les nombres suivants :

(1) 0f,25 (vingt-cinq centimes).
(2) 47f,03 (quarante-sept francs, trois centimes).
(3) 0f,1 (un décime).
(4) 159f,08 (cent cinquante-neuf francs, huit centimes).
(5) 0f,09 (neuf centimes).
(6) 4f,5 (quatre francs, cinq décimes).
(7) 398f,2 (trois cent quatre-vingt-dix-huit francs, deux décimes).
(8) 57f,04 (cinquante-sept francs, quatre centimes).
(9) 2f,11 (deux francs, onze centimes),
(10) 0f,37 (trente-sept centimes).
(11) 10f,18 (dix francs, dix-huit centimes).
(12) 4f,2 (quatre francs, deux décimes).

647. — Faites la somme de tous les nombres contenus dans l'exercice précédent. — **R.** 683f,15.

648. — Écrivez en chiffres les nombres suivants, en prenant le franc pour unité :

(1) 8 centimes (0f,08).
(2) 439 décimes (43f,9).
(3) 24 francs 4 centimes (24f,04)
(4) 57384 centimes (573f,84).
(5) 2 francs 7 centimes (2f,07).
(6) 5 décimes (0f,5).
(7) 15 centimes (0f,15).
(8) 238 décimes (23f,8).

649. — Faites la somme de tous les nombres de l'exercice précédent. — **R.** 668f,38.

650. — Écrivez en lettres les nombres suivants :

(1) 0f,08 (huit centimes).
(2) 14f,70 (quatorze francs, soixante-dix centimes).
(3) 2f,25 (deux francs, vingt-cinq centimes).
(4) 5f,34 (cinq francs, trente-quatre centimes).
(5) 19f,20 (dix-neuf francs, vingt centimes).
(6) 6f,49 (six francs, quarante-neuf centimes).
(7) 39f,2 (trente-neuf francs, deux décimes).
(8) 0f,09 (neuf centimes).
(9) 15f,3 (quinze francs, trois décimes).
(10) 47f,24 (quarante-sept francs, vingt-quatre centimes).
(11) 73f,01 (soixante-treize francs, un centime).
(12) 0f,02 (deux centimes).

651. — Faites la somme de tous les nombres de l'exercice précédent, en prenant le centime pour unité. — **R.** 22292 centimes.

652. — Écrivez en chiffres les nombres suivants, en prenant le franc pour unité :

(1) 2 francs 5 centimes (2f,05).
(2) 947 décimes (94f,7).
(3) 5830 centimes (58f,30).
(4) 5 centimes (0f,05).
(5) 3 francs 4 décimes (3f,4).
(6) 59 centimes (0f,59).
(7) 724 décimes (72f,4).
(8) 197 francs 8 centimes (197f,08).

653. — Faites la somme de tous les nombres de l'exercice précédent, en prenant le décime pour unité. — **R.** 4285déc,7.

654. — Convertir 15 francs en décimes et en centimes. — **R.** 150 décimes; — 1500 centimes.

655. — Convertir 7824 centimes en décimes et en francs. — **R.** 782déc,4; — 78f,24.

656. — Convertir 2f,07 en décimes et en centimes. — **R.** 20déc,7; — 207 centimes.

657. — Convertir 3407 décimes en centimes et en francs. — **R.** 34070 centimes; — 340f,7.

658. — Combien le franc contient-il de décimes et de centimes? — **R.** 10 décimes; 100 centimes.

659. — Combien y a-t-il de francs et de centimes dans 1 sou ? dans 34 sous? dans 59 sous? dans 18 sous? — **R.** 1° 0f,05; 2° 1f,70; 3° 2f,95; 4° 0f,90.

660. — Quelle est la valeur en francs et en centimes de 10 sous? de 15 sous? de 3 sous? de 100 sous? — **R.** 1° 0f,50; 2° 0f,75; 3° 0f,15; 4° 5 francs.

(**Page 68** de l'Élève.)

661. — Combien faut-il de sous pour faire une pièce de 1 fr.? de 2 fr.? de 5 fr.? de 20 fr.? — **R.** 20; — 40; — 100; — 400.

662. — Quel est le poids de la pièce d'argent de 0f,20? de 0f,50? de 2 fr? de 5 fr.? — **R.** 1° 1gr; — 2° 2gr,5; — 3° 10gr; — 4° 25gr.

663. — Quel est le poids de la pièce de 0f,01? de la pièce de 0f,02? de la pièce de 0f,05? de la pièce de 0f,10? — **R.** 1° 1gr; — 2° 2gr; — 3° 5gr; — 4° 10gr.

664. — Combien y a-t-il de décimes et de centimes dans 49 sous? **R.** 24déc,5.

665. — De quoi se composent les monnaies de cuivre? — **R.** de 95 parties de cuivre, 4 d'étain et 1 de zinc.

666. — De quoi se composent les monnaies d'argent? — **R.** de 835 parties d'argent et 165 de cuivre, ou de 900 parties d'argent et 100 de cuivre.

667. — De quoi se composent les monnaies d'or? — **R.** de 900 parties d'or et 100 de cuivre.

668. — Quel est le rapport du franc au centime? — **R.** de 100 à 1.

669. — Quel est le rapport du décime au centime? — **R.** de 10 à 1.

Exercices sur les mesures de surface.

(*Première année d'Arithmétique*, pages 98 à 101.)

670. — Écrivez en lettres les nombres suivants, en énonçant séparément chacune des unités qu'ils contiennent:

Première colonne.

(1) 2mq,02 (deux mèt. car., deux décim. car.).
(2) 175mq,4370 (un décamèt. car., soixante-quinze mèt. car., quarante-trois décimèt. car., soixante-dix centimèt. car.).
(3) 0mq,20 (vingt décimèt. car.).
(4) 749mq,4370 (sept décamèt. car., quarante-neuf mèt. car., quarante-trois décimèt. car., soixante-dix centimèt. car.).

Deuxième colonne.

(5) 8mq,0297 (huit mèt. car., deux décimèt. car., quatre-vingt-dix-sept centimèt. car.).
(6) 763mq,40 (sept décamèt. car., soixante-trois mèt. car., quarante décimèt. car.)
(7) 0mq,49 (quarante-neuf décimèt. car.).
(8) 43mq,2010 (quarante-trois mèt. car., vingt décimèt. car., dix centimèt car.).

Troisième colonne.

(9) 1mq,0001 (un mèt. car., un centimèt. car.).
(10) 729mq,50 (sept décamèt car., vingt-neuf mèt. car., cinquante décimèt. car.).
(11) 3mq,4070 (trois mèt. car., quarante décimèt. car., soixante-dix centimèt. car.).
(12) 0mq,0082 (quatre-vingt-deux centimèt. car.).

671 — Faites la somme, par colonnes, des nombres contenus dans l'exercice précédent. — **R.** 1° 927mq,0940; — 2° 815mq,1207; — 3° 733mq,9153.

672. — Écrivez en chiffres les nombres suivants, en prenant le mètre carré pour unité :

(1) 2 mèt. car., 25 cent. c. (2^{mq},0025).
(2) 24 décimèt. c., 43 cent. c. (0^{mq},2443).
(3) 5 décimètres carrés (0^{mq},05).
(4) 39 mèt. car., 8 cent. car. (39^{mq},0008).
(5) 15 décimètres carrés (0^{mq},15).
(6) 78457 centimètres carrés (7^{mq},8457).
(7) 349 décim. c., 9 cent. c. (3^{mq},4909).
(8) 24 mèt. c., 3 cent. c. (24^{mq},0003).

673. — Faites la somme de tous les nombres contenus dans l'exercice précédent, en prenant le mètre carré pour unité. — **R.** 76^{mq},7845.

674. — Faites la même opération sur les mêmes nombres, en prenant le décimètre carré pour unité. — **R.** 7678^{dmq},45.

675. — Écrivez en lettres les nombres suivants, en énonçant séparément chacune des unités qu'ils contiennent :

Première colonne.

(1) 4^{mq},253 (quatre mèt. car., vingt-cinq décim. car., trente centimèt. car.).
(2) 0^{mq},03 (trois décimèt. car.).
(3) 18^{mq},4976 (dix-huit mèt. car., quarante-neuf décimèt. car., soixante-seize centimèt. car.).
(4) 0^{mq},407 (quarante décimèt. car., soixante-dix centimèt. carrés).

Deuxième colonne.

(5) 84^{mq},2 (quatre-vingt-quatre mèt. car., vingt décimèt. carrés).
(6) 0^{mq},7893 (soixante-dix-huit décimèt. car., quatre-vingt-treize centimètres carrés).
(7) 24^{mq},3 (vingt-quatre mèt. car., trente décimèt. car.).
(8) 7^{mq},029 (sept mèt. car., deux décimèt. car., quatre-vingt-dix centimèt. car.).

Troisième colonne.

(9) 0^{mq},5673 (cinquante-six décimèt. car., soixante-treize centimèt. car.).
(10) 0^{mq},2 (vingt décimèt. car.).
(11) 9^{mq},017 (neuf mèt. car., un décimèt. car., soixante-dix centimèt. car.).
(12) 348^{mq},4 (trois décamèt. car., quarante-huit mèt. car., quarante décimèt. car.).

(Page 69 de l'Élève.)

676. — Faites, par colonnes, la somme des nombres contenus dans l'exercice précédent. — R. 1° $23^{mq},1876$; — 2° $116^{mq},3183$; — 3° $358^{mq},1843$.

677. — Écrivez en chiffres les nombres suivants, en prenant le mètre carré pour unité :

Première colonne.

(1) 25247 décimètres carrés ($252^{mq},47$).
(2) 3 centimètres car. ($0^{mq},0003$).
(3) 24 mèt. c., 35 cent. c. ($24^{mq},0035$).
(4) 19 décim. c., 8 cent. c. ($0^{mq},1908$).

Deuxième colonne.

(5) 347 mèt. c., 20 décim. c. ($347^{mq},20$).
(6) 78567 décimètres carrés ($785^{mq},67$).
(7) 4234 centimètres carrés ($0^{mq},4234$).
(8) 2 mèt. c., 4 décim. c. ($2^{mq},04$).

678. — Faites la somme des nombres de la 1re colonne, en prenant le mètre carré pour unité. — R. $276^{mq},6646$.

679. — Faites la même opération sur la 2e colonne, en prenant le centimètre carré pour unité. — R. $11\,353\,334^{cmq}$.

680. — Convertir 78257 mèt. car. 247 en décamètres carrés, en hectomètres carrés, en décimètres carrés et en centimètres carrés. — R. $782^{Dmq},57\,247$; — $7^{Hmq},8\,257\,247$; — $7\,825\,724^{dmq},7$; — $782\,572\,470^{cmq}$.

681. — Convertir $34^{mq},2408$ en décimètres carrés, en centimètres carrés, en décamètres carrés et en hectomètres carrés. — R. $3424^{dmq},08$; — $342\,408^{cmq}$; — $0^{Dmq},342\,408$; — $0^{Hmq},00\,342\,408$.

682. — Convertir 4 décamètres carrés en kilomètres carrés, en mètres carrés et en décimètres carrés. — R. $0^{Kmq},0004$; — 400^{mq} ; — 40000^{dmq}.

683. — Écrivez en lettres les nombres suivants :

Première colonne.

(1) $4^{mq},025$ (quatre mèt. car., deux décimèt. car., cinquante centimèt. car.).
(2) $0^{mq},7$ (soixante-dix décimèt. car.).
(3) $19^{mq},3784$ (dix-neuf mèt. car., trente-sept décimèt. car., quatre-vingt-quatre centimèt. car.).
(4) $0^{mq},32$ (trente-deux décimèt. car.).

Deuxième colonne.

(5) $87^{mq},2$ (quatre-vingt-sept mèt. car., vingt décimèt. car.).
(6) $0^{mq},738$ (soixante-treize décimèt. car., quatre-vingts centimèt. car.).
(7) $1524^{mq},94$ (quinze décamèt. car., vingt-quatre mèt. car., quatre-vingt-quatorze décimèt. car.).
(8) $0^{mq},09$ (neuf décimèt. car.).

Troisième colonne.

(9) 73mq,076 (soixante-treize mèt. car., sept décimèt. car., soixante centimèt. car.).

(10) 14mq,256 (quatorze mèt. car., vingt-cinq décimèt. car., soixante centimèt. car.).

(11) 0mq,4932 (quarante-neuf décimèt. car., trente-deux centimèt. car.).

(12) 78mq,65 (soixante-dix-huit mèt. car., soixante-cinq décimèt. car.).

684. — Faites la somme des nombres de la première colonne, en prenant le décamètre carré pour unité. — **R.** 0Dmq,244234.

685. — Faites la somme des deux dernières colonnes, en prenant le décimètre carré pour unité. — **R.** 177944dmq,32.

686. — Écrivez en chiffres les nombres suivants, en prenant le mètre carré pour unité :

(1) 15 décamèt. car., 5 mèt. car. (1505mq).
(2) 748 décam. car., 5 mèt. car. (74805mq).
(3) 4 kilom. car., 3 mèt. car. (4000003mq).
(4) 253 décimètres carrés (2mq,53).
(5) 48245 centimètres carrés (4mq,8245).
(6) 34 hectom. car., 24 décam. (342400mq).
(7) 354 centimètres carrés (0mq,0354).
(8) 2 mètres car., 925 cent. car. (2mq,0925).

687. — Faites la somme de tous les nombres contenus dans l'exercice précédent, en prenant le mètre carré pour unité. — **R.** 4418722mq,4824.

688. — Faites la même opération sur tous les nombres du même exercice, en prenant le décimètre carré pour unité. — **R.** 441872248dmq,24.

689. — Convertir 784537 centimètres carrés en décamètres carrés, en mètres carrés et en décimètres carrés. — **R.** 0Dmq,784537 ; — 78mq,4537 ; — 7845dmq,37.

690. — Lorsque l'unité d'un nombre est l'hectomètre carré, quel rang occupent les décamètres carrés, les mètres carrés, les décimètres carrés et les centimètres carrés? — **R.** Le 2e à droite, le 4e, le 6e, le 8e.

(Page 70 de l'Élève.)

691. — Quel est le rapport du mètre carré au décimètre carré? — **R.** De 100 à 1.

692. — Combien le décamètre carré vaut-il de mètres carrés? de centimètres carrés? de décimètres carrés? — **R.** 100mq ; — 1000000dmq ;— 10000dmq.

693. — Combien le mètre carré vaut-il de décimètres carrés? de centimètres carrés? — **R.** 100^{dmq}; — $10\,000^{cmq}$.

694. — Convertir 43 décimètres carrés en centimètres carrés, en mètres carrés et en décamètres carrés? — **R.** 4300^{cmq}; — $0^{mq},43$; — $0^{Dmq},0043$.

695. — Convertir 8 décamètres carrés en hectomètres carrés, en décimètres carrés, en mètres carrés et en centimètres carrés. — **R.** $0^{Hmq},08$; — $80\,000^{dmq}$; — 800^{mq}; — $8\,000\,000^{cmq}$.

696. — Écrivez en lettres les nombres suivants :

Première colonne.

(1) $0^{mq},008$ (quatre-vingts centimèt. car.).
(2) $74^{mq},4$ (soixante-quatorze mèt. car., quarante décim. car.).
(3) $3^{mq},7256$ (trois mèt. car., soixante-douze décimèt. car., cinquante-six centimèt. car.).
(4) $48^{mq},3$ (quarante-huit mèt. car., trente décimèt. car.).

Deuxième colonne.

(5) $2^{mq},09$ (deux mèt. car., neuf décimètres carrés.).
(6) $727^{mq},173$ (sept décamèt. car., vingt-sept mèt. car., dix-sept décimèt. car., trente centimèt. car.).
(7) $4^{mq},023$ (quatre mètres car., deux décimèt. car., trente décimètres car.).
(8) $0^{mq},0087$ (quatre-vingt-sept centimèt. car.).

Troisième colonne.

(9) $178^{mq},025$ (un décamèt. car., soixante dix-huit mèt. car., deux décimèt. car., cinquante centimèt. car.).
(10) $153^{mq},4$ (un décamèt. car., cinquante-trois mèt. car., quarante décimèt. car.).
(11) $12^{mq},3297$ (douze mètres car., trente-deux décimètres car., quatre-vingt-dix-sept centimèt. car.).
(12) $0^{mq},075$ (sept décimèt. car., cinquante centimèt. car.).

697. — Faites la somme des deux premières colonnes, en prenant le décimètre carré pour unité. — **R.** $85\,972^{dmq},83$.

698. — Faites la même opération sur la troisième colonne, en prenant le décamètre carré pour unité. — **R.** $3^{Dmq},438297$.

699. — Écrivez en chiffres les nombres suivants, en prenant le mètre carré pour unité :

(1) 4 hectomètres carrés, 7 mètres carrés (10007^{mq}).
(2) 8 mètres carrés, 5 centimètres carrés ($8^{mq},0005$).
(3) 121 hectom. carrés ($1\,210\,000^{mq}$).
(4) 13 décamètres carrés, 8 mètres car., 19 décimètres carrés ($1308^{mq},19$)

(5) 2 mètres car., 25 cent. carrés (2^{mq},0025).
(6) 49 décimètres carrés, 2 centimètres carrés (0^{mq},4902).
(7) 15 mètres carrés, 4 décimètres carrés (15^{mq},04).
(8) 10 hectomètres carrés, 4 mètres carrés (100 004^{mq}).

700. — Faites la somme de tous ces nombres, en prenant le décamètre carré pour unité; puis convertissez successivement cette somme en hectomètres carrés, en mètres carrés et en décimètres carrés. — **R.** 43813^{Dmq},447 232; — 438^{Hmq},13 447 232; — 4 381 344^{mq},7232; — 438 134 472^{dmq},32.

701. — Convertir 432 décamètres carrés en hectomètres carrés, en décimètres carrés, en mètres carrés et en centimètres carrés. — **R.** 4^{Hmq},32; — 4 320 000^{dmq}; — 43 200^{mq}; — 432 000 000^{cmq}.

(**Page 71** de l'Élève.)

Exercices sur les mesures agraires*.

(*Première année d'Arithmétique*, **pages 102 et 103.**)

702. — Écrivez en lettres les nombres suivants :

Première colonne.

(1) 42^{a},02 (quarante-deux ares, deux centiares).
(2) 0^{a},29 (vingt-neuf centiares).
(3) 7256^{a},4 (soixante-douze hectares, cinquante-six ares, quarante centiares).
(4) 0^{a},85 (quatre-vingt-cinq centiares).

Deuxième colonne.

(5) 2^{a},47 (deux ares, quarante-sept centiares).
(6) 13^{a},5 (treize ares, cinquante centiares).
(7) 474^{a},28 (quatre hectares, soixante-quatorze ares, vingt-huit centiares).
(8) 12^{a},3 (douze ares, 30 centiares).

Troisième colonne.

(9) 0^{a},9 (quatre-vingt-dix centiares).
(10) 5^{a},25 (cinq ares, vingt-cinq centiares).
(11) 13^{a},01 (treize ares, un centiare).
(12) 4^{a},1 (quatre ares, dix centiares).

703. — Faites la somme de la première colonne, en prenant l'hectare pour unité. — **R.** 72^{ha},9956.

704 — Faites la somme de la deuxième colonne, en prenant l'are pour unité. — **R.** 502^{a},55.

705. — Faites la somme de la troisième colonne, en prenant le centiare pour unité. — **R.** 2326^{ca}.

706. — Écrivez en chiffres les nombres suivants :

(1) 4 ares, 9 centiares (4^a,09).
(2) 15 hectares, 9 centiares (1500^a,09).
(3) 8 hect., 9 ares, 24 centiares (809^a,24).
(4) 2 ares, 4 centiares (2^a,04).
(5) 7826 centiares (78^a,26).
(6) 14 ares, 3 centiares (14^a,03).
(7) 49 hectares, 5 ares (4905^a).
(8) 32506 centiares (325^a,06).

707. — Faites la somme de tous les nombres contenus dans l'exercice précédent, en prenant l'are pour unité. — **R.** 7637^a,81.

708. — Convertir 34 hectares en ares et en centiares. — **R.** 3400^a; — 340000^{ca}.

709. — Quel rapport y a-t-il entre le centiare et le mètre carré, entre l'are et le décamètre carré, entre l'hectare et l'hectomètre carré? — **R.** Le centiare égale le mètre carré; — l'are égale le décamètre carré; — l'hectare égale l'hectomètre carré.

710. — Convertir 12857 mètres carrés en hectares, en ares et en centiares. — **R.** 1^{ha} 28^a 57^{ca}.

711. — Écrivez en lettres les nombres suivants :

(1) 573^a,24 (cinq hectares, soixante-treize ares, vingt-quatre centiares).
(2) 0^a,97 (quatre-vingt-dix-sept centiares).
(3) 37^a,2 (trente-sept ares vingt centiares).
(4) 0^{ha},0001 (un centiare).
(5) 42^{ha},93 (quarante-deux hectares, quatre-vingt-treize ares).
(6) 5^{ha},763 (cinq hectares, soixante-seize ares, trente centiares).
(7) 279^a,45 (deux hectares, soixante dix-neuf ares, quarante-cinq centiares).
(8) 0^{ha},009 (quatre-vingt-dix centiares).
(9) 74^{ha},3987 (soixante-quatorze hectares, trente-neuf ares, quatre-vingt-sept centiares).
(10) 48^{ha},9076 (quarante-huit hectares, quatre-vingt-dix ares, soixante-seize centiares).
(11) 0^{ha},019 (un are, quatre-vingt-dix centiares).
(12) 8^{ha},3 (huit hectares, trente ares).

712. — Faites la somme de tous les nombres de l'exercice précédent, en prenant l'hectare pour unité, et convertissez ensuite cette somme en décamètres carrés, en mètres carrés et en décimètres carrés. — **R.** 189^{ha},236; — 18923^{Dmq},6; — 1892360^{mq}; — 189236000^{dmq}.

713. — Convertir 3 hectares 15 centiares en mètres carrés, en décamètres carrés, en ares et en centiares. — 30015^{mq} ; — 300^{Dmq},15 ; — 300^{a},15 ; — 30015^{ca}.

(Page 72 de l'Élève.)

714. — Écrivez en chiffres les nombres suivants, en prenant l'are pour unité :

(1) 4 hect., 15 ares, 8 cent. (415^{a},08).
(2) 2 ares, 34 centiares (2^{a},34).
(3) 7825 centiares (78^{a},25).
(4) 4724 ares, 9 centiares (4724^{a},09).
(5) 3 centiares (0^{a},03).
(6) 15474 centiares (154^{a},74).
(7) 34 hectares, 87 centiares (3400^{a},87).
(8) 2 ares, 9 centiares (2^{a},09).
(9) 3 hect., 15 ar., 4 centiares (315^{a},04).
(10) 325 centiares (3^{a},25).

715. Faites la somme de tous ces nombres, en prenant l'hectare pour unité. — **R.** 90^{ha},9578.

716. — Combien faut-il de décamètres carrés pour faire un hectare? Combien faut-il de mètres carrés? — **R.** 100^{Dmq} ; — 10000^{mq}.

717. — Quel est le rapport du centimètre carré au centiare? Quel est le rapport du décimètre carré au centiare? — **R.** Le centimètre carré est la dix-millième partie du centiare, puisque le centiare est égal au mètre carré ; — le décimètre carré est la centième partie du centiare.

718. — Convertir 783 centiares en ares, en hectares, en décimètres carrés et en centimètres carrés. — **R.** 7^{a},83 ; — 0^{ha},0783 ; — 78300^{dmq} ; — 7830000^{cmq}.

719. — Lorsque l'unité d'un nombre est l'hectare, quel rang occupent, après la virgule, les mètres carrés? — **R.** Le quatrième rang.

720. — Écrire en lettres les nombres suivants :

(1) 5^{a},3 (cinq ares, trente centiares).
(2) 0^{ha},09 (neuf ares).
(3) 74^{a},079 (soixante quatorze ares, sept centiares, neuf dixièmes de centiares, ou quatre-vingt-dix décimèt. car.).
(4) 18^{ha},2471 (dix-huit hectares, vingt-quatre ares, soixante-et-onze centiares).
(5) 9^{a},21 (neuf ares, vingt-un centiares).
(6) 0^{a},1 (dix centiares).
(7) 15^{a},3 (quinze ares, trente centiares).
(8) 0^{ha},4732 (quarante-sept ares, trente-deux centiares).
(9) 8^{a},95 (huit ares, quatre-vingt quinze centiares).

(10) $7496^a,02$ (soixante-quatorze hectares, quatre-vingt-seize ares, deux centiares).
(11) $10^a,3$ (dix ares, trente centiares).
(12) $4^{ha},927$ (quatre hectares, quatre-vingt-douze ares, soixante-dix centiares).

721. — Faites la somme de tous ces nombres, en prenant l'hectare pour unité, et convertissez successivement cette somme en ares, en centiares, et en décimètres carrés. — **R.** $99^{ha},92989$; — $9992^a,989$; — $999298^{ca},9$; — 99929890^{dmq}.

722. — Écrivez en chiffres les nombres suivants, en prenant le centiare pour unité :
(1) 78 ares, 4 centiares (7804^{ca}).
(2) 3125 ares (312500^{ca}).
(3) 421 hectares (4210000^{ca}).
(4) 2 ares, 2 centiares (202^{ca}).
(5) 205 hectares, 12 ares (2051200^{ca}).
(6) 3 hectares, 8 ares, 9 cent. (30809^{ca}).
(7) 7856 ares (785600^{ca}).
(8) 24 hectares, 10 centiares (240010^{ca}).

723. — Faites la somme de tous ces nombres : 1° en centiares; 2° en ares; 3° en hectares. — **R.** 7701125^{ca}; — $77011^a,25$; — $770^{ha},1125$.

724. — Convertir 7875 mètres carrés 4 centimètres carrés en ares, en centiares et en hectares. — **R.** $78^a,750004$; — $7875^{ca},0004$; — $0^{ha},78750004$.

Exercices sur les mesures de volume.

(*Première année d'Arithmétique*, pages 104 à 107.)

725. — Écrivez en lettres les nombres suivants :
(1) $5^{mc},037$ (cinq mèt. cubes, trente-sept décimèt. cubes).
(2) $0^{mc},4$ (quatre cents décimèt. cubes).
(3) $749^{mc},0005$ (sept cent quarante-neuf mèt. cub., cinq cents centimèt cubes).
(4) $2^{mc},40732$ (deux mèt. cubes, quatre cent sept décimèt. cubes, trois cent vingt centimèt. cubes).
(5) $0^{mc},000175$ (cent soixante-quinze centimèt. cubes).
(6) $34^{mc},203$ (trente-quatre mèt. cub., deux cent trois décim. cubes).
(7) $0^{mc},49650374$ (quatre cent quatre-vingt-seize décimètres cub., cinq cent trois centimèt. cub., sept cent quarante millimèt. cubes).

(8) $32^{mc},012$ (trente-deux mèt. cubes, douze décimèt. cubes).
(9) $4^{mc},0567$ (quatre mèt. cub., cinquante-six décim. cubes, sept cents centimètres cubes).
(10) $15^{mc},01$ (quinze mèt. cub. dix décimèt. cubes).
(11) $0^{mc},2$ (deux cents décimèt. cubes).
(12) $897^{mc},45374$ (huit cent quatre-vingt-dix-sept mèt. cubes, quatre cent cinquante-trois décimèt. cubes, sept cent quarante centimèt. cubes).

(Page 73 de l'Élève.)

726. — Faites la somme de tous ces nombres, en prenant le décimètre cube pour unité. — **R.** $1710276^{dmc},93871$.

727. — Faites la même opération, en prenant le centimètre cube pour unité. — **R.** $1710276938^{cmc},74$.

728. — Écrivez en chiffres les nombres suivants en prenant le mètre cube pour unité :

(1) 3 mètres cubes 8 centimètres cubes ($3^{mc},000008$).
(2) 4375 millimètres cubes ($0^{mc},000004375$).
(3) 62 mètres cubes 45 décimètres cubes ($62^{mc},045$).
(4) 7354 décimètres cubes ($7^{mc},354$).
(5) 21 mètres cubes 4 millimètres cubes ($24^{mc},000000004$).
(6) 3 mètr. cubes 2 décim. cubes 45 cent. cubes 61 mil. cubes ($3^{mc},002045061$).
(7) 51 375 millimètres cubes ($0^{mc},000051375$).
(8) 68154 décimètres cubes ($68^{mc},154$).

729. — Faites la somme de tous ces nombres, en prenant le mètre cube pour unité, et convertissez ensuite cette somme en décimètres cubes et en centimètres cubes. — **R.** $167^{mc},855111818$; — $167855^{dmc},111818$; — $167855111^{cmc},818$.

730. — Écrivez en lettres les nombres suivants :

(1) $0^{mc},009$ (neuf décimètres cubes).
(2) $34^{mc},03$ (trente-quatre mèt. cubes, trente centimèt. cub.).
(3) $0^{mc},0976$ (quatre-vingt-dix-sept décimèt. cubes, six cents centimèt. cubes).
(4) $4^{mc},92765$ (quatre mèt. cubes, neuf cent vingt-sept décimèt. cub., six cent cinquante centim. cub.).
(5) $0^{mc},00101$ (un décim. cube, dix centim. cubes).
(6) $89^{mc},3$ (quatre-vingt-neuf mèt. cubes, trois cents décim. cubes).
(7) $749^{mc},01$ (sept cent quarante-neuf mèt. cubes, dix décim. cubes).
(8) $10^{mc},402765$ (dix mèt. cub., quatre cent deux décim. cub., sept cent soixante-cinq centimèt. cub.).
(9) $4^{mc},202409$ (quatre mèt. cubes, deux cent deux décim. cubes, quatre cent neuf centim. cubes).

(10) 0^{mc},000001 (un centim. cube).
(11) 43^{mc},2317 (quarante-trois mèt. cubes, deux cent trente-un décim. cubes, sept cents centim. cubes).
(12) 0^{mc},0002 (deux cents centimèt. cubes).

731. — Faites la somme de tous ces nombres, en prenant le centimètre cube pour unité. — **R.** 935 212 335^{cmc}.

732. — Faites la même opération, en prenant le mètre cube pour unité, et convertissez ensuite cette somme en millimètres cubes. — **R.** 935^{mc},212 335 ; — 935 212 335 000^{mmc}.

733. — Convertir 4 mètres cubes en décimètres cubes, en centimètres cubes et en millimètres cubes. — **R.** 4000^{dmc} ; — 4 000 000^{cmc} ; — 4 000 000 000^{mmc}.

734. — Écrivez en chiffres les nombres suivants, en prenant le mètre cube pour unité :

(1) 35 millimètres cubes (0^{mc},000 000 035).
(2) 1354 décimètres cubes (1^{mc},354).
(3) 3 mètres cubes, 4 centimètres cubes (3^{mc},000 004).
(4) 3 445 789 centimètres cubes (3^{mc},445789).
(5) 407 257 millimètres cubes (0^{mc},000 407 257).
(6) 3 décimètres cubes, 4 centimètres cubes (0^{mc},003 004).
(7) 4 mètres cubes, 2 centimètres cubes, 3 millimètres cubes (4^{mc},000 002 003).
(8) 7307 décimètres cubes, 24 centimètres cubes (7^{mc},307 024).

735. — Faites la somme de tous ces nombres en prenant pour unité : 1° le mètre cube ; 2° le décimètre cube ; 3° le centim. cube. — **R.** 22^{mc},110 230 295 ; — 22110^{dmc},230 295 ; — 22 110 230^{cmc},295).

(Page 74 de l'Élève.)

736. — Convertir 78 453 centimètres cubes en décimètres cubes, en millimètres cubes et en mètres cubes. — **R.** 78^{dmc},453 ; — 78 453 000^{mmc} ; — 0^{mc},078 453.

737. — Convertir 32 mètres cubes, 24 décimètres cubes en décimètres cubes et en centimètres cubes. — **R.** 32 024^{dmc} ; — 32 024 000^{cmc}.

738. — Convertir 7825 décimètres cubes en mètres cubes et en centimètres cubes. — **R.** 7^{mc},825 ; — 7 825 000^{cmc}.

739. — Convertir 7 329 075 millimètres cubes en centimètres cubes, en décimètres cubes et en mètres cubes. — **R.** 7329^{cmc},075 ; — 7^{dmc},329 075 ; — 0^{mc},007 329 075.

740. — Convertir 3 mètres cubes, 8 millimètres cubes en décimètres cubes, en centimètres cubes et en millimètres cubes. — **R.** 3000^{dmc},000 008 ; — 3 000 000^{cmc},008 ; — 3 000 000 008^{mmc}.

741. — Écrivez en lettres les nombres suivants :

(1) 0^{mc},0072381 (sept décim. cubes, deux cent trente-huit centim. cubes, quatre cents millim. cubes).
(2) 425^{mc},2341 (quatre cent vingt-cinq mèt. cubes, deux cent trente-quatre décim. cubes, cent millim. cub.).
(3) 4^{mc},08 (quatre mèt. cubes, quatre-vingts décim. cubes).
(4) 34^{mc},92 (trente-quatre mèt. cubes, neuf cent vingt décim. cubes).
(5) 0^{mc},0876 (quatre-vingt-sept décim. cubes, six cents centim. cubes).
(6) 2^{mc},1 (deux mèt. cub., cent décim. cubes).
(7) 6^{mc},438 (six mèt. cubes, quatre cent trente-huit décimèt. cubes).
(8) 44^{mc},2 (quarante-quatre mèt. cubes, deux cents décimèt. cubes).
(9) 0^{mc},0001 (cent centimètres cubes).
(10) 3^{mc},320786 (trois mèt. cubes, trois cent vingt décimèt. cub., sept cent quatre-vingt-six centim. cub.).
(11) 1^{mc},00072 (un mèt. cube, sept cent vingt centim. cubes).
(12) 38^{mc},4734 (trente-huit mèt. cubes, quatre cent soixante-treize décim. cub., quatre cents centim. cub.).

742. — Faites la somme de tous ces nombres, en prenant le décimètre cube pour unité. — **R.** 559 861^{dmc},9444.

743. — Faites la même opération, en prenant le centimètre cube pour unité. — **R.** 559 861 944^{cmc},4.

744. — Écrivez en chiffres les nombres suivants, en prenant le mètre cube pour unité :

(1) 349 décimètres cubes (0^{mc},349).
(2) 7856 millimètres cubes (0^{mc},000 007 856).
(3) 2 mètres cubes, 4 centimètres cubes (2^{mc},000 004).
(4) 16 mètres cubes, 3 centimètres cubes, 97 millim. cubes (16^{mc},000 003 097).
(5) 15 mètres cubes, 4 décim. cubes, 19 cent. cubes, 1 millim. cube (15^{mc},004 019 001).
(6) 3492578 centim. cubes, 47 millim. cubes (3^{mc},492 578 047).
(7) 24 centimètres cubes (0^{mc},000 024).
(8) 3728 décimètres cubes (3^{mc},728).

745. — Faites la somme de tous ces nombres, en prenant le mètre cube pour unité ; convertissez cette somme successivement en décimètres cubes, en centimètres cubes et en millimètres cubes. — **R.** 40^{mc},573 636 001 ; — 40 573^{dmc},636 001 ; — 40 573 636^{cmc},001 ; 40 573 636 001^{mmc}.

746. — Convertir 7805 centimètres cubes en mètres cubes, en millimètres cubes et en décimètres cubes. — R. 0^{mc},007805; — 7805000^{mmc}; — 7^{dmc},805.

747. — Convertir 4 mètres cubes, 193 centimètres cubes en décimètres cubes, en centimètres cubes et en millimètres cubes. — R. 4000^{dmc},193; — 4000193^{cmc}; — 4000193000^{mmc}.

748. — Convertir 3437 décimètres cubes 8 millimètres cubes en mètres cubes, en centimètres cubes et en millimètres cubes. — R. 3^{mc},437000008; — 3437000^{cmc},008; — 3437000008^{mmc}.

(**Page 75** de l'Élève.)

749. — Écrivez en chiffres les nombres suivants, en prenant le mètre cube pour unité :

(1) 15 mètres cubes, 3 centimètres cubes (15^{mc},000003).
(2) 2 décimètres cubes, 24 millimètres cubes (0^{mc},002000024).
(3) 724 centimètres cubes (0^{mc},000724).
(4) 97854 millimètres cubes (0^{mc},000097854).
(5) 13 décimètres cubes, 2 centimètres cubes, 49 millim. cubes (0^{mc},013002049).
(6) 9 mètres cubes, 4 centimètres cubes (9^{mc},000004).
(7) 2824 décimètres cubes, 39 centimètres cubes (2^{mc},824039).
(8) 7894534 centimètres cubes (7^{mc},894534).

750. — Faites la somme de tous ces nombres, en prenant le centimètre cube pour unité. — R. 34764403^{cmc},927.

751. — Convertir 3452798 décimètres cubes en mètres cubes, en centimètres cubes et en millimètres cubes. — R. 3452^{mc},798; — 3452798000^{cmc}; — 3452798000000^{mmc}.

Exercices sur le stère.

(*Première année d'Arithmétique*, page 108.)

752. — Écrivez en lettres les nombres suivants :

(1) 4st,2 (quatre stères, deux décistères).
(2) 149st,3 (cent quarante-neuf stères, trois décistères).
(3) 0st,7 (sept décistères).
(4) 3st,4 (trois stères, quatre décistères).
(5) 19st,3 (dix-neuf stères, trois décistères).
(6) 5st,8 (cinq stères, huit décistères).
(7) 0st,09 (neuf dixièmes de décistère).
(8) 12st,3 (douze stères, trois décistères).
(9) 2st,1 (deux stères, un décistère).
(10) 49st,4 (quarante-neuf stères, quatre décistères).
(11) 4st,2 (quatre stères, deux décistères).
(12) 21st,1 (vingt et un stères, un décistère).

753. — Faites la somme de tous ces nombres, en prenant le décastère pour unité. — **R.** $27^{Dst},189$.

754. — Faites la même opération, en prenant le décistère pour unité. — **R.** $2718^{dst},9$.

755. — Écrivez en chiffres les nombres suivants, en prenant le stère pour unité :

(1) 4 stères, 8 décistères ($4^{st},8$).
(2) 7859 décistères ($785^{st},9$).
(3) 43 décistères ($4^{st},3$).
(4) 2 décast., 8 stères, 9 décistères ($28^{st},9$).
(5) 15 décastères, 9 décistères ($150^{st},9$).
(6) 2 stères, 8 décistères ($2^{st},8$).
(7) 4724 décastères (47240st).
(8) 10 décast., 2 stères, 5 décistères ($102^{st},5$).

756. — Faites la somme de tous ces nombres, en prenant le stère pour unité. — **R.** $48\,320^{st},1$.

757. — Faites la même opération, en prenant le décistère pour unité. — **R.** $483\,201^{dst}$.

758. — Écrivez en lettres les nombres suivants :

(1) $0^{st},8$ (huit décistères).
(2) $34^{st},2$ (trente-quatre stères, deux décistères).
(3) $5^{st},9$ (cinq stères, neuf décistères).
(4) $9^{st},2$ (neuf stères, deux décistères).
(5) $15^{st},1$ (quinze stères, un décistère).
(6) $0^{st},7$ (sept décistères).
(7) $0^{st},1$ (un décistère).
(8) $8^{st},4$ (huit stères, quatre décistères).
(9) $12^{st},5$ (douze stères, cinq décistères).
(10) $3^{st},2$ (trois stères, deux décistères).
(11) $0^{st},7$ (sept décistères).
(12) $75^{st},1$ (soixante-quinze stères, un décistère).

759. — Faites la somme de tous ces nombres, en prenant le stère pour unité. — **R.** $165^{st},9$.

(**Page 76** de l'Élève.)

760. — Faites la même opération, en prenant le décastère pour unité. — **R.** $16^{Dst},59$.

761. — Convertir 34 stères 8 décistères en décastères et en décistères. — **R.** $3^{Dst},48$; — 348^{dst}.

762. — Convertir 3725 décistères en décastères et en stères. — **R.** $37^{Dst},25$; — $372^{st},5$.

763. — Convertir 738 décastères en stères et en décistères. — **R.** 7380st ; — 73800^{dst}.

764. — Écrivez en chiffres les nombres suivants, en prenant le stère pour unité :

(1) 3 décastères (30st).
(2) 275 décistères ($27^{st},5$).
(3) 3 stères, 8 décistères ($3^{st},8$).
(4) 4 décastères, 9 stères (49st).
(5) 15 décastères, 8 décistères ($150^{st},8$).
(6) 321 décistères ($32^{st},4$).
(7) 18 stères, 3 décistères ($18^{st},3$).
(8) 2 décastères, 4 décistères ($20^{st},4$).

765. — Faites la somme de tous ces nombres, en prenant le décastère pour unité. — **R.** $33^{Dst},22$.

766. — Puisque le stère est égal au mètre cube, dire quel est le rapport qu'il y a entre le décistère et le décimètre cube. — **R.** Le décistère vaut 100 décimètres cubes.

767. — Convertir 4 stères, 8 décistères en décimètres cubes et en centimètres cubes. — **R.** 4800^{dmc}; — 4800000^{cmc}.

CHAPITRE XV

OPÉRATIONS SUR LES MESURES MÉTRIQUES

(*Première année d'Arithmétique,* pages 109 à 112.)

Problèmes sur l'addition des mesures métriques.

768. — Un marchand épicier achète 4 sacs de haricots qui pèsent : le 1er, 92 kilogrammes, 2 décagrammes ; le 2e, 917 hectogrammes ; le 3e, 8521 décagrammes ; et enfin le 4e, 86 kilogrammes, 9 décagrammes. Quel est en kilogrammes le poids de ces 4 sacs ? — **R.** $358^{kg},05$.

769. — J'ai dans ma poche 3 pièces de 2 francs, 15 pièces de 1 décime et 8 pièces de 5 centimes : quelle est la somme que je possède ? — **R.** $7^{f},90$.

770. — Pour arroser un jardin, on a deux bassins, dont voici les contenances respectives : le 1er, 31724 décimètres cubes, et le 2e, 18 mètres cubes 27 centimètres cubes. On demande en mètres cubes la contenance des 2 bassins réunis. — **R.** $52^{mc},724027$.

771. — Dans une famille où l'on s'approvisionne de bois en prévision de l'hiver, on a acheté : 12 stères de bois de chêne,

2 décastères de bois de hêtre et 56 décistères du même bois. Combien a-t-on acheté en tout de stères de bois? — **R.** 37st,6.
(Page 77 de l'Élève.)

772. — Une propriété se compose de 3 pièces : la 1re a une surface de 1 hect. 28 centiares; la 2e, 55 ares, et enfin la 3e 11372 mètres carrés : quelle est en ares et en mètres carrés la surface totale de cette propriété? — **R.** 299a; — 29900mq.

773. — Un marchand de vin a reçu du vin de 4 qualités différentes, savoir : 24 hectolitres de la 4e qualité, 7210 litres de la 3e, 785 décalitres de la 2e et enfin 1234 litres de la 1re : combien a-t-il reçu d'hectolitres de vin en tout? — **R.** 187hl,24.

774. — On a récolté dans une ferme 31 hectolitres de froment*, 15 doubles-décalitres d'avoine et 24 décalitres de maïs* : combien a-t-on récolté de litres de grain en tout? — **R.** 3940l.

Problèmes sur la soustraction des mesures métriques.

775. — D'une pièce de drap de 32 mètres on a coupé 2 décamètres; combien en reste-t-il de mètres? — **R.** 12m.

776. — Une vigne a une superficie de 1 hect. 24 ares. On en cède 38 ares, 15 pour faire un chemin rural; quelle est la surface de la vigne ainsi réduite? — **R.** 85a,85.

777. — Une ménagère avait une pièce de 2 francs dans sa poche. Elle a dépensé 70 centimes : que doit-il lui rester? — **R.** 1f,30.

778. — Un porc gras pèse 158 kilogrammes 3 décagrammes; un autre porc pèse 1489 hectogrammes : combien l'un pèse-t-il de plus que l'autre? — **R.** 9kg,13.

779. — Un voyageur devait parcourir une distance de 4 myriamètres : il a déjà fait 22 kilom. 9 hectom. : quelle distance lui reste-t-il à parcourir? — **R.** 17km,1.

780. — D'un foudre* contenant 25 hectolitres de vin, on a retiré 40 doubles-décalitres : combien doit-il rester encore de vin dans ce foudre? — **R.** 17hl.

781. — Un bassin contient 15 mètres cubes d'eau. On en a laissé échapper 7925 litres pour arroser un carré de jardin. Combien reste-t-il encore d'hectolitres dans le bassin? — **R.** 70hl,75.

782. — Une pile de bois contient 3 décast. 9 stères; une autre pile ne contient que 18 stères. Combien l'une contient-elle de stères de plus que l'autre? — **R.** 21st.

783. — On a mesuré une petite longueur et on a trouvé 15 centimètres. Sachant que chaque centimètre du mètre dont on s'est servi est trop long de 1 millimètre, dire quelle est l'erreur qu'on a faite, et quelle est la longueur exacte de ce que l'on a mesuré. — R. 15^{mm}; — 0^{m},135.

784. — Un tonneau plein d'eau pèse 785 kilogrammes. Le tonneau vide pèse 6893 décagrammes : quel est le poids de l'eau contenue dans ce tonneau? — R. 716^{k},07.

(**Page 78** de l'Élève.)

785. — Un mètre est trop court de 3 millimètres : quelle est sa longueur exacte? — R. 0^{m},997.

786. — J'avais 1^{f},50 et j'ai dépensé 5 fois une pièce de 10 centimes : que doit-il me rester? — R. 1^{f}.

Problèmes de récapitulation sur l'addition et la soustraction des mesures métriques.

787. — Un tonneau contenait 3 hectolitres 6 litres de vin. On y a ajouté 42 décalitres de vin d'une qualité inférieure et 124 litres d'eau. Quelle est, en litres, la quantité de liquide contenue dans ce tonneau? — R. 850 litres.

Solution raisonnée. — La quantité de liquide contenue dans le tonneau est égale à 306^{l} + 420^{l} + 124^{l} = 850 litres.

788. — Une charrette porte un poids total de 3528 kilogrammes, et la charrette seule pèse 12 quintaux. Quel est, en kilogrammes, le poids du chargement et de la charrette? — R. 4728 kilog.

Solution raisonnée. — Le poids du chargement et de la charrette est de 3528^{k} + 1200^{k} = 4728^{k}.

789. — Une personne a fait dans une journée : le matin, 7 kilomètres 8 décamètres, et le soir, 134 hectomètres 25 mètres. Sachant qu'elle avait à parcourir une distance de 29 kilomètres, dire ce qu'il lui reste encore à parcourir. — R. 8^{km},495.

Solution raisonnée. — Le chemin déjà fait est égal à 7^{km},080 + 13^{km},425 = 20^{km},505; le chemin qui reste à parcourir est de 29^{km} — 20^{k},505 = 8^{km},495.

790. — J'avais 3 pièces de 5 francs dans ma poche : j'ai dépensé une 1re fois, 6 pièces de 2 francs; une 2e fois, 7 pièces de 1 décime, et une 3e fois, 8 pièces de 5 centimes : combien doit-il me rester? — R. 1^{f},90.

Solution raisonnée.

J'avais dans ma poche		5 francs × 3 =	15^{f} »
J'ai dépensé :	1°	2^{f} » × 6 = 12^{f} »	
—	2°	0^{f},1 × 7 = 0^{f},70	13^{f},10
—	3°	0^{f},5 × 8 = 0^{f},40	
		Reste.......	1^{f},90

791. — Une pile de bois contenait 4 décastères. On en a brûlé 15 stères 4 décistères et vendu 23 stères. Combien reste-il de stères de bois dans cette pile? — R. $1^{st},6$.

SOLUTION RAISONNÉE. — On a brûlé ou vendu $15^{st},4 + 23^{st} = 38^{st},4$; donc il reste $40^{st} - 38^{st},4 = 1^{st},6$.

792. — Un marchand de bois a reçu 3 poutres ayant ensemble un volume de 3 mètres cubes 125 décimètres cubes. La 1re pièce a un volume de 725 décimètres cubes ; la 2e, un volume de 1843 décimètres cubes : quel est, en mètres cubes, le volume de la 3e poutre? — R. $0^{mc},557$.

SOLUTION RAISONNÉE. — Les deux premières poutres ont un volume de $0^{mc},725 + 1^{mc},843 = 2^{mc},568$. Donc la troisième doit avoir un volume de $3^{mc},125 - 2^{mc},568 = 0^{mc},557$.

793. — Un espace de terrain non défriché de 15 hectares va être livré à la culture : 824 ares doivent être affectés à la culture de la vigne ; 2742 mètres carrés, à la culture des céréales* : on se propose de convertir le reste en prairies artificielles*. Quelle est, en hectares, ares et centiares, la surface affectée à cette dernière culture? — R. $6^{ha},48^{a},58^{ca}$.

SOLUTION RAISONNÉE.

Terrain non défriché................		15^{ha},
En vignes................	$8^{ha},24$	$6^{ha},5142$
En céréales..............	$0^{ha},2742$	
Pour les prairies artificielles......		$6^{ha},4858$

794. — Un épicier a reçu 2 caisses de savon pesant : la 1re, 243 kilogrammes ; la 2e, 782 hectogrammes. Les 2 caisses vides pèsent ensemble 1532 décagrammes. D'après cela, quel est le poids exact du savon qui a été acheté? — R. $305^{k},88$.

SOLUTION RAISONNÉE.

Poids de la première caisse...........	243^{k},»
Poids de la deuxième caisse...........	$78^{k},2$
Total.........	$321^{k},2$
Poids des caisses vides.................	$15^{k},32$
Poids du savon..........	$305^{k},88$

795. — Une source donne, dans un jour, 300 hectolitres d'eau destinée à l'alimentation d'un bourg. Sachant qu'on emploie dans ce bourg, 2432 décalitres d'eau en moyenne par jour, dire combien il manquerait d'hectolitres d'eau pour remplir un bassin de 15 mètres cubes, qui reçoit l'eau non utilisée. R. $93^{hl},20$.

SOLUTION RAISONNÉE.

Eau utilisée par le bourg...............	243^{hl},20
Eau nécessaire pour remplir le bassin..	150^{hl}, »
Total.......	393^{hl},20
Eau fournie par la source..............	300^{hl}, »
Différence.......	93^{hl},20

(**Page 79** de l'Élève.)

796. — Une personne gagne 4^{f},25 par jour et dépense 2^{f},50. Que lui reste-t-il? — **R.** 1^{f},75.

797. — D'une pièce de drap ayant 235 mètres on a tiré une 1re fois, 43 mètres ; une 2e fois, 7 décamètres; une 3e fois, 29 mètres 7 centimètres : combien reste-t-il de mètres à cette pièce? — **R.** 92^{m},93.

SOLUTION RAISONNÉE.

Longueur de la pièce de drap.........		235^{m}, »
On en a tiré : 1°	43^{m}, »	
2°	70^{m}, »	
3°	29^{m},07	
Total...	142^{m},07.........	142^{m},07
Reste............		92^{m},93

798. — On a mis 2 hectolitres 7 litres de son dans une caisse qui peut en contenir 78 décalitres. Combien manque-t-il de litres pour la remplir? — **R.** 573 litres.

SOLUTION RAISONNÉE. — La caisse peut contenir 780 litres de son; on en a mis 207 litres; il en faut encore pour la remplir 780^{l} — 207^{l} = 573 litres.

799. — Un champ de 24 ares, 15 a été partagé entre 3 frères : le premier a eu 720 mètres carrés; le deuxième, 830 mètres carrés, et le troisième, le reste : quelle a été, en ares, la part de ce dernier? — **R.** 8^{ares},65.

SOLUTION RAISONNÉE.

Contenance du champ..................		24^{a},15
Part du premier frère........	7^{a},20	15^{a},50
Part du deuxième frère.......	8^{a},30	
Part du dernier........................		8^{a},65

800. — Une conduite d'eau a été mesurée et on a trouvé que sa longueur était égale à 3 kilomètres 9 hectomètres 85 mètres. On l'a prolongée de 2 kilomètres pour lui faire alimenter la fontaine d'une commune voisine. Quelle est, en mètres, la longueur totale de cette conduite d'eau? — **R.** 5985 mètres.

SOLUTION RAISONNÉE. — La longueur de la conduite d'eau est de 3985 mètres + 2000 mètres = 5985 mètres.

801. — On a fait une veste pour laquelle il a fallu $3^m,25$ de drap, un gilet pour lequel il a fallu $0^m,95$ et un pantalon pour lequel il a fallu $1^m,50$. On a tiré tout le drap nécessaire d'un coupon* ayant 1 décamètre de longueur : combien doit-il en rester encore? — R. $4^m,30$.

SOLUTION RAISONNÉE.

Longueur du coupon..................		10^m, »
On a pris pour la veste.......	$3^m,25$	
— le gilet........	$0^m,95$	$5^m,70$
— le pantalon....	$1^m,50$	
Reste.........		$4^m,30$

Problèmes sur la multiplication des mesures métriques.

802. — Un champ de 3 ares, 25 a été acheté à raison de $1^f,25$ le mètre carré : combien a-t-on payé pour cet achat? — R. $406^f,25$.

SOLUTION RAISONNÉE. — On a payé $1^f,25 \times 325 = 406^f,25$.

803. — Lorsque le kilogramme d'une marchandise coûte $0^f,75$, quel est le prix de 7 quintaux de cette marchandise? — R. 525^f.

SOLUTION RAISONNÉE. — 7 quintaux coûtent $0^f,75 \times 700 = 525^f$.

804. — Un journalier gagne $3^f,25$ par jour : que doit-on lui payer pour 15 jours de travail? — R. $48^f,75$.

805. — Le double-décalitre d'avoine coûte $2^f,50$: que devra-t-on payer pour 3 hectolitres? — R. $37^f,50$.

SOLUTION RAISONNÉE. — 1 hectolitre contient 5 doubles-décalitres; 3 hectolitres en contiennent 15; donc 3 hectolitres d'avoine coûteront $2^f,50 \times 15 = 37^f,50$.

806. — Le demi-hectolitre de vin se paye $17^f,95$: que débourser-a-t-on si on achète 35 hectolitres 25 litres de ce vin? — R. $1265^f,47$.

807. — Un ouvrier tisserand, qui travaille à la façon, reçoit $15^f,75$ pour chaque décamètre de toile qu'il rend. Sachant qu'il a rendu 127 mètres, combien devra-t-il recevoir? — R. 200^f.

SOLUTION RAISONNÉE. — Le tisserand reçoit pour 1 mètre $1^f,575$; pour 127 mètres il recevra $1^f,575 \times 127 = 200^f,02$, ou mieux 200 francs.

808. — Le stère de bois coûtant $16^f,25$, que devra-t-on payer pour 124 décistères? — R. $201^f,50$.

(**Page 80** de l'Élève.)

809. — Un maçon a construit une maison à raison de $40^f,25$ le mètre cube de maçonnerie. Sachant qu'il y a 125 mètres cubes de maçonnerie dans cette maison, dire ce que ce maçon a reçu. — **R.** 5031f,25.

810. — Le gramme d'or, au titre des monnaies, vaut 3f,10: quelle est, d'après cela, la valeur d'un lingot* d'or, au même titre, qui pèse 2 hectogrammes? — **R.** 620 francs.

811. — Un tailleur de pierres a fourni à un maître-maçon 45 mètres cubes de pierre à raison de 48f,75 le mètre cube. A combien s'élève le montant de cette fourniture? — **R.** 2193f,75.

812. — Un charretier prend 0f,90 par quintal pour le transport d'une marchandise à 1 myriamètre. Combien devra-t-on payer pour le transport de 2500 kilogrammes à 24 kilomètres? — **R.** 54 francs.

SOLUTION RAISONNÉE. — 2500 kilogrammes valent 25 quintaux, et 24 kilomètres valent 2myr,4. Donc on devra payer 0f,90 × 25 × 2,4 = 54 francs.

813. — Un marchand de bois a acheté 8 piles de bois contenant chacune 7 décastères : combien a-t-il acheté de stères de bois en tout? — **R.** 560 stères.

814. — Une fiole contient 25 fois le double-centilitre. Quelle est, en litres, sa capacité? — **R.** 50 centilitres ou 0l,5.

815. — Un peintre, qui prend 2f,10 par mètre carré de peinture, a peint les portes, croisées et contrevents d'une maison nouvellement construite. Sachant que la surface totale qu'il avait à peindre est de 58 mètres carrés, dire ce qu'il a reçu. — **R.** 121f,80.

Problèmes de récapitulation sur l'addition, la soustraction et la multiplication des mesures métriques.

816. — Une somme est composée de 25 pièces de 20 francs, 50 pièces de 5 francs, 43 pièces de 2 francs, 35 pièces de 0f,50 et 65 pièces de 1 décime. Quelle est la valeur totale de cette somme? — **R.** 860 francs.

SOLUTION RAISONNÉE. —

20f »	× 25	=	500f »
5f »	× 50	=	250f »
2f »	× 43	=	86f »
0f,50	× 35	=	17f,50
0f,10	× 65	=	6f,50
Total....			860f, »

817. — Un marchand épicier a vendu dans une journée 15 kilogrammes, 25 de sucre à 1f,65 le kilogramme, 24 kilogr., 7 de haricots à 0f,45 le kilogramme, et enfin 15 litres d'huile à 22 francs le décalitre. Quelle est la somme totale qu'il a reçue pour le paiement de ces divers articles? — **R.** 69f,27.

SOLUTION RAISONNÉE. —			
Sucre....	1f,65 × 15,25	=	25f,16
Haricots.	0f,45 × 24,7	=	11f,11
Huile....	2f,20 × 15 »	=	33f »
Total.......			69f,27

818. — On achète 25m,35 de ruban à raison de 0f,30 le décimètre: combien doit-on? — **R.** 76f,05.

819. — Lorsque le décistère de buis* coûte 2f,75, que devrait-on payer pour 3 stères, 45? — **R.** 94f,87.

820. — On plante en vignes un terrain de 4525 mètres carrés de surface. Sachant qu'en général on met 90 ceps ou pieds de vigne par are, combien y en aurait-t-il dans ce terrain? — **R.** 4072 pieds de vigne.

SOLUTION RAISONNÉE. — La superficie du terrain est de 45a,25; le nombre des pieds de vigne sera 90 × 45,25 = 4072,5.

(**Page 81** de l'Élève.)

821. — Un navire porte 249 tonnes, tandis qu'un wagon de chemin de fer porte au maximum 100 quintaux. On a 20 wagons entièrement chargés de marchandises pour ce navire; en portent-ils assez, et dans le cas contraire, combien manquera-t-il encore de tonnes pour compléter le chargement de ce navire? — **R.** Il manquera encore 49 tonnes.

SOLUTION RAISONNÉE. — Les 20 wagons portent 100q × 20 = 2000 quintaux ou 200 tonnes. Donc il manquera encore 249t — 200t = 49 tonnes.

822. — Dans une maison on boit 1 décalitre de vin par semaine. Si le vin coûte 20f,50 l'hectolitre, quelle est la somme nécessaire à l'achat du vin pour une année? — **R.** 106f,60.

SOLUTION RAISONNÉE. — Dans une année qui se compose de 52 semaines, la consommation en vin sera de 10 litres × 52 = 520 litres = 5hl,2. La dépense sera donc de 20f,50 × 5,2 = 106f,60.

823. — Une personne doit 750f,25. Elle donne pour se libérer 15 hectolitres de blé à 20f,50 l'hectolitre et le reste en argent. Combien donne-t-elle en argent? — **R.** 442f,75.

SOLUTION RAISONNÉE. — 15 hectolitres de blé à 20f,50 valent 20f,50 × 15 = 307f,50. La personne devra donc donner en argent 750f,25 — 307f,50 = 442f,75.

824. — On a acheté 34 hectolitres de blé à raison de 21f,75 l'hectolitre, et 18 décalitres d'avoine à $2^f,80$ le double-décalitre. Que doit-on payer pour cette fourniture ? — R. $764^f,70$.

SOLUTION RAISONNÉE. — Blé. ... $21^f,75 \times 34 = 739^f,50$
Avoine. $2^f,80 \times 9 = 25^f,20$
Total..... $764^f,70$

825. — Un ouvrier, qui a la mauvaise habitude de fumer, dépense tous les jours $0^f,40$ pour l'achat de son tabac : quelle somme aurait-il pu placer à la fin de l'année à la caisse d'épargne s'il n'avait pas fumé ? — R. 146 fr.

826. — Un cultivateur répand 500 kilogrammes de guano* par hectare. Combien répandra-t-il de kilogrammes dans un champ de 145 ares ? — R. 725 kilogrammes.

SOLUTION RAISONNÉE. — Dans un are le cultivateur répand 5 kilogrammes de guano ; dans 145 ares, il en répandra 5 kilogrammes $\times$ 145 = 725 kilogrammes.

827. — Une pièce de terre de 3 hectares a été achetée à raison de $10^f,25$ l'are. On l'a revendue en 3 lots. Le 1er lot, de 153 ares, 25, a été alloué à l'acheteur à raison de $14^f,75$ l'are ; le 2e lot, de 83 ares, 15, a été vendu à raison de $13^f,40$ l'are ; enfin le 3e lot, composé de ce qui restait, a été vendu à raison de $0^f,15$ le mètre carré. A quel prix a été vendue la pièce entière, et quel est le bénéfice qu'on a réalisé ? — R. 1° $4328^f,65$; — 2° $1253^f,65$.

SOLUTION RAISONNÉE.

$153^a,25$ à $14^f,75$ valent $14^f,75 \times 153,25 = 2260^f,45$
$83^a,15$ à $13^f,40$ valent $13^f,40 \times 83,15 = 1114^f,20$
$236^a,40$ valent donc.... $3374^f,65$

Il reste 300 ares — $236^a,40 = 63^a,60$, à $0^f,15$ le mètre carré, ou à 15^f l'are, qui valent $15^f \times 63,60 =$ 954^f, »

Total...... $4328^f,65$

Or les trois hectares de terre ont été achetés $10^f,25 \times 300$ .... $= 3075^f$, »

Le bénéfice est donc............. $1253^f,65$

828. — Un négociant a donné, pour le transport de 25 tonnes de marchandises à $8^f,25$ la tonne, 24 décalitres de vin à $25^f,75$ l'hectolitre et le reste en argent : combien a-t-il donné en argent ? — R. $144^f,45$.

SOLUTION RAISONNÉE. — Le prix total du transport est de $8^f,25 \times 25 = 206^f,25$. Le prix des 24 décalitres ou 2 hectol.,4 de vin est de $25^f,75 \times 2,4 = 61^f,80$. Le négociant a donc dû donner en argent la différence de ces deux prix, ou $206^f,25 - 61^f,80 = 144^f,45$.

829. — Un facteur, pour aller du bureau de poste au village qu'il doit desservir, fait tous les jours 11 kilomètres; en s'en retournant, il doit desservir un hameau voisin de ce village et il fait 13 hectomètres de plus. On demande, en kilomètres, le chemin qu'il fait dans un mois de 30 jours. — R. 699 kilomètres.

SOLUTION RAISONNÉE. — Le facteur fait par jour 11 kilomètres pour aller; pour revenir il fait $11^k + 1^k,3 = 12^k,3$: total $23^k,3$. En 30 jours il fera $23^k,3 \times 30 = 699$ kilomètres.

830. — Un convoi de chemin de fer contient 13 wagons portant chacun en moyenne 7825 kilogrammes. Sachant qu'un wagon a une charge maxima* de 10 tonnes, dire de combien de quintaux il s'en faut que le convoi ait son chargement complet. — R. De 282 quintaux, 75.

SOLUTION RAISONNÉE. — Chaque wagon peut porter 10 tonnes ou 10000 kilogrammes. Chaque wagon pourrait donc recevoir encore 10000 kilogrammes — 7825 kilogrammes = 2175 kilogrammes et les 13 wagons pourraient recevoir $2175^{kg} \times 13 = 28275$ kilogrammes ou 282 quintaux, 75.

831. — Lorsque le chanvre coûte 85 francs les 100 kilogrammes, que la façon pour confectionner 100 kilogrammes de cordages est évaluée à 17 francs, qu'on compte $2^f,50$ par 100 kilogrammes pour l'usure du matériel, à quel prix un fabricant de cordages doit-il vendre les 100 kilogrammes, pour réaliser un bénéfice de $89^f,50$ sur 1000 kilogrammes de cordage? — R. $113^f,45$.

SOLUTION RAISONNÉE. — La dépense du fabricant pour 100 kilogrammes de cordages est de 85 fr. + 17 fr. + $2^f,50 = 104^f,50$. Si sur 1000 kilogrammes, il veut gagner $89^f,50$, sur 100 kilogrammes il devra gagner 10 fois moins ou $8^f,95$. Donc il devra vendre les 100 kilogrammes $104^f,50 + 8^f,95 = 113^f,45$.

(Page 82 de l'Élève.)

Problèmes sur la division des mesures métriques.

832. — L'hectolitre de vin coûtant $28^f,75$, combien aura-t-on de décalitres avec $168^f,75$? — R. $58^{Dl},7$.

SOLUTION RAISONNÉE. — L'hectolitre coûtant $28^f,75$, le décalitre coûtera $2^f,875$. On aura autant de décalitres que $2^f,875$ sera contenu de fois dans $168^f,75$, ou $168,75 : 2,875 = 5^{Dl},87$.

833. — Le double-décalitre de pommes de terre coûtant 1 fr. 50, combien aura-t-on d'hectolitres avec $22^f,50$? — R. 3 hectolitres.

SOLUTION RAISONNÉE. — Le double-décalitre coûtant $1^f,50$, l'hectolitre qui vaut cinq doubles-décalitres coûtera cinq fois plus, ou $1^f,50 \times 5 = 7^f,50$. On aura donc autant d'hectolitres que $7^f,50$ est contenu de fois dans $22^f,50$, ou $22,50 : 7,50 = 3$ hectolitres.

834. — 15m,20 d'une certaine étoffe ont coûté 9f,10. Quel est le prix du mètre et du décimètre? — R. 1° 0f,60; — 2° 0f,06.

SOLUTION RAISONNÉE. — Puisque 15m,20 ont coûté 9f,10, 1 mètre coûtera 9f,10 : 15,20 = 0f,598, ou mieux 0f,60. — 1 décimètre coûtera 0f,60 : 10 = 0f,06.

Remarque. — Il faut éviter de dire : puisque 15m,20 ont coûté 9f,10, 1 mètre coûtera 15 fois, 20 centièmes de fois moins; ou : 1 mètre coûtera 15 fois moins et 20 centièmes de fois moins, ou encore : 1 mètre coûtera 15,20 fois moins. Toutes ces locutions sont vicieuses

Le vrai raisonnement serait celui-ci :

Le prix inconnu d'un mètre multiplié par le nombre de mètres 15,20 doit donner 9f,10. Donc 9f,10 est un produit et 15,20 un facteur de ce produit. Pour trouver l'autre facteur, ou le prix d'un mètre, il faut diviser ce produit 9f,10 par le facteur connu 15,20.

Si ce raisonnement paraît trop difficile pour les jeunes enfants, il faut s'en tenir à la première tournure de phrase.

835. — 3 charrettes portent ensemble 87 quintaux. On demande quel est, en kilogrammes, le chargement de chaque charrette. — R. 2900 kilogrammes.

SOLUTION RAISONNÉE. — Puisque 3 charrettes portent 87 quintaux, une seule charrette en porte 3 fois moins, ou 87 : 3 = 29 quintaux = 2900 kilogrammes.

836. — A 0f,25 le double-décimètre de ruban, combien aura-t-on de mètres avec 7f,50? — R. 6 mètres.

SOLUTION RAISONNÉE. — Le double-décimètre coûtant 0f,25, le mètre, qui vaut 5 doubles-décimètres, coûtera 5 fois plus, ou 0f,25 × 5 = 1f,25. On aura donc autant de mètres que 1f,25 est contenu de fois dans 7f,50, ou 7,50 : 1,25 = 6 mètres.

837. — Une personne a acheté 4m,50 de toile pour 2f,25 : quel est le prix du mètre? — R. 0f,50.

SOLUTION RAISONNÉE. — Puisque 4m,50 ont coûté 2f,25, 1 mètre coûtera 2f,25 : 4,50 = 0f,50. (Voir la *Remarque* du n° 834.)

838. — On a payé 7f,35 pour le transport de 350 kilogrammes de marchandises à 3 myriamètres : combien a-t-on payé par tonne et par kilomètre? — R. 0f,70.

SOLUTION RAISONNÉE. — Puisqu'on a payé 7f,35 pour le transport de 350 kilogrammes, pour le transport d'un kilogramme on paierait 350 fois moins, ou $\frac{7^f,35}{350} = 0^f,021$, et pour une tonne, ou 1000 kilogrammes, on paierait 1000 fois plus, ou 0f,021 × 1000 = 21 francs.

Mais ce prix de 21 francs a été payé pour un transport à 3 myriamètres ou 30 kilomètres; pour un transport à 1 kilomètre, le prix serait 30 fois moins, ou 21f : 30 = 0f,70.

839. — Le gramme d'or monnayé vaut $3^f,10$: quel est le poids d'une somme de 7440 fr. en or? — **R.** $2^{kg},4$.

SOLUTION RAISONNÉE. — Le poids de cette somme contiendra autant de grammes que $3^f,10$ sera contenu de fois dans 7440 fr., ou 7440 : 3,10 = 2400 grammes = $2^{kg},4$.

840. — On veut carreler un corridor qui a 54 mètres carrés de surface avec des briques qui ont $0^{mq},01$ de surface : combien en faudra-t-il? — **R.** 5400 briques.

SOLUTION RAISONNÉE. — Il faudra autant de briques que $0^{mq},01$ est contenu de fois dans 54 mètres carrés, ou autant que 1 décimètre carré sera contenu de fois dans 5400 décimètres carrés, ou 5400 briques.

841. — Quel est le prix du double-décalitre de blé, lorsque l'hectolitre se paie $24^f,25$? — **R.** $4^f,85$.

SOLUTION RAISONNÉE. — L'hectolitre contient 5 doubles-décalitres; donc 1 double-décalitre coûtera 5 fois moins qu'un hectolitre, ou $24^f,25$: 5 = $4^f,85$.

842. — 24 ares d'un terrain planté en vignes ont coûté 1164 fr.: quel est le prix de l'hectare et du mètre carré? — **R.** 1° 4850 fr.; 2° $0^f,485$.

SOLUTION RAISONNÉE. — Puisque 24 ares ont coûté 1164 francs, 1 are a coûté 24 fois moins, ou 1164^f : 24 = $48^f,50$. Donc 1 hectare coûte 100 fois plus, ou 4850 fr., et 1 mètre carré coûte 100 fois moins, ou $0^f,485$.

843. — On a renfermé dans un grenier 800 sacs contenant chacun 1 hectol., 35 de seigle. Si on met ce seigle dans des sacs qui ne contiennent que 9 décalitres, combien faudra-t-il de sacs? — **R.** 1200 sacs.

SOLUTION RAISONNÉE. — 1 sac contenant $1^{hl},35$, 800 sacs en contiendront 800 fois plus, ou $1^{hl},35 \times 800 = 1080$ hectol. = 10800 décalitres. Puisque les nouveaux sacs ne contiennent que 9 décalitres il en faudra autant que 9 sera contenu de fois dans 10800, ou 10800 : 9 = 1200 sacs.

844. — Un marchand de nouveautés a vendu pour $40^f,50$ une robe qui coûte $2^f,25$ le mètre : combien y a-t-il de mètres à cette robe? — **R.** 18 mètres.

SOLUTION RAISONNÉE. — Il y a autant de mètres que $2^f,25$ est contenu de fois dans $40^f,50$, ou 40,50 : 2,25 = 18 mètres.

845. — Dans une cave il y a 3 tonneaux d'égale capacité, contenant ensemble 624 litres : quelle est la capacité de chaque tonneau? — **R.** 208 litres.

SOLUTION RAISONNÉE. — Un tonneau contient 624 lit. : 3 = 208 litres.

846. — 15 quintaux de pommes de terre ont coûté 180 francs : quel est le prix du quintal et du kilogramme? — **R.** 1° 12 fr.; — 2° $0^f,12$.

SOLUTION RAISONNÉE. — Un quintal coûte 180^f : 15 = 12 francs, et un kilogramme coûte 100 fois moins, ou 12^f : 100 = $0^f,12$. (**Page 83** de l'Élève.)

847. — Lorsque le kilogramme de pommes de terre se vend $0^f,60$, dire combien on aura de quintaux avec 60 fr. — **R.** 1 quintal.

SOLUTION RAISONNÉE. — 60 francs contenant 100 fois 60 centimes, on aura 100 fois 1 kilog. ou 100 kilog., ou 1 quintal.

848. — Un terrassier, qui creuse un fossé, a reçu pour 2 décamètres de ce travail $10^f,70$: combien lui donne-t-on par mètre? — **R.** $0^f,535$.

SOLUTION RAISONNÉE. — Pour 1 décamètre le terrassier recevra $10^f,70$: 2 = $5^f,35$, et pour 1 mètre, il recevra 10 fois moins, ou $5^f,35$: 10 = $0^f,535$, c'est-à-dire 53 centimes et demi.

849. — En vendant une marchandise, on réalise un bénéfice de $7^f,25$ par quintal. Dire combien on a vendu de quintaux et de kilogrammes, si on a fait un bénéfice total de 87 francs sur la vente de toute cette marchandise. — **R.** 12 quintaux; — 1200 kilogr.

SOLUTION RAISONNÉE. On aura vendu autant de quintaux que $7^f,25$ est contenu de fois dans 87 fr., ou 87 : 7,25 = 12 quintaux, ou 1200 kilog.

850. — Un enfant économe dépose toutes les semaines 3 pièces de 5 centimes à la caisse d'épargne* scolaire. Dans combien de temps aura-t-il économisé une somme de $5^f,55$? — **R.** Dans 37 semaines.

SOLUTION RAISONNÉE. — L'enfant aura économisé $5^f,55$ dans autant de semaines qu'il y a de fois $0^f,15$ dans $5^f,55$, ou $5^f,55$: 0,15 = 37 semaines.

851. — Combien faut-il de briques ayant 0 m. cub. 001 de volume pour faire un bloc de maçonnerie ayant 15 m. cub. 034? — **R.** 15034 briques.

SOLUTION RAISONNÉE. — Il faudra autant de briques que $0^{mc},001$ est contenu de fois dans $15^{mc},034$, ou autant que 1 décimètre cube est contenu de fois dans 15034 décimètres cubes, c'est-à-dire 15034 briques.

852. — Lorsque 3 décastères de bois coûtent 480 francs, quel est le prix du décistère? — **R.** $1^f,60$.

SOLUTION RAISONNÉE. — 1 décastère coûte 480^f : 3 = 160 fr.; donc 1 stère coûte 16 fr., et 1 décistère coûte $1^f,60$.

CHAPITRE XVI

PROBLÈMES DE RÉCAPITULATION

SUR LES NOMBRES ENTIERS ET DÉCIMAUX ET SUR LE SYSTÈME MÉTRIQUE.

853. — Un maître d'hôtel* va au marché et y fait les achats suivants : 5 paires de poulets, à 1f,25 le poulet ; 3 paires de canards, à 4f,50 la paire ; 10 kilogr. 8 hectog. de pommes, à 0f,20 le kilogr. ; 2 kilogr., 3 de pêches, à 0f,80 le kilogramme ; et enfin 7 douzaines d'oranges, à 0f,08 la pièce : on demande à combien s'élève le montant de sa dépense. — **R.** 30f,47.

SOLUTION RAISONNÉE.

Poulets.....	5 paires	à 1f,25	= 1f,25 × 5 =	6f,25
Canards....	3 —	à 4f,50	= 4f,50 × 3 =	13f,50
Pommes....	10k,8	à 0f,20	= 0f,20 × 10,8 =	2f,16
Pêches.....	2k,3	à 0f,80	= 0f,80 × 2,3 =	1f,84
Oranges....	84	à 0f,08	= 0f,08 × 84 =	6f,72
			Total.............	30f,47

854. — Sachant que le litre de lentilles* pèse 0 kilogr., 85, on demande quel est le poids de 34 hectolitres. — **R.** 2890 kilog.

SOLUTION RAISONNÉE. — Un hectolitre de lentilles pèse 0k,85 × 100 = 85 kilog. ; 34 hectolitres pèseront 85k × 34 = 2890 kilog.

855. — Une ménagère achète 18 assiettes qu'elle paye 2f,70. On demande quel serait le prix de 24 douzaines. — **R.** 43f,20.

SOLUTION RAISONNÉE. — Une assiette coûte 2f,70 : 18 = 0f,15 ; 12 assiettes coûteront 12 fois plus, ou 0f,15 × 12 = 1f,80, et 24 douzaines coûteront 24 fois plus, ou 1f,80 × 24 = 43f,20.

856. Un fumeur dépense tous les jours 0f,25 pour son tabac. Sachant que le mètre de drap coûte 8f,70, dire combien il aurait de mètres de drap avec l'argent qu'il dépense dans un an pour acheter son tabac. — **R.** 10m,48.

SOLUTION RAISONNÉE. — Le fumeur dépense par an 0f,25 × 365 = 91f,25. Donc il aurait autant de mètres de drap que 8f,70 est contenu de fois dans 91f,25, ou 91,25 : 8,70 = 10m,48.

857. — Un marchand a acheté 25 quintaux de pommes de terre à raison de 0f,07 le kilogramme. Il les revend à raison de 9 francs le quintal. Quel est le bénéfice qu'il réalise sur les 25 quintaux? — **R.** 50 francs.

SOLUTION RAISONNÉE. — Puisqu'un kilogramme coûte au marchand $0^f,07$, un quintal lui coûte 100 fois plus, ou 7 fr., et comme il le revend 9 francs, son bénéfice sur chaque quintal est de 2 fr. Donc son bénéfice sur 25 quintaux sera $2^f \times 25 = 50$ francs.

(Page 84 de l'Elève.)

858. — Un cantonnier, chargé de l'entretien d'une route de 7 kilomètres, a réparé, dans le 1er mois, 2 kilomètres ; dans le 2e mois, 18 hectomètres, et dans le 3e, 117 décamètres. On demande ce qu'il lui reste à réparer encore. — **R.** 1 kilom. 730.

SOLUTION RAISONNÉE. — Le cantonnier a réparé 2 kilomèt. + $1^k,8 + 1^k,47 = 5^k,27$ ou 5 kilom. 270 mètres. Il lui reste donc à réparer 7 kilom. — $5^k,270 = 1^k,730$.

859. — On a acheté $0^m,25$ de drap pour $2^f,45$: quel est le prix du mètre et que devrait-on payer pour $15^m,75$? — **R.** 1° $9^f,80$; — 2° $154^f,35$.

SOLUTION RAISONNÉE. — Puisque 25 centimètres de drap ont coûté $2^f,45$, 1 centimètre coûtera 25 fois moins, ou $2^f,45 : 25 = 0^f,098$, et 1 mètre coûtera 100 fois plus, ou $0^f,098 \times 100 = 9^f,80$. Puisque un mètre coûte $9^f,80$, les $15^m,75$ coûteront $9^f,80 \times 15,75 = 154^f,35$.

1re *Remarque.* — Si on observe que $0^m,25$ est le quart d'un mètre, on dira aussi très bien : puisque $0^m,25$, ou un quart de mètre, coûte $2^f,45$, 1 mètre coûtera 4 fois plus, ou $2^f,45 \times 4 = 9^f,80$.

2e *Remarque.* — Dans la seconde partie du problème, on doit éviter de dire : puisque 1 mètre coûte $9^f,80$, $15^m,75$ coûteront 15,75 fois plus (Voir la remarque du n° 834). Pour être plus correct, il faudrait dire : puisque 1 mètre coûte $9^f,80$, 15 mètres coûteront 15 fois plus, et $0^m,75$ ou les 75 centièmes d'un mètre coûteront les 75 centièmes de $9^f,80$. Il faut donc prendre d'abord 15 fois $9^f,80$, ou multiplier $9^f,80$ par 15, et prendre ensuite les 75 centièmes de $9^f,80$, ou multiplier $9^f,80$ par 0,75 ; donc il faut multiplier $9^f,80$ par 15,75.

Ce raisonnement étant trop long et d'ailleurs peu à la portée des jeunes enfants, on doit se borner à leur dire : Puisque 1 mètre coûte $9^f,80$, 15 mètres coûteraient 15 fois plus, et il faudrait multiplier $9^f,80$ par 15 ; puisqu'il y a $15^m,75$, nous multiplierons $9^f,80$ par 15,75. Ils admettront cette conséquence sans aucune hésitation. On ne fera le raisonnement complet que lorsqu'ils seront en état de comprendre la définition générale de la multiplication.

860. — Un ouvrier qui gagne $3^f,25$ par jour reçoit $45^f,50$ pour un certain nombre de jours de travail. Combien a-t-il travaillé de jours ? — **R.** 14 jours.

SOLUTION RAISONNÉE. — L'ouvrier a travaillé autant de jours que $3^f,25$ est contenu de fois dans $45^f,50$, ou $45,50 : 3,25 = 14$ jours.

861. — Un cultivateur vend 13 hectol., 5 de froment à raison de 2f,35 le décalitre Avec le produit de cette vente il achète un jardin d'une contenance de 30 ares. A quel prix a-t-il payé l'are? — **R.** 31f,075.

SOLUTION RAISONNÉE. — Le décalitre coûtant 2f,35, l'hectolitre coûtera 10 fois plus, ou 23f,50, et 43hl,5 coûteront 23f,50 × 43,5 = 1022f,25. Le jardin coûte donc 1022f,25. Si 30 ares coûtent 1022f,25, 1 are coûtera 30 fois moins, ou 1022f,25 : 30 = 34f,075.

862. — Une famille mange dans un mois pour 27 francs de pain. Sachant que le pain de 2 kilogrammes coûte 0f,90, dire combien cette famille mange de kilogrammes de pain par jour, le mois étant de 30 jours. — **R.** 2 kilog.

SOLUTION RAISONNÉE. — Le kilogramme de pain coûte 0f,45; donc la famille mange dans un mois autant de kilogrammes de pain que 0f,45 est contenu de fois dans 27 francs, ou 27 : 0,45 = 60 kilogrammes. Donc dans un jour la famille mange 30 fois moins de pain, ou 60 kilog. : 30 = 2 kilog.

863. — Un marchand achète une pièce de drap de 49m,20 pour 428f,40. En la revendant il fait un bénéfice de 39 francs. Combien a-t-il vendu le mètre? — **R.** 9f,50.

SOLUTION RAISONNÉE. — Le marchand revend 49m,20 de drap 428f,40 + 39f = 467f,40. Donc il a dû vendre chaque mètre 467f,40 : 49,20 = 9f,50.

864. — Sachant qu'à valeur égale l'or pèse 15,5 fois moins que l'argent, dire quel est le poids d'une somme de 7825 francs en or. — **R.** 2521gr,193, ou plus simplement 2k,524.

SOLUTION RAISONNÉE. — Une somme de 7825 francs en argent pèserait 5gr × 7825 = 39125 grammes. Donc la même somme en or pèsera 39125gr : 15,5 = 2524gr,193.

Remarque. — Nous avons cru devoir conserver dans l'énoncé de ce problème une expression que nous avons blâmée ailleurs. Nous avons écrit, en effet, que l'or pèse 15,5 *fois moins* que l'argent. Nous sommes loin d'approuver cette tournure de phrase, puisqu'elle est incorrecte, mais elle est à peu près consacrée par l'usage, et pour la remplacer, il faudrait faire intervenir l'idée de rapport que les enfants ne saisissent pas, lorsqu'ils sont trop jeunes. On pourra donc s'en servir, à la condition de la lire de la manière suivante : l'or pèse 15 *fois et demie moins* que l'argent, ou, l'argent pèse 15 *fois et demie plus* que l'or. Dans tous les raisonnements que l'on voudra faire sur ce nombre fractionnaire, on supposera d'abord qu'il se réduit au nombre entier 15, et suivant qu'on sera amené à multiplier ou à diviser par 15, on dira aux enfants que, puisqu'il y a une demie de plus, on doit multiplier ou diviser par 15 et demi, ou par 15,5.

Ainsi, dans le problème actuel, on dit : Si l'or pesait exactement 15 fois moins que l'argent, on diviserait 39125 grammes par 15; puisqu'il pèse 15 fois et demie moins, nous diviserons 39125 grammes par 15,5.

865. — Un berger reçoit de 3 propriétaires 176 francs pour la garde des bêtes qu'ils lui ont confiées. Le 1er lui a confié 79 moutons; le 2e, 54, et le 3e, 87. Dans quelle proportion chacun des propriétaires contribuera-t-il au paiement des gages alloués à ce berger? — **R**, 1° 63^f^,20; — 2° 43^f^,20; — 3° 69^f^,60.

SOLUTION RAISONNÉE. — Le berger reçoit 176 fr. pour la garde de 79 + 54 + 87 = 220 moutons. Pour chaque mouton il reçoit donc 220 fois moins, ou 176^f^ : 220 = 0^f^,80. Par conséquent, pour 79 moutons il recevra 0^f^,80 × 79 = 63^f^,20; pour 54 moutons il recevra 0^f^,80 × 54 = 43^f^,20, et pour 87 moutons il recevra 0^f^,80 × 87 = 69^f^,60. En effet, 63^f^,20 + 43^f^,20 + 69^f^,60 = 176 francs.

866. — Un marchand de chaussures reçoit 25 paires de souliers qui lui coûtent 6^f^,95 la paire. Il en vend 12 paires à 8^f^,25 la paire, 4 paires à 8 francs, et le reste à 7^f^,90. Dites le bénéfice réalisé par ce marchand. — **R**. 28^f^,35.

SOLUTION RAISONNÉE.

Vente de 12 paires à 8^f^,25.....		8^f^,25 × 12 =	99^f^ »
— 4 — à 8 fr......		8^f^ » × 4 =	32^f^ »
— 9 — à 7^f^,90.....		7^f^,90 × 9 =	71^f^,10
25 paires...........................			202^f^,10
Prix d'achat des 25 paires.....		6^f^,95 × 25 =	173^f^,75
		Bénéfice.............	28^f^,35

867. — Une personne achète des pois et des lentilles chez un marchand épicier et dépense 14^f^,40. Les pois coûtent 0^f^,45 le kilogramme et les lentilles 0^f^,75. Elle achète autant de kilogrammes de pois que de lentilles. Combien achète-t-elle de l'une et de l'autre de ces marchandises? — **R**. 12 kilog.

SOLUTION RAISONNÉE. — Un kilog. de pois et un kilog. de lentilles coûtent ensemble 0^f^,45 + 0^f^,75 = 1^f^,20. Donc on aura autant de kilogrammes de chaque marchandise que 1^f^,20 sera contenu de fois dans 14^f^,40, ou 14,40 : 1,20 = 12 kilogrammes.

868. — Un charretier porte sur sa charrette 3 colis dont voici les poids respectifs : le 1er colis, 138 kilog. 3 hectog.; le 2e, 7825 décagrammes, et enfin le 3e, 83 kilog. 200 grammes. On demande quel est le poids des 3 colis réunis. — **R**. 299^k^,750.

SOLUTION RAISONNÉE. — Poids du 1er colis... . 138^k^,3

— 2e —	78^k^,25
— 3e —	83^k^,200
Poids total.........	299^k^,750

869. — On achète 45 décalitres d'orge pour 43f,20. Quel est le prix de l'hectolitre? — **R.** 9f,60.

SOLUTION RAISONNÉE. — Si 45 décalitres ont coûté 43f,20, 1 décalitre coûte 45 fois moins, ou 43f,20 : 45 = 0f,96, et 1 hectolitre coûtera 10 fois plus, ou 9f,60.

870. — Le gramme étant le poids d'un centimètre cube d'eau distillée, quel serait le volume d'un tonneau qui, plein d'eau distillée, pèserait 525k,45, et qui, vide, ne pèse plus que 24k,75? — **R.** 500l,7.

SOLUTION RAISONNÉE. — L'eau contenue dans le tonneau pèse 525k,45 — 24k,75 = 500k,70. Or le gramme étant le poids d'un centimètre cube d'eau, le kilogramme est le poids d'un décimètre cube d'eau ou d'un litre. Donc le volume du tonneau est de 500l,7.

(**Page 85** de l'Élève.)

871. — Une propriété de 725 ares a été achetée à raison de 25f,50 l'are par 3 propriétaires : le 1er a acheté 275 ares, 25; le 2e, 248 ares, 40, et le 3e le reste. On demande ce que chaque propriétaire a payé et quel est le bénéfice réalisé par le vendeur, sachant que la propriété ne lui avait coûté que 15850 francs?—**R.** 1° 7018f,875; — 2° 6334f,20; — 3° 5134f,425; — 4° 2637f,50.

SOLUTION RAISONNÉE. — Les deux premières parts s'élèvent à 275ar,25 + 248ar,40 = 523ar,65. La 3e part sera donc de 725 ares — 523ar,65 = 201ar,35.

1re part : 275ar,25 à 25f,50	=	25f,50 × 275,25 =	7018f,875
2e part : 248ar,40 à 25f,50	=	25f,50 × 218,40 =	6331f,20
3e part : 201ar,35 à 25f,50	=	25f,50 × 201,35 =	5134f,425
725 ares		Total..........	18487f,50
Prix d'achat..............................			15850f »
Bénéfice..................................			2637f,50

872. — 15 stères de bois de chêne ont été achetés pour 243f,75. Quel prix a-t-on payé le décastère de ce bois? — **R.** 162f,50.

SOLUTION RAISONNÉE. — Le stère a coûté 243f,75 : 15 = 16f,25; donc le décastère coûte 10 fois plus, ou 162f,50.

873. — Un marchand a acheté 2 pièces de drap pour 341f,15. La 1re pièce contient 24m,35 et a coûté 8f,20 le mètre; la 2e a coûté 8f,65 le mètre : quel est le nombre de mètres contenus dans cette 2e pièce? — **R.** 16m,70.

SOLUTION RAISONNÉE. — Un mètre de la 1re pièce coûtant 8f,20, les 24m,35 coûteront 8f,20 × 24,35 = 199f,67. Donc la seconde pièce a dû coûter 341f,15 — 199f,67 = 141f,48. Puisque chaque mètre de cette pièce coûte 8f,65, la pièce contiendra autant de mètres que 8f,65 sera contenu de fois dans 141f,48, ou 141,48 : 8,65 = 16m,70.

874. — Lorsque le kilogramme de sucre coûte 1f,80, que devra-t-on donner pour 3 paquets contenant chacun 25 décagrammes? — R. 1f,35.

SOLUTION RAISONNÉE. — 25 décagrammes valent 250 grammes, ou le quart d'un kilogramme; donc 25 décagrammes coûteront le quart de 1f,80, ou 1f,80 : 4 = 0f,45. Donc 3 paquets de 25 décagrammes coûteront 3 fois plus, ou 0f,45 × 3 = 1f,35.

Remarque. — On raisonne souvent ainsi : puisque 1000 grammes coûtent 1f,80, un gramme coûtera 1000 fois moins, ou 0f,0018, et 250 grammes coûteront 250 fois plus, ou 0f,0018 × 250 = 0f,45; mais n'est-il pas fâcheux de dire qu'un gramme de sucre coûte 0f,0018? Qu'est-ce qu'un gramme de sucre? Et qu'est-ce que cette monnaie 0f,0018? La simplicité que l'on trouve dans le raisonnement par la *réduction à l'unité* a-t-elle un tel prix qu'il faille lui sacrifier la raison et le bon sens?

Dans l'exemple présent, le raisonnement a été facilité par cette circonstance qui ne se rencontrera pas toujours, que 250 grammes est le quart de 1000 grammes. Mais on peut très bien ne pas tenir compte de ce fait, et dire : 250 grammes égalent 0k,250; or 1 kilog. coûte 1f,80; donc 0k,250 ou les 250 millièmes d'un kilog. coûteront les 250 millièmes de 1f,80, ou 1f,80 × 0,250 = 0f,45.

875. — On achète des crayons à raison de 0f,48 la douzaine. Quel est le bénéfice qu'on réalise en vendant 47 de ces crayons à 0f,05 la pièce? — R. 0f,47.

SOLUTION RAISONNÉE. — Si la douzaine de crayons coûte 0f,48, un crayon coûte 0f,48 : 12 = 0f,04. En les revendant 0f,05 la pièce, le bénéfice sur un crayon est de 0f,01; sur 47 crayons le bénéfice sera de 0f,47.

876. — Un fournisseur apporte un mémoire* de 7850f,75 sur lequel on fait une réduction d'un cinquième. A combien s'élève le mémoire ainsi réduit? — R. 6280f,60.

SOLUTION RAISONNÉE. — Le cinquième de 7850f,75 est 7850f,75 : 5 = 1570f,15. Donc le mémoire sera réduit à 7850f,75 — 1570f,15 = 6280f,60.

877. — Une famille boit dans un mois 29 litres de vin. Quelle somme lui faut-il pour payer ce vin, sachant qu'on lui vend l'hectolitre à raison de 24f,75? — R. 7f,17.

SOLUTION RAISONNÉE. — L'hectolitre coûtant 24f,75, le litre revient à 0f,2475, et 29 litres coûteront 0f,2475 × 29 = 7f,1775.

878. — Un marchand a vendu 857 assiettes à raison de 2f,40 la douzaine. Quel est le bénéfice que le marchand a réalisé sur cette vente, sachant que les assiettes ne lui coûtent que 0f,12 la pièce et qu'il a déboursé 5f,25 pour le port? — R. 63f,31.

Solution raisonnée. — La douzaine d'assiettes ayant coûté au marchand 2f,40, l'assiette lui revient à 2f,40 : 12 = 0f,20. Donc il gagne sur chaque assiette 0f,20 — 0f,12 = 0f,08, et sur 857 assiettes il gagnera 0f,08 × 857 = 68f,56. Mais en tenant compte du port, son bénéfice sera réduit à 68f,56 — 5f,25 = 63f,31.

879. — Une personne riche remet à une couturière 26m,25 de toile pour confectionner des chemises qu'elle se propose de distribuer à des gens pauvres. On sait qu'il faut 3m,75 de toile pour confectionner une chemise, que la couturière prend 1f,50 pour les fournitures et la façon par chemise, et que la toile coûte 0f,80 le mètre. Dire à combien s'élève la dépense que fait cette personne. — R. 31f,50.

Solution raisonnée. — Un mètre de toile coûtant 0f,80, les 26m,25 coûteront 0f,80 × 26,25 = 21 fr. Puisqu'une chemise demande 3m,75 de toile, il y aura autant de chemises que 3m,75 sera contenu de fois dans 26m,25, ou 26,25 : 3,75 = 7 chemises. Puisque la couturière prend 1f,50 par chemise, pour 7 chemises elle prendra 1f,50 × 7 = 10f,50. La dépense totale sera donc de 21f + 10f,50 = 31f,50.

880. — Une servante va au marché et, pour solder les dépenses qu'elle y fait, elle donne 3 pièces de 1 franc, 2 pièces de 0f,50, 4 pièces de 1 décime et enfin 7 pièces de 5 centimes. Quel est le total de ce qu'elle a dépensé? — R. 4f,75.

881. — Une personne, qui a une dette de 3750 francs, donne, pour se libérer, 75 pièces de 20 francs, 350 pièces de 5 francs et le reste en pièces de 2 francs. Combien a-t-elle donné de ces dernières pièces? = R. 250.

Solution raisonnée.

Dette..	3750 fr.
75 pièces de 20 fr. valent 20f × 75 = 1500f 350 pièces de 5 fr. valent 5f × 350 = 1750f	3250 fr.
Reste à payer en pièces de 2 francs............	500 fr.

Donc le nombre des pièces de 2 francs est 500 : 2 = 250.

882. — Quel serait le poids d'une somme en argent de 65600 fr., et combien faudrait-il d'hommes pour la porter, si on admet qu'un homme peut porter facilement 80 kilogrammes? — R. 328 kilog.; — 4 hommes.

Solution raisonnée. — Une somme de 65600 francs en argent pèse 5 gr. × 65600 = 328000 gr. = 328 kilog. — Un homme pouvant porter 80 kilog., il faudra autant d'hommes que 80 kilog. est contenu de fois dans 328 kilog., ou 328 : 80 = 4 hommes. Il reste bien 8 kilog., mais ils pourront être répartis entre les 4 hommes dont la charge n'est pas rigoureusement limitée à 80 kilog. Si le reste était plus grand, comme de 40, 50 ou 60 kilog., il faudrait compter un homme de plus, chacun pouvant porter, dans ce cas, moins de 80 kilogrammes.

(Page 86 de l'Élève.)

883. — Un marchand échange $74^m,25$ de drap à $9^f,75$ le mètre contre 942 mètres de toile à $0^f,75$ le mètre. Dire ce qu'il a gagné ou perdu à cet échange. — R. Il a perdu $17^f,43$.

SOLUTION RAISONNÉE.

$74^m,25$ de drap à $9^f,75$ valent..	$9^f,75 \times 74,25$	$= 723^f,93$
942^m de toile à $0^f,75$ valent...	$0^f,75 \times 942$	$= 706^f,50$
Perte pour le marchand.........		$17^f,43$

884. — Un tailleur a fait 18 pantalons d'une pièce de drap qui lui coûte 360 francs. S'il a vendu chaque pantalon 35 francs, quel est son bénéfice? — R. 270 fr.

SOLUTION RAISONNÉE. — Le tailleur a retiré de 18 pantalons $35^f \times 18 = 630$ fr. Il a donc gagné $630^f - 360^f = 270$ fr.

885. — Un négociant achète une marchandise $782^f,85$. Il se propose de gagner, en la revendant, le cinquième plus $24^f,40$: combien la revendra-t-il? — R. $963^f,82$.

SOLUTION RAISONNÉE. — Le cinquième de $782^f,85$ égale $782^f,85 : 5 = 156^f,57$. Donc le négociant devra revendre sa marchandise $782^f,85 + 156^f,57 + 24^f,40 = 963^f,82$.

886. — On a vendu, avec une perte de $112^f,50$, 45 hectolitres de vin qui coûtaient $922^f,50$. On demande : 1° combien on a perdu par hectolitre; 2° à quel prix on a vendu l'hectolitre. — R. 1° $2^f,50$; — 2° 18 fr.

SOLUTION RAISONNÉE. — La perte sur chaque hectolitre sera de $112^f,50 : 45 = 2^f,50$. Or chaque hectolitre avait coûté $922^f,50 : 45 = 20^f,50$; donc on a revendu chaque hectolitre $20^f,50 - 2^f,50 = 18^f$.

887. — Dans un atelier composé de 48 ouvriers, 23 sont payés à raison de $3^f,25$ par jour; 15, à raison de $3^f,50$; 7 reçoivent 4 francs, et enfin les autres $4^f,50$. On demande : 1° quel est la somme nécessaire pour faire la paie de ces ouvriers au bout d'une semaine de 6 jours de travail; 2° quelle est la somme nécessaire pour payer ces ouvriers pendant un an, si on admet que dans l'année il y a 300 jours de travail. — R. 1° $1012^f,50$; — 2° 50625 fr.

SOLUTION RAISONNÉE. — Les 3 premiers groupes d'ouvriers sont au nombre de $23 + 15 + 7 = 45$. Sur 48 il en reste donc 3 pour le 4e groupe.

23 ouvriers	à $3^f,25$ reçoivent par jour	$3^f,25 \times 23 =$	$74^f,75$
15 —	à $3^f,50$ —	$3^f,50 \times 15 =$	$52^f,50$
7 —	à 4^f » —	4^f » $\times\ 7 =$	28^f »
3 —	à $4^f,50$ —	$4^f,50 \times 3 =$	$13^f,50$
	Total pour une journée........		$168^f,75$

Paie d'une semaine... $168^f,75 \times 6 = 1012^f,50$.
Paie d'une année..... $168^f,75 \times 300 = 50625$ fr.

888. — Une propriété se compose de 3 pièces de terre dont voici les surfaces respectives : la 1re pièce a 1 hectare, 25 ; la 2e, 289 ares, et la 3e 8751 mètres carrés. On la vend à raison de $20^f,75$ l'are : quelle somme retirera-t-on ? — **R.** $10406^f,95$.

SOLUTION RAISONNÉE.

1re pièce..............................	125^{ar} »
2e —	289^{ar} »
3e —	$87^{ar},54$
Total.........	$501^{ar},54$

$501^{ar},54$, à raison de $20^f,75$ l'are, valent $20^f,75 \times 501,54 = 10406^f,955$.

889. — Une pièce de vin contient 225 litres. On revend le litre de ce vin $0^f,50$ et on fait ainsi un bénéfice total de $39^f,75$. Combien ce vin a-t-il coûté l'hectolitre ? — **R.** $32^f,33$.

SOLUTION RAISONNÉE. — 225 litres de vin vendus à $0^f,50$ le litre, c'est-à-dire à un demi-franc le litre, rapportent $225^f : 2 = 112^f,50$. Puisqu'on a gagné $39^f,75$, on avait acheté ces 225 litres $112^f,50 - 39^f,75 = 72^f,75$. Donc un litre revenait à $72^f,75 : 225 = 0^f,3233$, et 100 litres, ou un hectolitre, à $32^f,33$.

890. — Une personne achète $2^{hl},5$ de maïs* à raison de $13^f,25$ l'hectolitre. On demande : 1° ce qu'elle doit ; 2° combien elle a payé le décalitre de maïs. — **R.** 1° $33^f,125$; — 2° $1^f,325$.

SOLUTION RAISONNÉE. — Un hectolitre de maïs coûtant $13^f,25$, les $2^{hl},5$ coûteront $13^f,25 \times 2,5 = 33^f,125$; un décalitre coûtera $13^f,25 : 10 = 1^f,325$.

891. — Une couturière emploie, pour faire une robe, $6^m,50$ d'une étoffe qui coûte $3^f,50$ le mètre. Il a fallu $2^m,50$ de doublure qui coûte $0^f,95$ le mètre. Enfin la façon et les menues fournitures se sont élevées à $4^f,25$. On désire savoir à combien revient la robe. — **R.** $29^f,375$.

SOLUTION RAISONNÉE.

$6^m,50$ d'étoffe à $3^f,50$ le mètre valent...	$3^f,50 \times 6,50 =$	$22^f,75$
$2^m,50$ de doublure à $0^f,95$ le mètre valent.	$0^f,95 \times 2,50 =$	$2^f,375$
Façon et fournitures............................		$4^f,25$
	Total................	$29^f,375$

892. — Un pré de 3 hectares a été partagé entre 4 personnes. La 1re personne a eu 65 ares; la 2e, 95 ares; la 3e, 78 ares, et la 4e, le reste. Si le mètre carré de terre en pré vaut 0f,30, dire ce que chaque personne devra payer pour sa part. — R. 1° 1950 fr.; — 2° 2850 fr.; — 3° 2310 fr.; — 1860 fr.

SOLUTION RAISONNÉE. — La superficie des trois premiers lots est de 65 + 95 + 78 = 238 ares; donc la superficie du 4e lot est de 300ar — 238ar = 62 ares.

1er lot : 65 ares	ou 6500mq	valent	0f,30 × 6500	= 1950 fr.
2e lot : 95 —	ou 9500mq	—	0f,30 × 9500	= 2850 fr.
3e lot : 78 —	ou 7800mq	—	0f,30 × 7800	= 2310 fr.
4e lot : 62 —	ou 6200mq	—	0f,30 × 6200	= 1860 fr.
300 ares ou 3 hectares valent...........				9000 fr.

893. — On a acheté de la houille* à 8f,50 le quintal et du charbon de bois à 11f,25 le quintal, et on a dépensé pour cet achat 118f,50. Sachant qu'on a acheté autant de houille que de charbon de bois, dire combien l'on a acheté de quintaux de chacune de ces matières. — R. 6 quintaux.

SOLUTION RAISONNÉE. — Un quintal de houille et un quintal de bois valent ensemble 8f,50 + 11f,25 = 19f,75. On aura donc acheté autant de quintaux de l'une et de l'autre marchandise que 19f,75 sera contenu de fois dans 118f,50, ou 118,50 : 19,75 = 6 quintaux.

894. — Lorsque l'on paie 16f,50 pour un stère de bois de chêne, dire ce que l'on devrait payer pour 825 décistères. — R. 1361f,25.

SOLUTION RAISONNÉE. — Puisqu'un stère de bois coûte 16f,50, 1 décistère coûte 10 fois moins, ou 1f,65, et 825 décistères coûtent 825 fois plus, ou 1f,65 × 825 = 1361f,25.

(Page 87 de l'Élève.)

895. — 45 ouvriers travaillant ensemble ont fait en 8 jours 2700 mètres d'ouvrage. Combien chaque ouvrier en a-t-il fait par jour? — R. 7m,50.

SOLUTION RAISONNÉE. — Si 45 ouvriers ont fait 2700 mètres d'ouvrage en 8 jours, 1 ouvrier dans le même temps en a fait 45 fois moins, ou 2700m : 45 = 60 mètres, et puisqu'un ouvrier a fait 60 mètres d'ouvrage en 8 jours, en 1 jour il en a fait 8 fois moins, ou 60m : 8 = 7m,50.

896. — Un épicier a acheté de l'huile à 120 francs les 100 kilogrammes. Il la revend au détail 0f,85 le demi-kilogramme. Quel bénéfice réalise-t-il par kilogramme et combien sur 285 kilogrammes? — R. 1° 0f,50; — 2° 142f,50.

SOLUTION RAISONNÉE. — Puisque 100 kilog. d'huile ont coûté à l'épicier 120 fr., le kilogramme lui revient à 120f : 100 — 1f,20; et, puisqu'il la revend 0f 85 le demi-kilogramme, il revend le kilog.

$0^f,85 \times 2 = 1^f,70$; il fait donc un bénéfice par kilogramme de $1^f,70 - 1^f,20 = 0^f,50$, et sur 285 kilogrammes un bénéfice de $0^f,50 \times 285 = 285^f : 2 = 142^f,50$.

897. — Un tailleur, qui travaille à la façon, a reçu 249 fr. pour 15 pantalons à 3 francs le pantalon et un certain nombre de vestes à 12 francs la pièce. On demande combien il a confectionné de vestes? — R. 17 vestes.

SOLUTION RAISONNÉE. — 15 pantalons à 3 fr. valent $3^f \times 15 =$ 45 francs. Le prix des vestes est donc de $249^f - 45^f = 204$ fr. Il y aura donc autant de vestes que 12 fr. est contenu de fois dans 204 fr., ou $204 : 12 = 17$ vestes.

898. — Un épicier achète 134 paquets de chandelles pesant chacun 4 hectogrammes à $2^f,50$ le kilogramme. Il revend ces chandelles à raison de $1^f,55$ le paquet. On demande quel est le bénéfice qu'il réalise sur les 134 paquets. — R. $73^f,70$.

SOLUTION RAISONNÉE. — L'épicier retire de ces 134 paquets de chandelles $1^f,55 \times 134 = 207^f,70$; or chaque paquet lui a coûté $0^f,25 \times 4 = 1$ fr.; donc les 134 paquets lui ont coûté 134 fr. Son bénéfice est donc de $207^f,70 - 134^f = 73^f,70$.

899. — Quel est le bénéfice réalisé sur la vente de 24 quintaux de pommes de terre à $17^f,50$ le quintal, si on a acheté ces pommes de terre à raison de $5^f,60$ les 50 kilogrammes, et si on a payé $16^f,75$ pour les frais de transport? — R. $131^f,45$.

SOLUTION RAISONNÉE. — 24 quintaux de pommes de terre à $17^f,50$ le quintal valent $17^f,50 \times 24 = 420$ fr. Si 50 kilog. ont coûté $5^f,60$, les 100 kilog., ou le quintal, ont coûté $5^f,60 \times 2 = 11^f,20$, et les 24 quintaux ont coûté $11^f,20 \times 24 = 268^f,80$. La dépense totale est donc de $268^f,80 + 16^f,75 = 285^f,55$, et par suite le bénéfice est de 420 fr. $- 285^f,55 = 131^f,45$.

900. — Un agriculteur* emploie 5 mètres cubes de fumier par are de terrain. Sachant qu'il a un champ de 3 hect. 25 ares qu'il veut fumer dans ces proportions, dire le nombre de mètres cubes de fumier qui lui seront nécessaires. — R. 1625 mètres cubes.

901. — Deux ouvriers travaillant ensemble ont gagné 275 francs en 25 jours. Le 1er gagnait $4^f,50$ par jour; quel est le prix de la journée du 2e? — R. $6^f,50$.

SOLUTION RAISONNÉE. — Le 1er ouvrier gagnant $4^f,50$ par jour a reçu $4^f,50 \times 25 = 112^f,50$; le second a donc reçu $275^f - 112^f,50 = 162^f,50$, et puisqu'il a travaillé 25 jours, il a dû recevoir par jour $162^f,50 : 25 = 6^f,50$.

902. — Un marchand de vin a du vin de 3 qualités différentes dont il fait le mélange dans les proportions suivantes : 210 litres de la 1re qualité, qui lui coûte $20^f,50$ l'hectolitre; 350 litres de la

2ᵉ qualité, qui lui coûte 18 francs l'hectolitre, et enfin 425 litres de la 3ᵉ qualité, qui lui coûte 12ᶠ,20 l'hectolitre. On désire savoir à combien reviennent le litre et l'hectolitre de ce mélange. — **R.** 1° 0ᶠ,16; — 2° 16ᶠ.

SOLUTION RAISONNÉE.

210 lit.	à 20ᶠ,50 l'hect.	valent	20ᶠ,50 × 2,10 =	43ᶠ,05
350 —	à 18 fr. l'hect.	—	18ᶠ » × 3,50 =	63ᶠ »
425 —	à 12ᶠ,20 l'hect.	—	12ᶠ,20 × 4,25 =	51ᶠ,85
985 lit. valent	....			157ᶠ,90

Donc 1 litre vaut 157ᶠ,90 : 985 = 0ᶠ,16 et un hectolitre vaut 0ᶠ,16 × 100 = 16 francs

903. — Deux fontaines coulent ensemble dans un bassin d'une contenance de 2 mètres cubes. La 1ʳᵉ fontaine donne 12 litres d'eau par minute, et la 2ᵉ, 13 litres. On demande dans combien de temps le bassin sera rempli. — **R.** Dans 1ʰ 20 min.

SOLUTION RAISONNÉE. — Les deux fontaines donnent ensemble, dans une minute, 12ˡ + 13ˡ = 25 litres. Donc pour remplir le bassin qui contient 2 mètres cubes = 2000 litres, il faudra autant de minutes que 25 est contenu de fois dans 2000, ou 2000 : 25 = 80 minutes, ou 1 heure et 20 minutes.

904. — Un bassin de 2 mètres cubes est rempli par 2 fontaines donnant, respectivement, la 1ʳᵉ, 11 litres d'eau par minute, et la 2ᵉ, 14 litres par minute; mais en même temps une ouverture laisse écouler 20 litres par minute. On suppose que les deux fontaines coulent dans le bassin et que l'ouverture laisse échapper l'eau; dans combien de temps le bassin sera-t-il plein? — **R.** Dans 6ʰ 40 min.

SOLUTION RAISONNÉE. — Les 2 fontaines donnent ensemble, dans une minute, 11ˡ + 14ˡ = 25 litres; mais l'ouverture en laisse écouler 20 litres dans le même temps; donc il n'en reste dans le bassin que 5 litres. Il faudra donc, pour remplir le bassin, autant de minutes que 5 litres est contenu de fois dans 2 mètres cubes ou 2000 litres, c'est-à-dire 2000 : 5 = 400 minutes. Mais 60 minutes font une heure, donc 400 minutes feront 400 : 60 = 6 heures, avec un reste de 40 minutes.

(**Page 88** de l'Élève.)

905. — Deux fontaines, coulant ensemble dans un bassin d'une contenance de 2ᵐᶜ,250, ont mis 1 h. 15 minutes pour le remplir. La 1ʳᵉ fontaine donnant 16 litres d'eau par minute, on demande combien donne la 2ᵉ dans le même temps. — **R.** 14 litres.

SOLUTION RAISONNÉE. — Puisque les 2 fontaines ont rempli 2ᵐᶜ,250 ou 2250 litres en 1ʰ 15 min. ou 75 minutes, en 1 minute elles versent ensemble 2250ˡ : 75 = 30 litres. Mais la 1ʳᵉ seule en verse 16, donc la 2ᵉ en verse 14.

906. — Un marchand de charbon a acheté 50 quintaux de charbon à 6f,50 le quintal. Il le revend au détail 0f,10 le kilogramme : quel est le bénéfice qu'il réalise sur les 50 quintaux? — R. 175 fr.

SOLUTION RAISONNÉE. — Puisque le marchand vend son charbon 0f,10 le kilog., il vend le quintal 100 fois plus ou 10 fr. Il gagne donc par quintal 10f — 6f,50 = 3f,50 ; donc sur 50 quintaux il gagnera 50 fois plus, ou 3f,50 × 50 = 175 francs.

907. — On met un pain de sucre dans l'un des plateaux d'une balance et dans l'autre plateau on met les poids suivants qui lui font équilibre : 5 kilog., 2 kilog., 1 kilog., 1/2 kilog. et 2 hectog. On demande : 1° quel est le poids de ce pain de sucre; 2° ce qu'il vaut, si on vend le kilogramme 1f,80. — R. 1° 8kg,700 ; — 2° 15f,66.

SOLUTION RAISONNÉE. — Le poids du pain de sucre est égal à 5k + 2k + 1k + 0k,500 + 0k,200 = 8k,700. Un kilog. coûtant 1f,80, 8k,700 coûteront 1f,80 × 8,7 = 15f,66.

908. — Un marchand a acheté 3 sacs de haricots. Le 1er pèse 98 kilog. 2 hectogrammes ; le 2e pèse 1 quint. 9 kilogrammes ; enfin le 3e pèse 1 quint. 7 kilogrammes. Sachant que ce marchand achète ces haricots à raison de 0f,38 le kilogramme, on demande ce qu'il payera pour les 3 sacs. — R. 119f,40.

SOLUTION RAISONNÉE. — Le poids des trois sacs est égal à 98k,2 + 109k + 107k = 314k,2. Un kilogramme coûtant 0f,38, 314k,2 coûteront 0f,38 × 314,2 = 119f,396, ou 119f,40.

909. — Une propriété a rapporté 425 hectolitres de blé et 250 quintaux de paille ; le blé a été vendu 19f,25 l'hectolitre et la paille 4f,25 le quintal. On demande : 1° le rapport de cette propriété ; 2° quel est le bénéfice net* du propriétaire, si les frais nécessités par l'exploitation s'élèvent à 3580f,75 ; 3° quelle somme il pourra placer à intérêt, s'il prélève 2400 francs pour les dépenses de sa maison sur le bénéfice net que lui rapporte la propriété. — R. 1° 9243f,75 ; — 2° 5663 fr. ; — 3° 3263 fr.

SOLUTION RAISONNÉE.

425 hectol. de blé à 19f,25	rapportent 19f,25 × 425 =	8181f,25
250 quintaux de paille à 4f,25	— 4f,25 × 250 =	1062f,50
	Rapport de la propriété	9243f,75
A déduire frais d'exploitation		3580f,75
	Bénéfice net	5663f »
Prélèvement pour dépenses de la maison		2400f »
	Somme à placer à intérêt	3263f »

910. — Un épicier a acheté 4 sacs de haricots à raison de 40 fr. le quintal. Le 1er sac pèse 50k,2, le 2e, 674 hectogrammes ; le 3e,

5975 décagrammes, et le 4e, 63 kilog. 8 décagrammes. On demande: 1° combien cet épicier a acheté de kilogrammes de haricots 2° combien ces haricots lui ont coûté. — R. 1° 248^k,43 — 2° 99^f,37.

Solution raisonnée. — Le poids total des 4 sacs de haricots est de 58^k,2 + 67^k,4 + 59^k,75 + 63^k,08 = 248^k,43. Le quintal coûtant 40 fr., le kilog. coûte 100 fois moins ou 0^f,40; donc les 248^k,43 coûteront 0^f,40 × 218,43 = 99^f,37.

CHAPITRE XVII

PROBLÈMES SUR LES SURFACES

(*Première année d'Arithmétique*, pages 118 et suivantes.)

911. — Un carré a 124 mètres de côté : quelle est sa surface? — R. 15376 mètres carrés.

912. — Une rue qu'on veut paver a 158 mètres de longueur et 10^m,25 de largeur : quelle est la surface à paver? — R. 1619^{mq},50.

913 — On veut recouvrir, avec de la doublure qui a 0^m,50 de large, une couverture qui a 2^m,75 de longueur et 1^m,90 de largeur : combien faudra-t-il de mètres de cette doublure? — R. 10^m,45.

Solution raisonnée. — La surface de la couverture est de 2^m,75 × 1^m,90 = 5^{mq},225. Il faut que la doublure ait la même surface; or, sa largeur est de 0^m,50; donc sa longueur multipliée par 0^m,50 devra faire 5^{mq},225; donc cette longueur est égale à 5^m,225 : 0,50 = 10^m,45.

Remarque. — Pour diviser 5,525 par 0,50, il suffit de multiplier 5,225 par 2, parce que diviser un nombre par 0,50 c'est en trouver un autre qui multiplié par 0,50 donne le premier, ou dont la *moitié* donne le premier; c'est donc un nombre double du premier.

914. — Un terrain de forme triangulaire a 475 mètres à la base et 231^m,50 de hauteur : quelle en est la surface et quel en serait le prix à 1900 fr. l'hectare? — R. 1° 55693^{mq},75; — 2° 10581^f,80.

Solution raisonnée. — La surface de ce terrain est égale à $\frac{475^m \times 231^m,50}{2}$ = 55693^{mq},75, ou 5^{Ha},569375. Puisque 1 hectare vaut 1900 fr., 5^{Ha},569375 vaudront 1900 fr. × 5,569375 = 10581^f,8125.

(Page 89 de l'Élève.)

915. — Que faut-il payer pour faire cultiver un champ de forme triangulaire dont la base a 120 mètres et la hauteur 95 mètres, à raison de 8 fr. l'are? — R. 456 francs.

SOLUTION RAISONNÉE. — La surface du champ est égale à $\frac{95^m \times 120^m}{2} = 95^m \times 60^m = 5700^{mq}$ ou 57 ares : les frais de culture seront de 8 fr. $\times$ 57 = 456 francs.

916. — Une vigne, qui a 31 hectares 6 ares 50 centiares de superficie, a 475 mètres de longueur : quelle est sa largeur? — R. 654 mètres.

SOLUTION RAISONNÉE. — Puisque la superficie s'obtient en multipliant la longueur par la largeur, on obtiendra la largeur en divisant la superficie par la longueur. Donc la largeur de cette vigne est de $310650^{mq} : 475^m = 654$ mètres.

917. — Dans un terrain planté en pommiers, qui a 49 mètres de longueur et 18 mètres de largeur, il y a en moyenne 3 pommiers pour 9 mètres carrés de surface : d'après cela, calculer le nombre de pommiers qui peuvent se trouver dans ce terrain. — R. 294 pommiers.

SOLUTION RAISONNÉE. — La surface du terrain est de $49^m \times 18^m = 882^{mq}$. Puisqu'il y a 3 pommiers pour 9 mètres carrés, ou 1 pommier pour 3 mètres carrés, il y aura autant de pommiers que 3 sera contenu de fois dans 882, ou 882 : 3 = 294 pommiers.

918. — D'une vigne de $47^m,50$ de longueur et $29^m,7$ de largeur, on retire, dans le sens de la largeur, $2^m,50$ pour faire un chemin : à combien est réduite la surface de la vigne? — R. A 1336 mètres carrés, 50.

SOLUTION RAISONNÉE. — On remarquera d'abord que si on retire $2^m,50$ dans le sens de la largeur, c'est la longueur qui est diminuée de $2^m,50$. La longueur de la vigne étant réduite à $47^m,50 - 2^m,50 = 45$ mètres, la surface de la vigne sera réduite à $45^m \times 29^m,7 = 1336^{mq},50$.

919. — Un terrain ayant une forme triangulaire a 15 750 mètres carrés de surface : quelle est la longueur de sa base, si la hauteur est de 45 mètres? — R. 700 mètres.

SOLUTION RAISONNÉE. — La surface d'un triangle étant égale au produit de la longueur par la moitié de la hauteur, on obtiendra la moitié de la hauteur en divisant la surface par la longueur. Or, $15750^{mq} : 45^m = 350^m$; donc la hauteur égale $350^m \times 2 = 700$ mètres.

920. — Un polygone de cinq côtés peut être décomposé en 3 triangles ayant : le 1er, 43 mètres de base et $15^m,25$ de hauteur; le 2e, la même base et $18^m,75$ de hauteur ; enfin le 3e, 51 mètres de base et 15^{m},30 de hauteur : quelle est la surface de ce polygone? — R. 1144^{mq},1.

SOLUTION RAISONNÉE.

1er triangle......... $\frac{43^{m} \times 15^{m},25}{2} = 327^{mq},875$

2e triangle......... $\frac{43^{m} \times 18^{m},75}{2} = 403^{mq},125$

3e triangle......... $\frac{54^{m} \times 15^{m},30}{2} = 413^{mq},1$

Surface totale du polygone................ 1144^{mq},1

Remarque. — On pouvait abréger les calculs en remarquant que les deux premiers triangles ont la même base de 43 mètres. Au lieu de multiplier successivement 43 par 15,25 et par 18,75, on pouvait multiplier 43 par la somme 15,25 + 18,75 = 34, et comme le produit doit être divisé par 2, il suffit de multiplier 43 par la moitié de 34, ou 17. On a ainsi :

Surfaces des 2 premiers triangles. 43^{m} × 17^{m} = 731^{mq}
Surface du 3e triangle............ 27^{m} × 15^{m},30 = 413^{mq},1

Total........................ 1144^{mq},1

921. — On veut paver un corridor avec des briques ayant la forme d'un rectangle de 0^{m},25 de longueur et 0^{m},2 de largeur : combien en faudra-t-il, si le corridor à paver a 12^{m},50 de longueur, et 4^{m},70 de largeur? — R. 1175 briques.

SOLUTION RAISONNÉE. — La surface du corridor est de 12^{m},50 × 4^{m},70 = 58^{mq},75; la surface d'une brique est de 0^{m},25 × 0^{m},2 = 0^{mq},05. Donc il faudra autant de briques que 0^{mq},05 est contenu de fois dans 58^{mq},75, ou autant que 5 décim. carrés est contenu de fois dans 5875 décim. carrés, soit 5875 : 5 = 1175 briques.

922. — On veut tapisser un appartement qui a 8^{m},50 de longueur, 5^{m},50 de largeur et 3^{m},70 de hauteur avec de la tapisserie ayant 0^{m},40 de largeur. Chaque rouleau ayant 10 mètres de longueur, combien faudra-t-il de rouleaux? — R. 26 rouleaux.

SOLUTION RAISONNÉE. — La surface à tapisser aura pour longueur totale 2 fois 8^{m},50 et 2 fois 5^{m},50 et pour hauteur 3^{m},70; cette surface sera donc égale à (8^{m},50 × 2 + 5^{m},50 × 2) × 3^{m},70 = (17^{m} + 11^{m}) × 3^{m},70 = 28^{m} × 3^{m},70 = 103^{mq},60. D'un autre côté chaque rouleau a une surface de 10^{m} × 0^{m},40 = 4^{mq}. Donc il faudra autant de rouleaux que 4 sera contenu de fois dans 103^{m},60 ou 103,6 : 4 = 25 rouleaux, 9, ou mieux 26 rouleaux.

923. — Une prairie de 725 mètres de longueur et 402 mètres de largeur doit être partagée entre 3 personnes : la 1re prend sur la longueur 256 mètres; la 2e, 237 mètres, et la 3e, le reste. On demande : 1° quelle est la surface de la prairie, et 2° la surface qui revient à chaque personne. — R. $31^{ha}\ 32^{a}$. — 1re part, $11^{ha}\ 5^{a}\ 92^{ca}$; — 2e part, $10^{ha}\ 23^{a}\ 84^{ca}$; — 3e part, $10^{ha}\ 2^{a}\ 24^{ca}$.

Solution raisonnée. — La longueur de la 3e part sera $725^{m} - (256^{m} + 237^{m}) = 725^{m} - 493^{m} = 232^{m}$. Donc :

1re part.......	$256^{m} \times 432^{m}$	$= 110592^{mq}$	$= 11^{ha}\ 5^{a}\ 92^{ca}$
2e part.......	$237^{m} \times 432^{m}$	$= 102384^{mq}$	$= 10^{ha}\ 23^{a}\ 84^{ca}$
3e part.......	$232^{m} \times 432^{m}$	$= 100224^{mq}$	$= 10^{ha}\ 2^{a}\ 24^{ca}$
Surface totale.	$725^{m} \times 432^{m}$	$= 313200^{mq}$	$= 31^{ha}\ 32^{a}$

924. — Quelle serait la surface d'une salle ayant la forme d'un parallélogramme et qui aurait $19^{m},25$ de longueur, et $10^{m},30$ de hauteur ? — R. $198^{mq},275$.

925. — Un jardin potager* ayant $47^{m},25$ de longueur et $19^{m},80$ de largeur a au milieu, dans le sens de la longueur, une allée qui a $4^{m},50$ de largeur : quelle est la surface cultivée ? — R. $722^{mq},925$.

Solution raisonnée.

Surface du jardin...	$47^{m},25 \times 19^{m},80$	$= 935^{mq},55$
Surface de l'allée...	$47^{m},25 \times 4^{m},50$	$= 212^{mq},625$
Surface cultivée..............		$722^{mq},925$

Remarque. — Au lieu de multiplier 47,25 successivement par 19,80 et par 4,50 et de soustraire le second produit du premier, on pouvait multiplier 47,25 par la différence $19,80 - 4,40 = 15,30$; on aurait trouvé de même : $47^{m},25 \times 15^{m},30 = 722^{mq},925$.

926. — La façade d'une maison qui a $12^{m},50$ de largeur et $9^{m},75$ de hauteur, est percée de 6 ouvertures qui ont chacune $2^{m},25$ de hauteur et $1^{m},10$ de largeur. Un maçon s'est engagé à crépir* cette façade à raison de $2^{f},50$ par mètre carré, fournitures comprises. Combien recevra-t-il, déduction faite de la surface occupée par les ouvertures ? R. $267^{f},56$.

Solution raisonnée.

Superficie totale.........	$12^{m},50 \times 9^{m},75$	$= 121^{mq},875$
Superficie des 6 ouvertures	$2^{m},25 \times 1^{m},10 \times 6$	$= 14^{mq},850$
Superficie à crépir..............		$107^{mq},025$

$107^{mq},025$ à $2^{f},50$ le mètre carré valent $2^{f},50 \times 107,025 = 267^{f},56$.

Remarque. — Dans un calcul sur le prix d'un crépissage, on ne tient guère compte de 25 millièmes de mètre carré ; on peut donc multiplier simplement $2^{f},50$ par 107, et on trouve $267^{f},50$ qui ne diffère du nombre précédent que de 6 centimes.

(Page 90 de l'Élève.)

927. — On a un tapis de $3^{m},50$ de large sur $4^{m},20$ de long ; on veut le doubler avec de la toile de $1^{m},10$ de large : combien faut-il en acheter ? — R. $13^{m},30$.

SOLUTION RAISONNÉE. — Surface du tapis: $4^m,20 \times 3^m,50 = 14^{mq},70$. La surface de la doublure devant être la même, et la largeur de la toile étant de $1^m,10$, la longueur devra être $14^m,70 : 1^m,10 = 13^m,36$.

928. — Une vigne triangulaire est partagée en parties égales par 3 acheteurs. Sachant que chacun d'eux a reçu 5 ares, 94 et que la hauteur de ce triangle est de $49^m,50$, dire quelle est la longueur de la base. — R. 72 mètres.

SOLUTION RAISONNÉE. — La surface de la vigne est de $5^a,94 \times 3 = 17^a,82 = 1782$ mètres carrés; la moitié de sa hauteur est de $49^m,50 : 2 = 24^m,75$. Donc la longueur de sa base est de $1782^{mq} : 24^m,75 = 72$ mètres.

CHAPITRE XVIII

PROBLÈMES SUR LES VOLUMES

(*Première année d'Arithmétique,* pages 125 et suivantes.)

929. — Quel est le volume d'un réservoir qui a 2 mètres de longueur, $1^m,25$ de largeur et $0^m,80$ de profondeur? Apprécier sa capacité en hectolitres. — R. 20 hectolitres.

SOLUTION RAISONNÉE. — Le volume du réservoir est égal à $2^m \times 1^m,25 \times 0^m,80 = 2$ mèt. cub. $= 2000$ décim. cub. $= 2000$ lit. $=$ 20 hectol.

930. — Un bloc de pierre cubique a $0^m,75$ de longueur, $0^m,45$ de largeur et $0^m,3$ d'épaisseur : quel est son volume? — R. $0^{mc},10125$, ou 101 décim. cub. 250 cent. cub.

931. — Un marchand de bois a acheté une pile de bois de chêne qui a $3^m,50$ de longueur, $1^m,25$ de largeur et 4 mètres de hauteur, à raison de 130 francs le décastère : combien doit-il? — R. $227^f,50$.

SOLUTION RAISONNÉE. — Le volume du bois est de $3^m,50 \times 1^m,25 \times 4^m = 17^{mc},50 = 17$ stèr., $5 = 1$ décast., 75; son prix est donc de 130 fr. $\times 1,75 = 227^f,50$.

932. — Une poutre équarrie* a $7^m,25$ de longueur et $0^m,40$ d'équarrissage, c'est-à-dire $0^m,40$ de largeur et $0^m,40$ d'épaisseur. On demande : 1° quel est son volume; 2° quel est son prix, si on vend le décistère de ce bois $8^f,60$. — R. 1° $1^{mc},16$; — 2° $99^f,76$.

SOLUTION RAISONNÉE. — Le volume de la poutre est de $7^m,25 \times 0^m,40 \times 0^m,40 = 1^{mc},16 = 11$ décist. 6; son prix est donc de $8^f,60 \times 11,6 = 99^f,76$.

933. — Une caisse en fer-blanc ayant la forme d'un cube a $0^m,70$

dans chaque sens et est destinée à contenir de l'huile : combien pourra-t-on y mettre de litres de cette huile? — R. $0^{mc},343$, ou 343 décim. cubes, ou 343 litres.

934. — On compte, en général, qu'il faut dans une classe 4 mètres cubes d'air par élève. D'après cela, quelle devra être la largeur d'une salle de classe, destinée à recevoir 100 élèves, qui a 4 mètres de hauteur et $18^m,50$ de longueur? — R. $5^m,40$.

SOLUTION RAISONNÉE. — La classe doit avoir une capacité de $4^{mc} \times 100 = 400$ mètres cubes. Le produit de ses trois dimensions doit être égal à 400 mèt. cubes ; or le produit de deux de ses dimensions est égal à $18^m,50 \times 4^m = 74^{mq}$; donc la 3ᵉ dimension, ou la largeur, sera égale à $400^{mc} : 74^{mq} = 5^m,40$.

935. — Une caisse qui a $1^m,25$ de longueur et $0^m,50$ de largeur contient 200 litres d'eau : quelle est sa hauteur? — R. $0^m,32$.

SOLUTION RAISONNÉE. — Le volume de la caisse est de 200 décimètres cubes, ou $0^{mc},200$; or le produit de sa longueur par sa largeur est égal à $1^m,25 \times 0^m,50 = 0^{mq},625$; donc la 3ᵉ dimension, ou la hauteur, sera égale à $0^{mc},200 : 0^{mq},625 = 200^{mc} : 625^{mq} = 0^m,32$.

936. — Si le mètre cube de maçonnerie coûte $18^f,75$, quel serait le prix d'un mur ayant $8^m,50$ de longueur, $7^m,25$ de hauteur et $0^m,60$ d'épaisseur? — R. $693^f,28$.

SOLUTION RAISONNÉE. — Le volume du mur est de $8^m,50 \times 7^m,25 \times 0^m,60 = 36^{mc},975$. Le prix de la maçonnerie est donc de $18^f,75 \times 36,975 = 693^f,28$.

(**Page 91** de l'Élève.)

937. — On veut clore d'un mur un jardin rectangulaire qui a $35^m,75$ de longueur, $14^m,50$ de largeur et $0^m,40$ d'épaisseur. Si on élève ce mur à une hauteur de 4 mètres, que devra-t-on au maçon qui l'aura construit, s'il fait payer le mètre cube de maçonnerie $13^f,75$? — R. $2175^f,80$.

SOLUTION RAISONNÉE. — Le développement du mur est de 2 fois la longueur, plus 2 fois la largeur du jardin, soit $35^m,75 \times 2 + 14^m,50 \times 2 = 71^m,50 + 29^m = 100^m,50$; mais, à cause des coins, il faut en retrancher 4 fois l'épaisseur qui serait comptée double à chaque coin. La longueur totale du mur est donc de $100^m,50 - 0^m,40 \times 4 = 100^m,50 - 1^m,60 = 98^m,90$. Donc le volume de la maçonnerie est de $98^m,90 \times 0^m,40 \times 4^m = 158^{mc},24$, et son prix de $13^f,75 \times 158,24 = 1275^f,80$.

938. — Une pile de bois a $3^m,50$ de longueur, $0^m,90$ de largeur et $2^m,25$ de hauteur ; on vend ce bois à raison de $10^f,50$ le stère : combien retire-t-on de la vente de la pile? — R. $74^f,40$.

SOLUTION RAISONNÉE. — Le volume de la pile de bois est de $3^m,50 \times 0^m,90 \times 2^m,25 = 7^{mc},0875$, ou 7 stères, 0875. Son prix sera de $10^f,50 \times 7,0875 = 74^f,418$, ou $74^f,40$.

939. — Un réservoir a une contenance de 436 mètres cubes; sa longueur est de $12^m,5$ et sa largeur de $10^m,8$. Quelle est sa profondeur? — **R.** $3^m,23$.

SOLUTION RAISONNÉE. — La base ou le fond du réservoir est égal à $12^m,5 \times 10^m,8 = 135^{mq}$. Sa profondeur sera donc $\frac{436^{mc}}{135^{mq}} = 3^m,23$.

940. — Dans un chantier, on a entassé régulièrement du bois de chauffage sur une longueur de 40 mètres, sur une largeur de $3^m,54$ et sur une hauteur de $17^m,20$. Quel est le volume de ce bois? — **R.** 2435 stères, 52.

SOLUTION RAISONNÉE. — Le volume de ce bois est de $40^m \times 3^m,54 \times 17^m,20 = 2435^{mc},520$, ou $2435^{st},52$.

941. — Un mur de $108^{mc},040$ est construit en briques de $2^{dmc},130$ y compris les joints. Combien y est-il entré de briques? — **R.** 50723 briques.

SOLUTION RAISONNÉE. — Il est entré dans ce mur autant de briques que $2^{dmc},130$ est contenu de fois dans $108^{mc},040$, ou dans 108040^{dmc}, c'est-à-dire $\frac{108040}{2,130} = 50723$ briques.

942. — Un bassin de forme rectangulaire a les dimensions suivantes :

Longueur........................	$1^m,85$
Largeur	$0^m,75$
Profondeur......................	$0^m,58$

Il se remplit au moyen d'un robinet qui donne 2 litres d'eau par minute et se vide par un autre robinet qui donne 1 lit. 4 d'eau par minute. Combien de temps faudrait-il pour remplir ce bassin, les deux robinets étant ouverts à la fois? — **R.** $22^h\ 21^m\ 15^s$.

SOLUTION RAISONNÉE. — La capacité du bassin est de $1^m,85 \times 0^m,75 \times 0^m,58 = 0^{mc},804750$, ou $804^l,75$. La quantité d'eau qui reste dans le bassin par minute est de $2^l - 1^l,4 = 0^l,6$. Il faudra donc, pour remplir ce bassin, autant de minutes que $0^l,6$ est contenu de fois dans $804^l,75$, ou $\frac{804,75}{0,6} = 1341^{min},25$ ou 1341 minutes et un quart de minute ou 15 secondes. Pour avoir le nombre d'heures il faut chercher combien de fois 60 minutes est contenu dans 1341 min., ou diviser 1341 par 60. Or $\frac{1341}{60} = 22$ heures, avec un reste de 21 minutes. Donc, en tout, le temps cherché est de $22^h\ 21^m\ 15^s$.

943. — On a fait creuser autour d'une propriété rectangulaire de 275 mètres de longueur et 153 mètres de largeur un fossé de $0^m,55$ de profondeur et de $0^m,90$ de largeur. Si l'ouvrier qui a fait ce travail prend 3f,50 par mètre cube de terre enlevée, à combien s'élèvera la dépense nécessaire pour construire ce fossé? — R. A 1476f,80.

SOLUTION RAISONNÉE. — Le développement du fossé est de 2 fois la longueur, plus 2 fois la largeur de la propriété, soit de $275^m \times 2 + 153^m \times 2 = 550^m + 306^m = 856^m$; mais, à cause des coins, il faut en retrancher 4 fois l'épaisseur, qui serait comptée double à chaque coin. La longueur totale du fossé est donc de $856^m - 0^m,90 \times 4 = 856^m - 3^m,60 = 852^m,40$. Le volume de la terre enlevée sera donc de $852^m,40 \times 0^m,90 \times 0^m,55 = 421^{mc},938$, et le prix du travail, de $3^f,50 \times 421,938 = 1476^f,783$, ou 1476f,80.

944. — Une caisse cubique a 0m,90 d'arête, ou côté. On demande : 1° quel est son volume; 2° combien on pourrait y loger de pains de savon ayant 0m,15 de longueur, 0m,10 d'épaisseur et 0m,10 de largeur. — R. 1° 0mc,729; — 2° 162 pains de savon.

SOLUTION RAISONNÉE. — Le volume de la caisse est de $0^m,90 \times 0^m,90 \times 0^m,90 = (0,90)^3 = 0^{mc},729$, ou 729 décimètres cubes. — Le volume d'un pain de savon est de $0^m,15 \times 0^m,10 \times 0^m,10 = 0^{mc},0015$, ou $4^{dmc},5$; donc la caisse contiendra autant de pains de savon que $4^{dmc},5$ sera contenu de fois dans 729^{dmc}, ou $729 : 4,5 = 162$ pains de savon.

945. — On se propose de creuser une citerne* pouvant contenir 60 hectolitres d'eau; on ne peut disposer que d'un petit espace carré ayant 2 mètres de côté : quelle profondeur devra-t-on donner à cette citerne? — R. 1m,50.

SOLUTION RAISONNÉE. — 60 hectol. = 6000 lit. = 6000^{dmc} = 6 mèt. cubes. La citerne doit donc avoir un volume de 6 mèt. cub.; or sa base aura une surface de $2^m \times 2^m = 4^{mq}$; donc sa profondeur devra être de $6^{mc} : 4^{mq} = 1^m,50$.

946. — Une pièce de bois équarrie* ayant 18 mètres de longueur et 0m,25 d'équarrissage est achetée par 3 personnes. La 1re en prend une longueur de 6m,25; la 2e, 4m,50, et la 3e, le reste : que doit chaque personne, à 6f,25 le décistère? — R. 1re 24f,40; — 2e 17f,55; — 3e 28f,30.

SOLUTION RAISONNÉE. — Le volume du bois que prend la première personne est de $0^m,25 \times 0^m,25 \times 6^m,25 = 0^{mc},390625$, ou $3^{décist.},90$; elle devra donc payer $6^f,25 \times 3,90 = 24^f,375$, ou 24f,40. — La 2e personne prend un volume de $0^m,25 \times 0^m,25 \times 1^m,50 = 0^{mc},28125$, ou $2^{décist.},81$; elle devra donc payer $6^f,25 \times 2,81 = 17^f,5625$, ou 17f,55. — La 3e personne prend le reste de la pièce de bois qui a une longueur de $18^m - 6^m,25 - 4^m,50 = 18^m - 10^m,75 = 7^m,25$. Le volume de ce bois sera de $0^m,25 \times 0^m,25 \times 7^m,25 = 0^{mc},453125$, ou $4^{décist.},53$; elle devra donc payer $6^f,25 \times 4,53 = 28^f,3125$, ou 28f,30.

947. — Une cuve en pierre a 4m,25 de longueur, 3m,50 de largeur et 5m,10 de hauteur : combien peut-elle contenir d'hectolitres de vin ? — **R**. 758hl,625.

SOLUTION RAISONNÉE. — La capacité de la cuve est de 4m,25 × 3m,50 × 5m,10 = 75mc,8625 = 758hl,625.

(Page 92 de l'Élève.)

CHAPITRE XIX

PROBLÈMES SUR LES MOYENNES

(*Première année d'Arithmétique*, p. 131)

948. — Un petit colporteur a fait dans 3 jours les recettes suivantes : le 1er jour, 2f,50 ; le 2e, 3f,10, et le 3e, 1f,90 : quelle est, en moyenne, sa recette journalière ? — **R**. 2f,50.

949. — Paul a mesuré, à 3 reprises différentes, le chemin qu'il fait pour se rendre de la maison à l'école. Pour des causes diverses, il n'a jamais trouvé la même longueur. La 1re fois, il a trouvé 75m,25 ; la 2e fois, 75m,53 ; la 3e fois, 75m,80 : quelle est la distance probable qu'il y a de sa maison à l'école ? — **R**. 75m,52.

950. — Il y a eu dans une commune : une année, 56 décès ; une 2e année, 67 ; une 3e année, 59, et une 4e année, 62. Quelle est la moyenne des décès par an ? — **R**. 61.

951. — Trois joueurs qui font bourse commune ont perdu : le 1er, 45f,25 ; le 2e, 18f,60 ; le 3e, 37f,25 : quelle est la moyenne de la perte de chaque joueur ? **R**. 33f,70.

952. — Un ouvrier travaille 5 jours à tâche* pour le même patron : le 1er jour, il a gagné 3f,75 ; le 2e, 5f,25 ; le 3e, 4f,50, ; le 4e, 4f,60, et le 5e, 5f,10 : quel est, en moyenne, son gain par journée ? — **R**. 4f,64.

953. — On a mêlé 1 hectolitre de vin valant 22f,50 avec 1 hectolitre valant 27f,25 et un hectolitre valant 24f,65 Quelle est, en moyenne, la valeur d'un hectolitre de ce mélange ? — **R**. 24f,80.

954. — Trouver la moyenne des nombres 5, 7, 12, 24. — **R**. 12.

955. — Un observateur a fait dans une semaine les observations suivantes : le lundi la température s'est élevée à 22 degrés, le mardi à 18, le mercredi à 21, le jeudi à 17, le vendredi à 24, le samedi à 20, et enfin le dimanche à 19 degrés. Quelle est la moyenne de ces températures ? — **R**. 20°,14 à moins de 0,01.

956. — On a mesuré à deux reprises différentes la capacité d'un tonneau, et on a trouvé : la 1re fois, 74 hectolitres 7 décalitres, et la 2e fois 74 hectolitres 2 décalitres. Quelle est la contenance probable de ce tonneau? — **R.** 74[hl],45.

957. — Une propriété a rapporté une année 7825 fr., une 2e année 7020 fr., et enfin une 3e année 6590 fr. Quel est, en moyenne, le rapport de cette propriété ? — **R.** 7145 fr.

(**Page 93** de l'Élève.)

CHAPITRE XX

EXERCICES SUR LES FRACTIONS

(*Première année d'Arithmétique*, pages 132 et 133.)

958. — Énoncez les fractions suivantes :

$\frac{5}{6}$ (5 sixièmes). $\frac{3}{7}$ (3 septièmes).

$\frac{9}{13}$ (9 treizièmes). $\frac{8}{15}$ (8 quinzièmes).

$\frac{4}{15}$ (4 quinzièmes). $\frac{14}{33}$ (14 trente-troisièmes).

$\frac{6}{37}$ (6 trente-septièmes). $\frac{21}{68}$ (21 soixante-huitièmes).

$\frac{9}{17}$ (9 dix-septièmes).

959. — Écrivez les fractions suivantes :

4 quinzièmes.......... $\frac{4}{15}$. 3 quarts.............. $\frac{3}{4}$.

9 dix-septièmes........ $\frac{9}{17}$. 5 huitièmes........... $\frac{5}{8}$.

18 cinquante-cinquièmes $\frac{18}{55}$. 9 vingt-huitièmes...... $\frac{9}{28}$.

27 trente-deuxièmes..... $\frac{27}{32}$. 43 soixante-cinquièmes.. $\frac{43}{65}$.

960. — Énoncez les fractions suivantes :

$\frac{2}{3}$ (2 tiers).

$\frac{1}{2}$ (1 demi).

$\frac{7}{9}$ (7 neuvièmes).

$\frac{105}{319}$ (105 trois cent dix-neuvièmes).

$\frac{302}{401}$ (302 quatre cent-unièmes).

$\frac{537}{928}$ (537 neuf cent vingt-huitièmes).

$\frac{7256}{10747}$ (7256 dix mille sept cent quarante-septièmes).

961. — Écrivez les fractions suivantes :

4 dix-neuvièmes .... $\frac{4}{19}$.

127 trois-centièmes .... $\frac{127}{300}$.

4159 sept mille trois-centièmes... $\frac{4159}{7300}$.

85 cent dix-huitièmes. .... $\frac{85}{118}$.

64 quatre-vingt-neuvièmes...... $\frac{64}{89}$.

3 cinquièmes.................. $\frac{3}{5}$.

8 dix-septièmes............... $\frac{8}{17}$.

123 quatre cent-troisièmes....... $\frac{123}{403}$.

962. — Rendez les fractions suivantes successivement 2, 3, 4, 5 fois plus grandes.

$\frac{4}{9} \times 2 = \frac{8}{9}$, $\frac{4}{9} \times 3 = \frac{12}{9}$, $\frac{4}{9} \times 4 = \frac{16}{9}$, $\frac{4}{9} \times 5 = \frac{20}{9}$.

$\frac{7}{15} \times 2 = \frac{14}{15}$, $\frac{7}{15} \times 3 = \frac{21}{15}$, $\frac{7}{15} \times 4 = \frac{28}{15}$, $\frac{7}{15} \times 5 = \frac{35}{15}$.

$\frac{2}{13} \times 2 = \frac{4}{13}$, $\frac{2}{13} \times 3 = \frac{6}{13}$, $\frac{2}{13} \times 4 = \frac{8}{13}$, $\frac{2}{13} \times 5 = \frac{10}{13}$.

$\frac{1}{8} \times 2 = \frac{2}{8}$, $\frac{1}{8} \times 3 = \frac{3}{8}$, $\frac{1}{8} \times 4 = \frac{4}{8}$, $\frac{1}{8} \times 5 = \frac{5}{8}$.

$\frac{5}{11} \times 2 = \frac{10}{11}$, $\frac{5}{11} \times 3 = \frac{15}{11}$, $\frac{5}{11} \times 4 = \frac{20}{11}$, $\frac{5}{11} \times 5 = \frac{25}{11}$.

$\frac{14}{23} \times 2 = \frac{28}{23}$, $\frac{14}{23} \times 3 = \frac{42}{23}$, $\frac{14}{23} \times 4 = \frac{56}{23}$, $\frac{14}{23} \times 5 = \frac{70}{23}$.

963. — Rendez les fractions suivantes 6, 7, 8 fois plus petites :

$$\frac{3}{4} : 6 = \frac{3}{24}, \quad \frac{3}{4} : 7 = \frac{3}{28}, \quad \frac{3}{4} : 8 = \frac{3}{32}$$

$$\frac{5}{6} : 6 = \frac{5}{36}, \quad \frac{5}{6} : 7 = \frac{5}{42}, \quad \frac{5}{6} : 8 = \frac{5}{48}$$

$$\frac{8}{11} : 6 = \frac{8}{66}, \quad \frac{8}{11} : 7 = \frac{8}{77}, \quad \frac{8}{11} : 8 = \frac{8}{88}$$

$$\frac{3}{8} : 6 = \frac{3}{48}, \quad \frac{3}{8} : 7 = \frac{3}{56}, \quad \frac{3}{8} : 8 = \frac{3}{64}$$

$$\frac{7}{13} : 6 = \frac{7}{78}, \quad \frac{7}{13} : 7 = \frac{7}{91}, \quad \frac{7}{13} : 8 = \frac{7}{104}$$

$$\frac{6}{19} : 6 = \frac{6}{114}, \quad \frac{6}{19} : 7 = \frac{6}{133}, \quad \frac{6}{19} : 8 = \frac{6}{152}$$

964. — Rendez les fractions suivantes 2, 9, 8, 10 fois plus grandes :

$$\frac{8}{11} \times 2 = \frac{16}{11}, \quad \frac{8}{11} \times 9 = \frac{72}{11}, \quad \frac{8}{11} \times 8 = \frac{64}{11}, \quad \frac{8}{11} \times 10 = \frac{80}{11}$$

$$\frac{17}{24} \times 2 = \frac{34}{24}, \quad \frac{17}{24} \times 9 = \frac{153}{24}, \quad \frac{17}{24} \times 8 = \frac{136}{24}, \quad \frac{17}{24} \times 10 = \frac{170}{24}$$

$$\frac{43}{59} \times 2 = \frac{86}{59}, \quad \frac{43}{59} \times 9 = \frac{387}{59}, \quad \frac{43}{59} \times 8 = \frac{344}{59}, \quad \frac{43}{59} \times 10 = \frac{430}{59}$$

$$\frac{18}{31} \times 2 = \frac{36}{31}, \quad \frac{18}{31} \times 9 = \frac{162}{31}, \quad \frac{18}{31} \times 8 = \frac{144}{31}, \quad \frac{18}{31} \times 10 = \frac{180}{31}$$

$$\frac{34}{57} \times 2 = \frac{68}{57}, \quad \frac{34}{57} \times 9 = \frac{306}{57}, \quad \frac{34}{57} \times 8 = \frac{272}{57}, \quad \frac{34}{57} \times 10 = \frac{340}{57}$$

$$\frac{3}{11} \times 2 = \frac{6}{11}, \quad \frac{3}{11} \times 9 = \frac{27}{11}, \quad \frac{3}{11} \times 8 = \frac{24}{11}, \quad \frac{3}{11} \times 10 = \frac{30}{11}$$

965. — Rendez les fractions suivantes 7, 10, 15, 34 fois plus petites :

$$\frac{7}{9} : 7 = \frac{7}{63}, \quad \frac{7}{9} : 10 = \frac{7}{90}, \quad \frac{7}{9} : 15 = \frac{7}{135}, \quad \frac{7}{9} : 34 = \frac{7}{306}$$

$$\frac{8}{15} : 7 = \frac{8}{105}, \quad \frac{8}{15} : 10 = \frac{8}{150}, \quad \frac{8}{15} : 15 = \frac{8}{225}, \quad \frac{8}{15} : 34 = \frac{8}{510}$$

$$\frac{3}{17} : 7 = \frac{3}{119}, \quad \frac{3}{17} : 10 = \frac{3}{170}, \quad \frac{3}{17} : 15 = \frac{3}{255}, \quad \frac{3}{17} : 34 = \frac{3}{578}$$

$$\frac{4}{29} : 7 = \frac{4}{203}, \quad \frac{4}{29} : 10 = \frac{4}{290}, \quad \frac{4}{29} : 15 = \frac{4}{435}, \quad \frac{4}{29} : 34 = \frac{4}{986}$$

$$\frac{35}{46} : 7 = \frac{35}{322}, \quad \frac{35}{46} : 10 = \frac{35}{460}, \quad \frac{35}{46} : 15 = \frac{35}{690}, \quad \frac{35}{46} : 34 = \frac{35}{1564}$$

$$\frac{21}{39} : 7 = \frac{21}{273}, \quad \frac{21}{39} : 10 = \frac{21}{390}, \quad \frac{21}{39} : 15 = \frac{21}{585}, \quad \frac{21}{39} : 34 = \frac{21}{1326}$$

(Page 94 de l'Élève.)

CHAPITRE XXI

PROBLÈMES SUR LA RÈGLE DE TROIS

(*Première année d'Arithmétique*, page 134.)

966. — On a employé 25 mètres d'étoffe pour confectionner 5 robes. Combien aurait-on pu confectionner de robes avec 45 mètres ? — **R.** 9 robes.

SOLUTION RAISONNÉE. — Puisque 5 robes ont demandé 25 mètres d'étoffe, 1 robe en demandera 5 fois moins, ou 5 mètres ; et comme on a 45 mètres d'étoffe, on pourra faire autant de robes que 5 mètres est contenu de fois dans 45 mètres, ou $45 : 5 = 9$ robes.

Remarque. — Par la méthode de *réduction à l'unité*, on devrait dire :

Puisque avec 25 mètres d'étoffe on a confectionné 5 robes, avec 1 mètre on en confectionnera 25 fois moins ou $\frac{5}{25}$, et avec 45 mètres on en confectionnera 45 fois plus, ou $\frac{5 \times 45}{25} = \frac{225}{25} = 9$ robes.

Ce procédé est très commode pour l'enfant et pour le maître, mais n'est-il pas purement artificiel pour un certain nombre de problèmes, comme le précédent ? Quand l'enfant dit qu'avec 1 mètre d'étoffe on confectionnera $\frac{5}{25}$ de robe, se rend-il compte de ses paroles ? Ont-elles même un sens bien raisonnable pour qui que ce soit ? Qu'est-ce qu'un vingt-cinquième de robe ? On comprend le vingt-cinquième d'une longueur, d'un volume, d'un poids, même le vingt-cinquième d'un fruit, d'un gâteau, dont toutes les parties sont similaires, ou à peu près ; mais confectionner le vingt-cinquième d'une robe n'a véritablement aucun sens. Nous pensons que, sans se priver des avantages de la *réduction à l'unité*, on doit, dans certains problèmes, en user avec ménagement, surtout lorsqu'il est si facile de résoudre ces problèmes par un autre moyen, même sans faire intervenir la notion de *rapport*.

967. — 725 kilog. d'une certaine marchandise ont coûté 7250 fr. Combien payera-t-on pour 1713^{hg},5 ? — **R.** 1713^{f},50.

SOLUTION RAISONNÉE. — Puisque 725 kilogrammes de marchandise ont coûté 7250 fr., 1 kilogramme coûtera 725 fois moins, ou $7250^{f} : 725 = 10$ fr., et un hectogramme coûtera 1 fr. ; donc 1713^{hg},5 coûteront 1713^{f},50.

968. — Un convoi de chemin de fer parcourt 60 kilomètres par heure ; combien mettra-t-il de temps à parcourir 467 kilom., 24 décamètres ? — R. $7^h\ 47^m\ 14^s$.

Solution raisonnée. — Puisque 60 kilom. sont parcourus en 1 heure ou 60 minutes, 1 kilomètre sera parcouru en 1 minute, et $467^k,24$ seront parcourus en $467^{min},24$. Pour trouver le nombre d'heures, je cherche combien de fois 60 minutes est contenu dans 467 minutes. 467 : 60 = 7 heures avec un reste de 47 minutes. Quant aux 0,24 de minute, ce sont 0,24 de 60 secondes, ou $60^s \times 0,24 = 14^s,40$. Donc le convoi mettra $7^h\ 47^m\ 14^s,4$. Mais dans un pareil problème, on peut très bien supprimer les dixièmes de seconde et même les secondes.

969. — 15 ouvriers ont fait en 70 jours un certain ouvrage : combien 35 ouvriers mettront-ils de temps pour faire le même ouvrage ? — R. 30 jours.

Solution raisonnée.

15 ouvriers ont fait un ouvrage en 70 jours,

1 ouvrier le fera en 15 fois plus de temps, ou $70^j \times 15$;

35 ouvriers le feront en 35 fois moins de temps, ou $\frac{70^j \times 15}{35} = \frac{70^j \times 3}{7} = 30$ jours.

970. — 34 hectolitres de blé ont été payés 680 fr. : que devra-t-on payer pour 753 hectolitres ? — R. 15 060 francs.

Solution raisonnée.

34 hectolitres		ont coûté......	680 fr.
1	—	coûtera........	$\frac{680^f}{34} = 20$ fr.
753	—	coûteront......	$20^f \times 753 = 15\,060$ fr.

971. — 12 hectolitres de vin ont coûté $248^f,60$: combien aura-t-on d'hectolitres avec $745^f,80$? — R. 36 hectolitres.

Solution raisonnée.

12 hectolitres de vin		ont coûté.....	$248^f,60$
1	—	coûtera.......	$\frac{248^f,60}{12} = 20^f,716$.

Donc on aura autant d'hectolitres que $20^f,716$ sera contenu de fois dans $745^f,80$, ou 745,80 : 20,716 = 36 hectolitres.

Remarque. — La méthode de *réduction à l'unité* trouverait ici son application très rationnelle. Si $248^f,60$ est le prix de 12 hectolitres, 1 franc sera le prix de $\frac{12^{hl}}{248,60}$ et $745^f,80$ sera le prix de $\frac{12^{hl} \times 745,80}{248,60} = 36$ hectolitres. En effet on comprend très bien que

1 fr. soit le prix de 12^{hl} : 218,60, car le quotient sera une subdivision décimale de l'hectolitre, c'est-à-dire un nombre de litres et de décilitres.

972. — Un cheval consomme 54 kilog. de fourrage en 9 jours : combien consommera-t-il de kilogrammes en 24 jours? — R. 144 kilogrammes.

SOLUTION RAISONNÉE.

En 9 jours......... 54 kilogrammes.

En 1 jour......... $\frac{54^k}{9} = 6$ kilogrammes.

En 24 jours....... $6^k \times 24 = 144$ kilogrammes.

973. — Une source donne 59 litres d'eau en 7 minutes : combien en donnera-t-elle en 56 minutes? — R. 472 litres.

SOLUTION RAISONNÉE.

En 7 minutes...... 59 litres.

En 1 minute....... $\frac{59^l}{7}$.

En 56 minutes..... $\frac{59^l \times 56}{7} = 59 \times 8 = 472$ litres.

974. — Un ouvrier a reçu 27 francs pour 6 journées de travail; combien recevra-t-il en un mois, s'il travaille 25 jours? — R. $112^f,50$.

SOLUTION RAISONNÉE

Pour 6 journées... 27 francs.

Pour 1 journée.... $\frac{27^f}{6}$.

Pour 25 journées... $\frac{27^f \times 25}{6} = \frac{9 \times 25}{2} = \frac{225^f}{2} = 112^f,50$.

975. — Une batterie d'artillerie a tiré 621 coups en 3 heures; combien aurait-elle tiré de coups en 10 heures? R. 2070 coups.

SOLUTION RAISONNÉE.

En 3 heures....... 621 coups.

En 1 heure........ $\frac{621^c}{3} = 207$ coups.

En 10 heures...... $207^c \times 10 = 2070$ coups.

976. — Il faut 6 chevaux pour transporter 8940 kilogrammes; combien en faudra-t-il pour transporter 55130 kilogrammes? — R. 37 chevaux.

SOLUTION RAISONNÉE.

6 chevaux transportent.... 8940 kilogrammes.

1 cheval transportera...... $8940^k : 6 = 1490$ kilogr.

Donc il faudra autant de chevaux que 1490 kilogr. sera contenu de fois dans 55130 kilogr., ou 55130 : 1490 = 37 chevaux.

Remarque. — La méthode rigoureuse de *réduction à l'unité* donnerait le raisonnement suivant :

8940 kilogrammes exigent............ 6 chevaux.

1 kilogr. exigerait 8940 fois moins de chevaux, ou $\frac{6^{ch}}{8940}$.

et 55130 kilogr. en exigeraient 55130 fois plus, ou $\frac{6^{ch} \times 55130}{8940} =$ $\frac{55130}{1490} = 37$ chevaux.

Y a-t-il vraiment, dans une méthode, un avantage quelconque qui puisse compenser l'inconvénient de parler à un enfant d'un 8940ème de cheval ?

977. — Combien coûteront 36 fagots, à 28 francs le cent ? — R. $10^f,08$.

SOLUTION RAISONNÉE.

100 fagots coûtent........ 28 francs.
1 fagot coûtera......... $0^f,28$.
36 fagots coûteront...... $0^f,28 \times 36 = 10^f,08$.

978. — Combien coûteront 75 kilog. de savon, à raison de 130 fr. les 100 kilos ? — R. $97^f,50$.

SOLUTION RAISONNÉE.

100 kilogrammes coûtent...... 130 francs.
1 kilogramme coûtera....... $1^f,30$.
75 kilogrammes coûteront.... $1^f,30 \times 75 = 97^f,50$.

979. — A 7 centimes l'œuf, combien vaut le cent ? — R. 7 fr.

SOLUTION RAISONNÉE. — 100 œufs valent $0^f,07 \times 100 = 7$ fr.

980. — Combien valent 2500 aiguilles à $13^f,60$ le mille ? — R. 34 francs.

SOLUTION RAISONNÉE. — 1000 aiguilles valent $13^f,60$; donc 2500 aiguilles vaudront autant de fois $13^f,60$ que 1000 est contenu de fois dans 2500 ; or $\frac{2500}{1000} = 2,5$ (deux fois et demie) ; donc 2500 aiguilles vaudront $13^f,60 \times 2,5 = 34$ francs.

Remarque. — Par la *réduction à l'unité* on dirait :

1000 aiguilles ont coûté...... $13^f,60$.
1 aiguille coûtera........ $0^f,0136$.
2500 aiguilles coûteront..... $0^f,0136 \times 2500 = 34$ fr.

Mais vend-on réellement une aiguille, et pourrait-on la payer $0^f,0136$?

981. — Quel est le prix de 2830 kilogrammes de foin à $7^f,50$ le quintal ? — R. $212^f,25$.

SOLUTION RAISONNÉE. — Un quintal de foin coûte $7^f,50$; donc

2830 kilogr. coûteront autant de fois 7f,50 qu'il y a de fois un quintal ou 100 kilogr. dans 2830 kilogr.; or 2830 : 100 = 28,30; donc 2830 kilogr. coûteront 7f,50 × 28,30 = 212f,25.

Remarque. — Par la *réduction à l'unité*, il faudrait passer par le prix d'un kilogr. de foin qui serait de 0f,075. Or on n'achète pas un kilogr. de foin et on ne pourrait le payer 7 centimes et demi.

982. — 15 ouvriers ont fait un certain ouvrage en 8 jours : combien aurait-il fallu d'ouvriers pour faire le même ouvrage en 3 jours? — **R.** 40 ouvriers.

SOLUTION RAISONNÉE.

En 8 jours............. 15 ouvriers.
En 1 jour............... 15ouv × 8 = 120 ouvriers.
En 3 jours............. 120ouv : 3 = 40 ouvriers.

(Page 95 de l'Élève.)

983. — Un laboureur a reçu 37f,50 pour 15 journées de travail : combien aurait-il dû travailler de jours pour recevoir 107f,50? — **R.** 43 jours.

SOLUTION RAISONNÉE.

Pour 15 jours de travail.......... 37f,50.
Pour 1 jour...................... 37f,50 : 15 = 2f,50.

Donc le laboureur aurait dû travailler autant de jours que 2f,50 est contenu de fois dans 107f,50 ou 107,50 : 2,50 = 43 jours.

Remarque. — Par la *réduction à l'unité* on devrait dire :

37f,50 est le prix de..... 15 journées.

1 fr. sera le prix de.... $\frac{15 \text{ journées}}{37,50}$.

107f,50 sera le prix de.... $\frac{15 \text{ journ.} \times 107,50}{37,50}$.

L'enfant comprendra-t-il bien ce que signifie $\frac{15 \text{ journées}}{37,50}$?

984. — Le transport de 150 kilog. d'une marchandise a coûté 3f,45 : combien aurait-on payé, si on avait eu à transporter 290 kilogrammes? — **R.** 6f,67.

SOLUTION RAISONNÉE.

Pour 150 kilogrammes....... 3f,45.

Pour 1 kilogramme........ $\frac{3^f,45}{150}$.

Pour 290 kilogrammes ...... $\frac{3^f,45 \times 290}{150} = 6^f,67$.

985. — On a payé 20f,50 pour 100 kilogrammes d'une marchandise : que paierait-on pour 7850 kilogrammes? — **R.** 1609f,25.

SOLUTION RAISONNÉE.

100 kilogrammes coûtent...... 20f,50.

1 kilogramme coûtera....... $\frac{20^f,50}{100} = 0^f,205$.

7850 kilogrammes coûteront... $0^f,205 \times 7850 = 1609^f,25$.

986. — Pour doubler un costume il a fallu 10 mètres d'une étoffe ayant 0m,40 de largeur : combien aurait-il fallu de mètres, si l'étoffe avait eu 0m,5 de largeur? — **R.** 8 mètres.

SOLUTION RAISONNÉE.

Avec 40 centim. de largeur il a fallu......... 10 mèt.
Avec 1 — il en faudrait 40 fois plus, ou $10^m \times 40$.
Avec 50 — il en faudra 50 fois moins, ou $\frac{10^m \times 40}{50} = 8$ mèt.

987. — On a payé 240 fr. pour creuser un fossé de 84 mètres de longueur : que paierait-on pour un fossé de 175 mètres? — **R.** 500 fr.

SOLUTION RAISONNÉE.

Pour 84 mètres on a payé...... 240 fr.

Pour 1 mètre on paierait...... $\frac{240^f}{84}$.

Pour 175 mètres on paiera....... $\frac{240^f \times 175}{84} = 500$ fr.

988. — Pour tapisser un salon, on a employé 15 rouleaux de tapisserie qui n'ont que 0m,30 de largeur : combien aurait-on employé de rouleaux, si la tapisserie avait eu 0m,15 de plus de largeur? — **R.** 10 rouleaux.

SOLUTION RAISONNÉE.

Avec 30 centim. de large il a fallu....... 15 rouleaux.
Avec 1 — il en faudrait.. 15×30.
Avec 45 — il en faudra.... $\frac{15 \times 30}{45} = 10$.

989. — 3 décalitres de vin ont coûté 7f,50 : combien coûteraient 75 hectolitres? — **R.** 1875 fr.

SOLUTION RAISONNÉE.

3 décalit. ont coûté........... 7f,50.

1 décalit. coûtera............ $\frac{7^f,50}{3}$.

750 décalit. coûteront........... $\frac{7^f,50 \times 750}{3} = 1875$ fr.

990. — On a obtenu $4^k,500$ de beurre avec 60 litres de lait : combien aurait-on de beurre avec 85 litres de lait ? — **R.** $6^k,375$.

SOLUTION RAISONNÉE.

Avec 60 litres de lait on a fait..... $4^k,500$ de beurre.

Avec 1 — on en ferait.. $\frac{4^k,500}{60}$.

Avec 85 — on en fera... $\frac{4^k,500 \times 85}{60} = 6^k,375$.

991. — Pour labourer un champ de 15 ares, un ouvrier a demandé 75 fr. : que devrait-on payer, d'après cela, pour un champ de 1 hectare 25 ares ? — **R.** 625 francs.

SOLUTION RAISONNÉE.

Pour 15 ares................ 75 francs.

Pour 1 are................. $\frac{75^f}{15} = 5$ francs.

Pour 125 ares................ $5^f \times 125 = 625$ fr.

992. — Un tailleur a fait 7 pantalons avec $15^m,40$ de drap : combien aurait-il pu faire de pantalons avec une pièce de drap de 44 mètres ? — **R.** 20 pantalons.

SOLUTION RAISONNÉE. — Puisque 7 pantalons ont été faits avec $15^m,40$, pour faire un pantalon, il faudra 7 fois moins de mètres, ou $15^m,40 : 7 = 2^m,20$. Donc, avec 44 mètres, on pourra faire autant de pantalons que $2^m,20$ est contenu de fois dans 44 mètres, ou $44 : 2,20 = 20$ pantalons.

Remarque. — Par la méthode de *réduction à l'unité*, il faudrait dire :

Avec $15^m,40$ on a fait......... 7 pantalons.

Avec 1 mètre on en ferait.... $\frac{7}{15,40}$.

Avec 44 mètres on en ferait... $\frac{7 \times 44}{15,10} = 20$.

Mais qu'est-ce qu'un nombre de pantalons égal à $\frac{7}{15,40}$?

993. — On a acheté 15 kilog. de pommes de terre pour $1^f,50$: que paiera-t-on pour 1 quintal ? — **R.** 10 fr.

SOLUTION RAISONNÉE.

15 kilogrammes ont coûté.............. $1^f,50$.

1 kilog. coûtera 15 fois moins, ou...... $\frac{1^f,50}{15} = 0^f,10$.

100 kilog. coûteront 100 fois plus, ou..... 10 francs.

994. — Avec 117 fr. on a eu 9 stères de bois ; combien, avec

349f,70, aurait-on pu avoir de décastères de ce même bois? — **R.** 2 décastères, 69.

SOLUTION RAISONNÉE. — Puisque 9 stères ont coûté 117 francs, 1 stère coûtera 9 fois moins ou 117f : 9 = 13 francs, et 1 décastère 130 francs. Donc avec 349f,70 on aura autant de décastères que 130 francs est contenu de fois dans 349f,70, ou 349,70 : 130 = 2 décast. 69.

Remarque. — Par la méthode de *réduction à l'unité*, on dirait :

Pour 117 fr. on a eu.... 9 stères de bois.

Pour 1 fr. on aurait.. $\frac{9 \text{ stères}}{117}$.

Pour 349f,70 on aurait $\frac{9^{st} \times 349,70}{117} = 26^{st},9$, ou $2^{décast},69$.

995. — 18 mètres de drap ont coûté 189 fr. : combien aurait-on pu avoir de mètres avec 367 fr.? — **R.** 31m,95.

SOLUTION RAISONNÉE. — Puisque 18 mètres ont coûté 189 francs, 1 mètre coûte 18 fois moins, ou 189f : 18 = 10f,50. Donc avec 367 francs on aura autant de mètres que 10f,50 est contenu de fois dans 367 fr., ou 367 : 10,5 = 34m,95.

Remarque. — Par la méthode de *réduction à l'unité*, on dirait :

Pour 189 francs on a eu............... 18 mètres.

Pour 1 fr. on en aura 189 fois moins, ou $\frac{18^m}{189}$.

Pour 367 fr. on en aura 367 fois plus, ou $\frac{18^m \times 367}{189} = 34^m,95$.

996. — Une caisse, contenant 10 douzaines d'oranges, a été vendue 5 fr. : combien paierait-on pour 15 caisses contenant chacune 180 oranges? — **R.** 112f,50.

SOLUTION RAISONNÉE. — Chaque caisse contenant 180 oranges, 15 caisses contiendront 180 × 15 = 2700 oranges, ou, en divisant par 12, $\frac{2700}{12} = 225$ douzaines.

Puisque 10 douzaines coûtent 5 francs,
1 douzaine coûtera 5f : 10 = 0f,50,
225 douzaines coûteront 0f,50 × 225 = 112f,50.

Ou bien :

120 oranges ont coûté............... 5 fr.

1 orange vaut.................... $\frac{5^f}{120}$.

Une caisse de 180 oranges vaudra.... $\frac{5^f \times 180}{120}$.

15 caisses vaudront................ $\frac{5^f \times 180 \times 15}{120} = 112^f,50$.

997. — On a payé 2100 fr. une vigne contenant 3500 pieds : combien devrait-on payer pour une vigne située dans la même condition, mais contenant 10 000 pieds? — **R.** 6000 fr.

SOLUTION RAISONNÉE.

Une vigne de 3500 pieds a coûté...	2100 fr.
1 pied de vigne revient à.........	$\frac{2100^f}{3500} = \frac{3^f}{5} = 0^f,60.$
Une vigne de 10000 pieds reviendra à	$0^f,60 \times 10000 = 6000$ fr.

998. — Pour faire une douzaine de chemises, une ménagère a employé 36 mètres de toile : combien aurait-elle pu faire de douzaines de chemises avec 108 mètres? — **R.** 3 douzaines.

SOLUTION RAISONNÉE. — Cette ménagère fera autant de douzaines de chemises que 36 est contenu de fois dans 108, ou 108 : 36 = 3 douzaines.

(**Page 96** de l'Élève.)

999. — On a payé 40 fr. pour 300 kilogrammes de charbon de bois : combien pourrait-on avoir de kilogrammes avec 175 fr.? — **R.** $1312^k,50$.

SOLUTION RAISONNÉE.

Pour 40 francs.....	300 kilog. de charbon.
Pour 1 franc......	$\frac{300^k}{40} = 7^k,5.$
Pour 175 francs.....	$7^k,5 \times 175 = 1312^k,50.$

1000. — Lorsque la douzaine d'œufs coûte $0^f,80$, combien a dû recevoir une marchande qui a vendu 450 œufs? — **R.** 30 francs.

SOLUTION RAISONNÉE. — La marchande a dû recevoir autant de fois $0^f,80$ que 12 est contenu de fois dans 450. Or 450 : 12 = 37,5. Donc la marchande a reçu $0^f,80 \times 37,5 = 30$ fr.

Ou bien :

12 œufs coûtent......	$0^f,80.$
1 œuf coûtera......	$\frac{0^f,80}{12}.$
450 œufs coûteront...	$\frac{0^f,80 \times 450}{12} = 30$ fr.

1001. — On perd $0^f,25$ sur une marchandise qui vous coûte $1^f,75$: quelle perte fera-t-on sur 350 fr. de cette marchandise? — **R.** 50 francs.

SOLUTION RAISONNÉE. — On perdra autant de fois $0^f,25$ que $1^f,75$ sera contenu de fois dans 350 fr.; or 350 : 1,75 = 200. Donc on perdra $0^f,25 \times 200 = 50$ fr.

Remarque. — Par la méthode de *réduction à l'unité*, on dirait :

Sur $1^f,75$ on perd......... $0^f,25$.

Sur 1 fr. on perdra........ $\frac{0^f,25}{1,75}$.

Sur 350 fr. on perdra..... $\frac{0^f,25 \times 350}{1,75} = 50$ fr.

1002. — Pour $39^f,75$ on a eu $19^m,6$ d'une étoffe; combien coûteront 20 mètres ? — **R.** $40^f,56$.

SOLUTION RAISONNÉE.

$19^m,6$ d'une étoffe ont coûté.. $39^f,75$.

1 mètre — coûtera... $\frac{39^f,75}{19,6}$.

20 mètres — coûteront.. $\frac{39^f,75 \times 20}{19,6} = 40^f,56$.

1003. — Un kilogramme d'une marchandise coûte $2^f,40$; que coûtent 7 décagrammes et 5 grammes ? — **R.** $0^f,18$.

SOLUTION RAISONNÉE. — 7 décagrammes et 5 grammes valent 75 grammes ou $0^k,075$. Si 1 kilogr. coûte $2^f,40$, les 75 millièmes d'un kilogr. coûteront les 75 millièmes de $2^f,40$, ou $2^f,40 \times 0,075 = 0^f,18$.

Ou bien. — Si 1 kilogr. coûte $2^f,40$, 2, 3, 4 kilogr. coûteraient 2, 3, 4 fois plus, et il faudrait multiplier $2^f,40$ par 2, 3, 4. Donc pour $0^k,075$ il faudra multiplier $2^f,40$ par 0,075, soit $2^f,40 \times 0,075 = 0^f,18$.

Remarque. — Par la méthode de *réduction à l'unité*, on dirait :

1000 gr. de marchandise coûtent... $2^f,40$

1 gr. — coûtera... $\frac{2^f,40}{1000} = 0^f,0024$.

75 gr. — coûteront.. $0^f,0024 \times 75 = 0^f,18$.

1004. — Pour faire une robe, il faut 5 mètres d'étoffe à $0^m,90$ de large ; combien faudrait-il de mètres d'étoffe à $0^m,60$ de large ? — **R.** $7^m,50$.

SOLUTION RAISONNÉE. — La surface de l'étoffe nécessaire à une robe est de $5^m \times 0^m,90 = 4^{mq},50$. Cette surface ne changeant pas, si la largeur devient $0^m,60$, la longueur devra être $\frac{4^{mq},50}{0^m,60} = \frac{450^{mq}}{60} = 7^m,50$.

Remarque. — Par la méthode de *réduction à l'unité*, on dirait :

A 90 centim. de large, il faut une longueur de 5 mètres.

A 1 — il faudrait — de $5^m \times 90 = 450^m$.

A 60 — il faudra — de $450^m : 60 = 7^m,50$.

Mais a-t-on jamais fait une robe avec 450 mètres d'une étoffe ayant 1 centimètre de largeur ?

1005. — Si 3 hectogrammes d'une marchandise coûtent $1^f,35$, que coûte 1 kilogramme? — **R.** $4^f,50$.

SOLUTION RAISONNÉE.

3 hectogrammes ont coûté............ $1^f,35$.
1 hectogramme coûtera.............. $1^f,35 : 3 = 0^f,45$.
1 kilogr. ou 10 hectogr. coûteront...... $4^f,50$.

1006. — 1 kilogramme de viande coûtant $3^f,10$, que coûtent 3 hectogrammes? **R.** $0^f,93$.

SOLUTION RAISONNÉE.

10 hectogrammes coûtent.............. $3^f,10$.
1 hectogramme coûtera.............. $0^f,31$.
3 hectogrammes coûteront............ $0^f,31 \times 3 = 0^f,93$.

1007. — Il faut $46^m,35$ de toile pour faire 3 douzaines de serviettes et $15^m,08$ pour faire 4 nappes; combien faudrait-il de toile pour faire 56 serviettes et 11 nappes? — **R.** $113^m,57$.

SOLUTION RAISONNÉE.

1° 36 serviettes exigent... $46^m,35$ de toile.
1 serviette.......... $\frac{46^m,35}{36}$.
56 serviettes......... $\frac{46^m,35 \times 36}{36} = 72^m,10$.
2° 4 nappes exigent .... $15^m,08$ de toile.
1 nappe............ $\frac{15^m,08}{4}$.
11 nappes............ $\frac{15^m,08 \times 11}{4} = 41^m,47$.

Total.................. $113^m,57$.

1008. — $135^m,45$ d'étoffe ont été vendus 242 francs; quel sera le prix de 43 mètres de la même étoffe? — **R.** $76^f,82$.

SOLUTION RAISONNÉE.

$135^m,45$ d'étoffe coûtent...... 242 fr.
1 mèt. — coûtera..... $\frac{242^f}{135,45}$.
43 mèt. — coûteront.... $\frac{242^f \times 43}{135,45} = 76^f,82$.

1009. — On a payé $29^f,45$ pour 8 kilogrammes 32 grammes de café moka; combien de café aura-t-on pour $18^f,80$? — **R.** $5^k,127$.

SOLUTION RAISONNÉE.

$29^f,45$ est le prix de.... $8^k,032$.

1 fr. — de.... $\frac{8^k,032}{29,45}$.

$18^f,80$ — de.... $\frac{8^k,032 \times 18,80}{29,45} = 5^k,127$.

1010. — On a employé pour un plancher 117 planches de $0^m,23$ de largeur; combien en aurait-il fallu de $0^m,15$ de largeur? — **R.** 180 planches.

SOLUTION RAISONNÉE.

Pour 23 centim. de largeur il faut....... 117 planches.
Pour 1 — il en faudrait 117×23.
Pour 15 — il en faudrait $\frac{117 \times 23}{15} = 179,3$,

ou mieux 180 planches.

1011. — 6 hectares de terre produisent 42 sacs de blé; combien 15 hectares en produiront-ils? — **R.** 105 sacs.

SOLUTION RAISONNÉE.

6 hectares produisent....... 42 sacs.
1 — en produit....... $42 : 6 = 7$ sacs.
15 — en produiront.... $7 \times 15 = 105$ sacs.

1012. — Pour habiller 95 soldats il a fallu 190 mètres de drap; combien faudra-t-il de mètres pour habiller 100 soldats? — **R.** 200 mètres.

SOLUTION RAISONNÉE.

Pour 95 soldats il a fallu 190 mètres de drap.

Pour 1 soldat, il en faudra $\frac{190^m}{95} = 2$ mètres.

Pour 100 soldats, il en faudra $2^m \times 100 = 200$ mètres.

1013. — Une annonce de 45 lignes dans un journal a coûté $13^f,50$; combien coûtera une annonce de 68 lignes? — **R.** $20^f,40$.

SOLUTION RAISONNÉE.

45 lignes ont coûté.......... $13^f,50$.

1 ligne coûtera............ $\frac{13^f,50}{45} = 0^f,30$.

68 lignes coûteront.......... $0^f,30 \times 68 = 20^f,40$.

1014. — La douzaine d'œufs a coûté $0^f,90$; combien coûteront 50 œufs? — **R.** $3^f,75$.

SOLUTION RAISONNÉE.

12 œufs ont coûté............. $0^f,90$.

1 œuf coûtera................ $\frac{0^f,90}{12} = 0^f,075$.

50 œufs coûteront............ $0^f,075 \times 50 = 3^f,75$.

1015. — Quel est le prix de 137 couteaux à $8^f,40$ la douzaine? — **R.** $95^f,90$.

SOLUTION RAISONNÉE.

12 couteaux ont coûté....... $8^f,40$.

1 couteau coûtera.......... $\frac{8^f,40}{12} = 0^f,70$.

137 couteaux coûteront....... $0^f,70 \times 137 = 95^f,90$.

1016. — 25 crayons ont coûté $2^f,25$; combien coûterait une douzaine, et combien coûterait une grosse qui contient 12 douzaines? — **R.** 1° $1^f,08$; — 2° $12^f,96$.

SOLUTION RAISONNÉE.

25 crayons ont coûté............. $2^f,25$.

1 crayon coûtera............... $\frac{2^f,25}{25} = 0^f,09$.

12 crayons coûteront............. $0^f,09 \times 12 = 1^f,08$.

12 douzaines de crayons coûteront $1^f,08 \times 12 = 12^f,96$.

1017. — Une famille de 5 personnes a dépensé en 15 jours 175 francs; combien dépensera-t-elle en un mois, et en 365 jours ou un an? — **R.** 350 fr.; — 2° $4258^f,33$.

SOLUTION RAISONNÉE.

En 15 jours la dépense a été de.......... 175 fr

En 1 mois, qui est le double de 15 jours, elle sera de.................. $175 \times 2 = 350$ fr

En 1 jour, la dépense sera de........ $\frac{175^f}{15}$.

En 365 jours, elle sera de.............. $\frac{175^f \times 365}{15} = 4258^f,33$.

(Page 97 de l'Élève.)

1018. — 10 paires de pigeons ont été payées 46 fr.; combien aurait-on eu de paires pour 115 francs? — **R** 25 paires.

SOLUTION RAISONNÉE. — Puisque 10 paires de pigeons ont coûté 46 fr., 1 paire revient à $46^f : 10 = 4^f,60$. Donc, avec 115 francs, on aura autant de paires de pigeons que $4^f,60$ sera contenu de fois dans 115 fr., ou $115 : 4,60 = 25$ paires.

Remarque. — Par la méthode de *réduction à l'unité*, on dirait:

Pour 46 francs on a eu................ 10 paires de pigeons.

Pour 1 fr. on en aura 46 fois moins, ou $\frac{10 \text{ paires}}{46}$.

Pour 115 fr. on en aura 115 fois plus, ou $\frac{10 \times 115}{46} = 25$ paires.

Mais qu'est-ce que $\frac{10}{46}$ d'une paire de pigeons?

1019. — Un ouvrier devait recevoir 45 fr. pour 18 journées de travail, mais il n'a travaillé que 15 journées ; combien lui doit-on ? — **R.** $37^f,50$.

SOLUTION RAISONNÉE.

Pour 18 journées l'ouvrier reçoit... 45 francs.

Pour 1 journée — ... $\frac{45^f}{18} = 2^f,50$.

Pour 15 journées — ... $2^f,50 \times 15 = 37^f,50$.

1020. — 34 ouvriers ont fait un ouvrage en 84 jours ; pour faire le même ouvrage en 96 jours, combien faudrait-il d'ouvriers ? — **R.** 30 ouvriers.

SOLUTION RAISONNÉE.

Avec 84 jours il a fallu 34 ouvriers.
Avec 1 jour, il en aurait fallu 84 fois plus, ou $34^{ouv} \times 84$.
Avec 96 jours, il en faudra 96 fois moins, ou $\frac{34^{ouv} \times 84}{96} = 29^{ouv},75$, c'est-à-dire 30 ouvriers.

1021. — 4 ouvriers ont fait un ouvrage en 20 jours ; combien faudra-t-il de jours à 9 ouvriers ? — **R.** 9 jours.

SOLUTION RAISONNÉE.

4 ouvriers ont mis...... 20 jours.
1 ouvrier mettrait...... $20^j \times 4 = 80$ jours.
9 ouvriers en mettraient $\frac{80}{9} = 8^j,88 = 9$ jours.

1022. — 1 kilogramme de sucre coûte $1^f,90$; combien aura-t-on de grammes pour 1 franc ? — **R.** 526 grammes.

SOLUTION RAISONNÉE.

Pour $1^f,90$ on a............ 1000 gr. de sucre.

Pour 1 fr. on en aura....... $\frac{1000}{1,90} = 526^{gr},315$.

Il est inutile de tenir compte des fractions de gramme.

1023. — 15 hommes travaillant 12 heures par jour ont fait un certain ouvrage; combien en faudrait-il, s'ils travaillaient 9 heures? — **R.** 20 hommes.

SOLUTION RAISONNÉE.

Avec 12 heures de travail par jour il a fallu 15 hommes.

Avec 1 heure de travail par jour il en faudrait 12 fois plus, ou $15 \times 12 = 180$ hommes.

Avec 9 heures de travail par jour il en faudrait 9 fois moins, ou $\frac{180}{9} = 20$ hommes.

1024. — Combien faut-il d'ouvriers pour faire un ouvrage en 36 jours, sachant que 40 ouvriers l'ont fait en 25 jours; les premiers travaillent 10 heures et les seconds 12 heures? — **R.** 34 ouvriers.

SOLUTION RAISONNÉE.

Les 40 ouvriers ont travaillé chacun.. $12^h \times 25 = 300$ heures.

Les autres travailleront chacun...... $10^h \times 36 = 360$ heures.

Avec 300 heures de travail de chaque ouvrier, il a fallu 40 ouvriers.

Avec 1 heure de travail, il faudrait 300 fois plus d'ouvriers, ou $40 \times 300 = 12000$ ouvriers.

Avec 360 heures de travail il faudra 360 fois moins d'ouvriers, ou $12000^{ouv} : 360 = 33$ ouv. 33, ou mieux 34 ouvriers.

1025. — Une pelote, du poids de 11 grammes, contient 150 mètres de fil et coûte $0^f,15$. On demande quelle serait la longueur du même fil qu'on pourrait acquérir pour une somme de $2^f,35$ et quel serait le poids de ce fil. — **R.** 1° 2350 mètres; — 2° $172^{gr},33$.

SOLUTION RAISONNÉE.

1° Pour 15 centimes, on a........... 150 mètres de fil.

Pour 1 centime, on aura......... $150^m : 15 = 10$ mèt.

Pour $2^f,35$, ou 235 centimes, on aura $10^m \times 235 = 2350^m$.

2° 150 mètres de fil pèsent........... 11 gr.

1 mètre — pèse............ $\frac{11 \text{ gr.}}{150}$.

2350 mètres — pèsent.......... $\frac{11^{gr} \times 2350}{150} = 172^{gr},33$.

1026. — Une personne laisse en mourant 5000 fr. pour payer 12000 fr. de dettes. Combien recevra un créancier à qui il est dû 835 fr.? — **R.** $317^f,91$.

SOLUTION RAISONNÉE.

12000 fr. doivent être acquittés par 5000 fr.

1 fr. sera acquitté par........ $\frac{5000^f}{12000}$.

835 fr. seront acquittés par..... $\frac{5000^f \times 835}{12000} = 347^f,91$.

Problèmes sur les remises.

(*Première année d'Arithmétique*, p. 135.)

1027. — Un marchand fait une remise de 2 fr. pour 100 fr. On fait chez lui une facture de 250f,60 : combien devra-t-on payer ? — **R.** 245f,60.

SOLUTION RAISONNÉE.

Pour 100 fr. la remise est de 2 francs.

Pour 1 fr. la remise sera de.. $\frac{2^f}{100}$.

Pour 250f,60 la remise sera de $\frac{2^f \times 250,60}{100} = \frac{501^f,20}{100} = 5^f,012$,

ou mieux 5 francs.

Donc on devra payer 250f,60 — 5f = 245f,60.

Remarque. — On voit que pour trouver la remise totale, il faut multiplier le montant de la facture (250f,60) par le taux de la remise (2 fr.) et diviser le produit par 100.

Dans la pratique, on divise ordinairement par 100 le montant de la facture, ou la dette en général, puis on multiplie le résultat par le taux de la remise. Ainsi on dirait : 250f,60 : 100 = 2f,506, et 2f,506 × 2 = 5f,012.

On peut prouver que le résultat doit être le même, et qu'en général pour diviser un produit de deux facteurs, on peut diviser l'un de ces facteurs et multiplier ensuite le quotient par l'autre facteur; mais on peut aussi justifier ce second procédé, dans le cas actuel, de la manière suivante :

Si la remise était de 1 fr. pour 100 fr., elle serait égale à $\frac{1}{100}$ de la dette, ou $\frac{250^f,60}{100} = 2^f,506$; comme la remise est de 2 fr. pour 100 fr., c'est-à-dire le double, elle sera deux fois plus grande, ou 2f,506 × 2 = 5f,012.

Il est bon, croyons-nous, d'habituer les enfants à comprendre que faire une remise de 2, 3, 4 pour 100, c'est faire une remise des $\frac{2}{100}$, $\frac{3}{100}$, $\frac{4}{100}$ de la dette; alors il suffira de multiplier le montant de la dette par $\frac{2}{100}$, $\frac{3}{100}$, $\frac{4}{100}$, ou 0,02 — 0,03 — 0,04, c'est-à-dire de diviser ce nombre par 100 et de multiplier ensuite le quotient par 2, 3, 4.

1028. — On achète $15^m,25$ de drap à $8^f,75$ le mètre, et on a une remise de 3 % : que doit-on ? — **R.** $129^f,45$.

SOLUTION RAISONNÉE. — $15^m,25$ de drap à $8^f,75$ le mètre reviennent à $8^f,75 \times 15,25 = 133^f,45$.

Si pour 100 fr. la remise est de.... 3 francs,

Pour 1 fr. la remise sera de....... $\frac{3^f}{100}$.

Pour $133^f,45$ la remise sera de.... $\frac{3^f \times 133,45}{100} = 4$ fr.

Donc on devra payer $133^f,45 - 4^f = 129^f,45$.

Remarque. — On peut dire aussi :

Si la remise était de 1 fr. pour 100 fr., elle serait égale à $\frac{133^f,45}{100} = 1^f,3345$; comme elle est de 3 fr. pour 100 fr., elle sera trois fois plus grande, ou $1^f,3345 \times 3 = 4$ fr.

1029. — Un capitaine de navire a une remise de $3^f,50$ % sur le fret* de son navire. Il a fait dans son voyage 45 200 fr. de fret : quelle est sa remise ? — **R.** 1582 fr.

SOLUTION RAISONNÉE.

Pour 100 fr. la remise est de....... $3^f,50$.

Pour 1 fr. la remise sera de........ $\frac{3^f,50}{100}$.

Pour 45 200 fr. la remise sera de.... $\frac{3^f,50 \times 45200}{100} = 1582$ fr.

Remarque. — On peut dire aussi :

Si la remise était de 1 fr. pour 100 fr., elle serait égale à $\frac{45200^f}{100} = 452$ fr. ; comme elle est de $3^f,50$ pour 100 fr., elle sera de $452^f \times 3,50 = 1582$ fr.

1030. — Quelle remise fera-t-on sur 5875 fr. de marchandise au taux de $8^f,25$ % ? — **R.** $484^f,70$.

SOLUTION RAISONNÉE.

Pour 100 fr. la remise est de.... $8^f,25$.

Pour 1 fr. — sera de... $\frac{8^f,25}{100}$.

Pour 5875 fr. — sera de... $\frac{8^f,25 \times 5875}{100} = 484^f,70$.

Ou bien :

La remise de 1 pour 100 serait de $5875^f : 100 = 58^f,75$.

La remise de 8,25 pour 100 sera de $58^f,75 \times 8,25 = 484^f,70$.

1031. — Une marchandise coûte 450 fr. On veut faire, en la revendant, un bénéfice de 12 %: combien devra-t-on la vendre? — R. 504 fr.

SOLUTION RAISONNÉE.

Sur 100 fr. on veut faire un bénéfice de 12 fr.

Sur 1 fr. le bénéfice sera de......... $\frac{12^f}{100}$.

Sur 450 fr. le bénéfice sera de......... $\frac{12^f \times 450}{100} = 54$ fr.

Donc il faudra vendre cette marchandise $450^f + 54^f = 504$ fr.

Ou bien :

Un bénéfice de 1 pour 100 serait de $450^f : 100 = 4^f,50$.

Un bénéfice de 12 pour 100 sera de $4^f,50 \times 12 = 54$ fr.

1032. — Quel serait le prix de $34^m,50$ d'étoffe à $0^f,95$ le mètre, avec une remise de 2 %? — R. $32^f,12$.

SOLUTION RAISONNÉE. — $34^m,50$ d'étoffe à $0^f,95$ reviennent à $0^f,95 \times 34,50 = 32^f,775$.

Pour 100 fr. la remise est de....... 2 fr.

Pour 1 fr. la remise sera de.•...... $\frac{2^f}{100}$.

Pour $32^f,775$ la remise sera de..... $\frac{2^f \times 32,775}{100} = 0^f,65$

Donc on devra payer $32^f,775 - 0^f,65 = 32^f,12$.

Ou bien :

La remise de 1 pour 100 serait de $32^f,775 : 100 = 0^f,327$.

La remise de 2 pour 100 sera de $0^f,327 \times 2 = 0^f,65$.

1033. — On achète 18 kilogrammes d'une marchandise pour 81 fr. On veut, en la revendant, faire un bénéfice de $6^f,50$ %. Combien devra-t-on revendre le kilogramme de cette marchandise? — R. $4^f,80$.

SOLUTION RAISONNÉE.

Sur 100 fr. le bénéfice doit être de. $6^f,50$.

Sur 1 fr. — sera de..... $\frac{6^f,50}{100}$.

Sur 81 fr. — sera de..... $\frac{6^f,50 \times 81}{100} = 5^f,265$.

Il faudra donc vendre les 18 kilog. de marchandise $81^f + 5^f,265 = 86^f,265$, et un kilog. $86^f,265 : 18 = 4^f,788$, ou $4^f,80$

Ou bien :

Un bénéfice de 1 pour 100 serait de $81^f : 100 = 0^f,81$.

Un bénéfice de 6,50 p. 100 sera de $0^f,81 \times 6,50 = 5^f,265$.

(Page 98 de l'Élève.)

1034. — Quelle est la remise que reçoit un courtier* en marchandises sur une vente de 10 525 fr., s'il a $0^f,50$ %? — R. $52^f,62$.

SOLUTION RAISONNÉE. — Une remise de 1 °/₀ serait de 10525f : 100 = 105f,25. Une remise de 0f,50 °/₀ sera la moitié, ou 105f,25 : 2 = 52f,625.

1035. — Un marchand vend des grains pour la somme de 2175 francs. Combien lui ont-ils coûté, sachant qu'il a gagné 10 p. °/₀ sur le prix de vente? — R. 2227f,50.

SOLUTION RAISONNÉE. — Un gain de 10 °/₀ sur un prix de vente est le dixième de ce prix, ou 2175f : 10 = 217f,50. Donc le marchand avait acheté ses grains 2175f — 217,50 = 2227f,50.

1036. — Dans une faillite*, on fait une offre de 25 °/₀ : que recevra un créancier* à qui on doit 7850 fr., et quelle sera sa perte? — R. Le créancier recevra 1962f,50; il perdra 5887f,50.

SOLUTION RAISONNÉE. — 25 °/₀ sur une somme, c'est le quart de cette somme; donc le créancier recevra 7850f : 4 = 1962f,50; par conséquent il perdra 7850f — 1962f,50 = 5887f,50.

1037. — Une marchandise qui coûtait 125 fr., a été vendue 112f,50. Quelle perte a-t-on faite p. 100? — R. 10 °/₀.

SOLUTION RAISONNÉE. — On a perdu sur la vente de cette marchandise 125f — 112f,50 = 12f,50.

Sur 125 fr. la perte est donc de 12f,50.

Sur 1 fr. elle est de........... $\frac{12^f,50}{125}$.

Sur 100 fr. elle est de......... $\frac{12^f,50 \times 100}{125} = \frac{1250^f}{125} = 10^f$.

Ou bien :

12f,50 étant le dixième de 125 fr., la perte sur la vente est de $\frac{1}{10}$, ou 10 °/₀.

1038. — On a vendu 4f,50 le kilogramme une marchandise qui ne coûtait que 4 fr. : quel bénéfice a-t-on fait p. 100? — R. 12f,50 °/₀.

SOLUTION RAISONNÉE.

Sur 4 fr. le gain est de..... 0f,50.

Sur 1 fr. — est de..... $\frac{0^f,50}{4}$.

Sur 100 fr. — est de..... $\frac{0^f,50 \times 100}{4} = \frac{50^f}{4} = 12^f,50$.

Ou bien :

Sur 4 francs le gain étant de 0f,50, sur 100 fr., qui valent 25 fois 4 francs, le gain sera de 25 fois 0f,50, ou 12f,50.

1039. — Une personne achète chez un épicier 15 kilogrammes de sucre à 1f,70 le kilogramme, 3k,5 de savon à 0f,70 le kilogramme et 12 kilogrammes de haricots à 0f,45 le kilogramme : dire ce qu'elle doit, si on lui fait une remise de 1f,50 %. — R. 32f,85.

SOLUTION RAISONNÉE.

Sucre.................	1f,70 × 15 =	25f,50
Savon.................	0f,70 × 3,5 =	2f,45
Haricots..............	0f,45 × 12 =	5f,40
Total..................		33f,35
Remise de 1f,50 %.....	0f,3335 × 1,50 =	0f,50
Somme à payer.........		32f,85

1040. — Pour une construction dont le devis* s'élève à 41525 fr., un architecte perçoit 5 % ; quelle est sa remise ? — R. 2076f,25.

SOLUTION RAISONNÉE.

Sur 100 fr. la remise est de......... 5 fr.

Sur 1 fr. elle serait de............. $\frac{5^f}{100}$.

Sur 41525 fr. elle sera de .... $\frac{5^f \times 41525}{100} = 2076^f,25$.

Ou bien :

Une remise de 5 francs pour 100 fr. est une remise de 1 franc sur 20 fr., c'est-à-dire une remise de $\frac{1}{20}$; il faut donc prendre le vingtième de 41525 francs. Or, pour prendre le vingtième d'un nombre, on prend d'abord le dixième, puis la moitié du quotient. 41525f : 10 = 4152f,50 et 4152f,50 : 2 = 2076f,25.

1041. — Un libraire achète à un éditeur 78 livres marqués 2f,50, avec 15 % de remise et le treizième gratis. Faites le compte de ce qu'il doit. — R. 153 fr.

SOLUTION RAISONNÉE. — Je cherche d'abord combien de fois 13 est contenu dans 78. Or, 78 : 13 = 6. Il y a donc 6 livres sur 78 qui ne doivent pas être comptés. Restent 72 livres à 2f,50, qui valent 2f,50 × 72 = 180 fr. On fera donc le compte de la manière suivante :

78/72 livres à 2f,50.....................		180 fr.
Remise de 15 %.........	1f,80 × 15 =	27 fr.
Somme à payer.........		153 fr.

1042. — Une personne a employé 10 douzaines de pelotes de fil à 1f,56 la douzaine, avec la treizième en plus. Payant comptant, elle a obtenu une remise de 5 %. Combien aurait-elle payé de plus si elle avait acheté son fil en détail à 0f,20 la pelote ? — R. 10f,32.

SOLUTION RAISONNÉE. — Puisqu'on achète la douzaine de pelotes $1^f,56$, avec la treizième gratis, on paie en réalité 13 pelotes $1^f,56$; donc une pelote coûte $1^f,56 : 13 = 0^f,12$. Donc 10 douzaines de pelotes, ou 120 pelotes coûtent $0^f,12 \times 120 = 14^f,40$. Si enfin on a une remise de 5 °/₀, c'est-à-dire d'un vingtième, ou de $14^f,40 : 20 = 0^f,72$, on ne devra payer que $14^f,40 - 0^f,72 = 13^f,68$.

D'un autre côté, 120 pelotes achetées en détail $0^f,20$ la pelote, auraient coûté $0^f,20 \times 120 = 24$ fr. Donc on aurait payé en plus $24^f - 13^f,68 = 10^f,32$.

1043. — Une marchandise a coûté $52^f,30$. Combien faut-il la revendre pour gagner 12 °/₀? — **R.** $58^f,57$.

SOLUTION RAISONNÉE.

Pour 100 fr. la remise est de... 12 fr.

Pour 1 fr. — sera de.. $\frac{12^f}{100}$.

Pour $52^f,30$ — — $\frac{12^f \times 52,30}{100} = 6^f,276$.

Donc il faut revendre la marchandise $52^f,30 + 6^f,27 = 58^f,57$.

Ou bien :

La remise de 1 °/₀ serait de $52^f,30 : 100 = 0^f,523$.

La remise de 12 °/₀ sera de $0^f,523 \times 12 = 6^f,276$.

1044. — Un négociant en faillite* donne 40 °/₀ à ses créanciers. Que recevra un créancier à qui il est dû 2350 fr.? — **R.** 940 fr.

SOLUTION RAISONNÉE.

Pour 100 fr. on paie....... 40 fr.

Pour 1 fr. on payera.... $\frac{40^f}{100}$.

Pour 2350 fr. — .... $\frac{40^f \times 2350}{100} = 940$ fr.

Ou bien :

Si le négociant payait 1 °/₀, il donnerait $23^f,50$.

Puisqu'il paie 40 °/₀, il donnera $23^f,50 \times 40 = 940$ fr.

1045. — On obtient une remise de $3^f,50$ °/₀ sur une facture de $40^f,50$. Quelle somme devra-t-on payer? — **R.** $39^f,10$.

SOLUTION RAISONNÉE.

Pour 100 fr. la remise est de... $3^f,50$.

Pour 1 fr. — sera de.. $\frac{3^f,50}{100}$.

Pour $40^f,50$ — — $\frac{3^f,50 \times 40,50}{100} = 1^f,41$.

Donc on devra payer $40^f,50 - 1^f,41 = 39^f,09$, ou $39^f,10$.

Ou bien :

La remise de 1 °/₀ serait de $0^f,405$.

La remise de 3,50 °/₀ sera de $0^f,405 \times 3,50 = 1^f,41$.

1046. — Un vendeur remet 10 °/₀ du poids de sa marchandise, à cause de l'emballage. Que doit-il rabattre sur un ballot de 85 kilos? — **R.** $8^{kg},500$.

Solution raisonnée. — Remettre 10 °/₀ sur le poids d'une marchandise, c'est faire une remise d'un dixième, soit de $85^k : 10 = 8^k,500$.

1047. — Une personne a gagné 30 °/₀ dans une affaire. Elle avait engagé 45 000 fr. Combien a-t-elle gagné? — **R.** 13 500 fr.

Solution raisonnée.

Sur 100 fr. le bénéfice est de 30 fr.
Sur 1 fr. — sera de $0^f,30$.
Sur 45 000 fr. — — $0^f,30 \times 45\,000 = 13\,500$ fr.

Ou bien :

Un bénéfice de 1 °/₀ s'élèverait à 450 fr.

Un bénéfice de 30 °/₀ s'élèvera à $450^f \times 30 = 13\,500$ fr.

1048. — Sur des marchandises avariées* on fait un rabais de 20 °/₀. De combien diminuera-t-on une facture de $136^f,40$? — **R.** De $27^f,30$.

Solution raisonnée. — Un rabais de 20 °/₀ est un rabais d'un cinquième; donc la facture sera diminuée de $136^f,40 : 5 = 27^f,28$, ou $27^f,30$.

1049. — Une facture s'élève à $847^f,50$ et on accorde 7 °/₀ d'escompte au comptant. A quelle somme se réduit le montant de cette facture? — **R.** A $788^f,17$.

Solution raisonnée.

Pour 100 fr. l'escompte est de.... 7 fr.

Pour 1 fr. — sera de... $\frac{7^f}{100}$.

Pour $847^f,50$ — — $\frac{7^f \times 847,50}{100} = 59^f,325$.

Donc la facture se réduit à $847^f,50 - 59^f,325 = 788^f,17$.

Ou bien :

Un escompte de 1 °/₀ s'élèverait à $8^f,475$.

Un escompte de 7 °/₀ s'élève à $8^f,475 \times 7 = 59^f,325$.

1050. — Un commissionnaire a vendu pour le compte d'une maison de commerce, pour 6500 fr. de marchandises. Combien doit-il recevoir pour la commission, à raison de 2 °/₀? — **R.** 130 fr.

SOLUTION RAISONNÉE.

Pour 100 fr. la commission est de... 2 fr.

Pour 1 fr. — sera de.. $\frac{2^f}{100}$.

Pour 6500 fr. — — $\frac{2^f \times 6500}{100} = 130$ fr.

Ou bien :

Une commission de 1 % sur 6500 fr. serait de 65 fr.

Une commission de 2 % — sera de $65^f \times 2 = 130^f$.

(**Page 99** de l'Élève.)

1051. — Un courtier* a un demi pour cent, c'est-à-dire $0^f,50$ % sur le prix de la vente qu'il fait. Combien lui revient-il sur 4631 fr. de vente? — **R.** $23^f,15$.

SOLUTION RAISONNÉE. — Si la commission était de 1 %, il reviendrait au courtier $46^f,31$. Puisque la commission est de 1/2 %, il lui reviendra deux fois moins, ou $46^f,31 : 2 = 23^f,15$.

1052. — Un négociant donne $2^f,50$ % de remise à un commissionnaire qui lui place des marchandises. Quelle somme le commissionnaire aura-t-il gagnée, s'il a vendu pour 3875 fr. de marchandises? — **R.** $96^f,87$.

SOLUTION RAISONNÉE.

Sur 100 fr. la remise est de.... $2^f,50$.

Sur 1 fr. — sera de... $\frac{2^f,50}{100}$.

Sur 3875 fr. — — $\frac{2^f,50 \times 3875}{100} = 96^f,87$.

Ou bien :

Une remise de 1 % sur 3875 fr. serait de $38^f,75$.

Une remise de 2,50 % — sera de $38^f,75 \times 2,50 = 96^f,87$.

1053. — On fait une remise de 4 % sur le prix d'une marchandise à cause de l'emballage. Que devra-t-on payer pour un ballot de marchandises qui pèse 186 kilos, le prix de cette marchandise étant de $1^f,20$ le kilo? — **R.** $214^f,27$.

SOLUTION RAISONNÉE. — 186 kilogr., à $1^f,20$ le kilogr., valent $1^f,20 \times 186 = 223^f,20$.

Sur 100 fr. la remise est de.... 4 fr.

Sur 1 fr. — sera de... $\frac{4^f}{100}$.

Sur $223^f,20$ — — $\frac{4^f \times 223,20}{100} = 8^f,928$.

Donc on devra payer $223^f,20 - 8^f,928 = 214^f,272$.

Ou bien :

Une remise de 1 % sur 223f,20 serait de 2f,232.
Une remise de 4 % — sera de 2f,232 × 4 = 8f,928.

1054. — Un épicier compte qu'en séchant, la morue perd 5 % de son poids : quel est, d'après cela, le poids de 3 ballots de morue qui pesaient, lorsqu'il les reçut, 125 kilogrammes chacun, si on suppose que depuis sa réception la morue a séché selon les prévisions de l'épicier ? — R. 356k,25.

SOLUTION RAISONNÉE. — 3 ballots de 125 kilogr. chacun pèsent $125^k \times 3 = 375$ kilogr.

Sur 100 kilogr. la perte est de.... 5 kilogr.

Sur 1 kilogr. — sera de... $\frac{5^k}{100}$.

Sur 375 kilogr. — — $\frac{5^k \times 375}{100} = 18^k,75$.

Donc la morue ne pèse plus que $375^k - 18^k,75 = 356^k,25$.

Ou bien :

Si la morue perd 5 % de son poids, elle perd $\frac{5}{100} = \frac{1}{20}$ de ce poids, ou $375^k : 20 = 18^k,75$.

1055. — On a vendu 2f,75 une marchandise qui coûtait 3 fr. : quelle perte a-t-on faite p. 100 ? — R. 8,33 %.

SOLUTION RAISONNÉE. — La perte réelle est de $3^f - 2^f,75 = 0^f,25$.

Sur 3 fr. la perte a été de.. 0f,25.

Sur 1 fr. — est de.... $\frac{0^f,25}{3}$.

Sur 100 fr. — — $\frac{0^f,25 \times 100}{3} = \frac{25^f}{3} = 8^f,33$.

1056. — On achète une marchandise à raison de 4f,50 le kilogramme, et on veut la revendre avec un bénéfice de 13f,25 %. Quel bénéfice réalisera-t-on ? — R. 0f,60.

SOLUTION RAISONNÉE.

Sur 100 fr. le bénéfice doit être de 13f,25.

Sur 1 fr. — sera de.... $\frac{13^f,25}{100}$.

Sur 4f,50 — — $\frac{13^f,25 \times 4,50}{100} = 0^f,60$.

1057. — 424 kilogrammes d'une marchandise ont coûté 758f,75. On revend cette marchandise avec une perte de 2f,50 % : quelle perte fait on sur cette vente ? — R. 18f,06.

SOLUTION RAISONNÉE.

Sur 100 fr. la perte est de.... $2^f,50$.

Sur 1 fr. — sera de... $\frac{2^f,50}{100}$.

Sur $758^f,75$ — — $\frac{2^f,50 \times 758,75}{100} = 18^f,96$.

Ou bien :

Une perte de 1 % sur $758^f,75$ serait de $7^f,5875$.
Une perte de 2,50 % — sera de $7^f,5875 \times 2,50 = 18^f,96$.

Problèmes sur les primes * d'assurance.

(*Première année d'Arithmétique*, page 136.)

1058. — On assure contre l'incendie une maison évaluée 25250 francs, à raison de $0^f,50$ pour 1000 francs : quelle est la prime * d'assurance? — **R.** $12^f,62$.

SOLUTION RAISONNÉE.

Pour 1000 fr. la prime est de.... $0^f,50$.

Pour 1 fr. elle serait de......... $\frac{0^f,50}{1000}$.

Pour 25250 fr. elle sera de...... $\frac{0^f,50 \times 25250}{1000} = 12^f,62$.

Ou bien :

Une prime de 1 fr. pour 1000 fr. sur 25250 fr. serait de $25^f,25$.
Une prime de $0^f,50$ — sera moitié moindre ou $25^f,25 : 2 = 12^f,62$.

1059. — Un propriétaire prévoyant a assuré ses bestiaux contre la mortalité. Sachant que ses bestiaux sont évalués 7500 fr., et qu'il paye $1^f,75$ pour 1000 fr., dire quelle est la prime d'assurance? — **R.** $13^f,12$.

SOLUTION RAISONNÉE.

Pour 1000 fr. la prime est de... $1^f,75$

Pour 1 fr. elle serait de....... $\frac{1^f,75}{1000}$

Pour 7500 fr. elle sera de..... $\frac{1^f,75 \times 7500}{1000} = 13^f,12$.

Ou bien :

Une prime de 1 p. 1000 sur 7500 fr. serait de $7^f,50$.
Une prime de 1,75 p. 1000 — sera de $7^f,50 \times 1,75 = 13^f,12$.

1060. — Un locataire a assuré son mobilier et ses effets personnels contre l'incendie. Le tout est estimé 2500 fr. : quelle est sa prime d'assurance à $0^f,45$ pour 1000? — **R.** $1^f,12$.

SOLUTION RAISONNÉE.

Pour 1000 fr. la prime est de... $0^f,45$.

Pour 1 fr. elle serait de........ $\frac{0^f,45}{1000}$.

Pour 2500 fr. elle sera de...... $\frac{0^f,45 \times 2500}{1000} = 1^f,12$.

Ou bien :

Une prime de 1 p. 1000 sur 2500 fr. serait de $2^f,50$
Une prime de 0,45 p. 1000 — sera de $2^f,50 \times 0,45 = 1^f,12$.

1061. — Un armateur a assuré son navire contre les périls de la navigation. Le navire est estimé 180000 fr. : quelle est la prime d'assurance, à raison de $4^f,25$ p. 100? — **R.** 7650 fr.

SOLUTION RAISONNÉE.

Pour 100 fr. la prime est de... $4^f,25$.

Pour 1 fr. elle serait de....... $\frac{4^f,25}{100}$.

Pour 180000 fr. elle sera de... $\frac{4^f,25 \times 180000}{100} = 7650$ fr.

Ou bien :

Une prime de 1 % sur 180000 fr. serait de 1800 fr.
Une prime de 4,25 % — sera de $1800^f \times 4,25 = 7650$ fr.

1062. — Un homme prévoyant, âgé de 28 ans, veut assurer à sa famille, au moment de son décès, un capital de 20000 francs : quelle sera la prime annuelle qu'il aura à payer, si la Compagnie, pour un individu âgé de 28 ans, demande $2^f,37$ p. 100? — **R.** 474 fr.

SOLUTION RAISONNÉE.

Pour 100 fr. la prime est de.... $2^f,37$.

Pour 1 fr. elle serait de........ $\frac{2^f,37}{100}$.

Pour 20000 fr. elle sera de..... $\frac{2^f,37 \times 20000}{100} = 474$ fr.

Ou bien :

Une prime de 1 % sur 20000 fr. serait de 200 fr.
Une prime de 2,37 % — sera de $200^f \times 2,37 = 474$ fr.

(**Page 100** de l'Élève.)

1063. — Quelle sera la prime d'assurance d'une maison de 33 000 francs à $0^f,50$ pour 1000? — **R.** $16^f,50$.

1064. — Quelle est la prime d'assurance d'un navire valant 35 000 francs, à $5^f,25$ p. 100? — **R.** $1837^f,50$.

1065. — Un homme, âgé de 30 ans, veut assurer à ses enfants, en cas de décès, un capital de 15 000 francs : quelle sera sa prime annuelle à 2f,49 p. 100? — **R.** 373f,50.

1066. — On assure contre l'incendie une maison de 50 000 fr. à 0f,40 pour 1000 fr. Quelle est la prime d'assurance? — **R.** 20 fr.

1067. — Combien coûtera l'assurance d'une maison qui vaut 140 000 fr. à raison de 0f,25 pour 1000 fr.? — **R.** 35 fr.

1068. — Un navire est assuré 125 000 fr. à raison de 4f,80 %; à combien se monte la prime d'assurance? — **R.** A 6000 fr.

1069. — On assure une maison de 25 000 fr. moyennant 0f,55 pour 1000 fr. Quelle est la prime d'assurance? — **R.** 13f,75.

CHAPITRE XXII

PROBLÈMES D'INTÉRÊT

(*Première année d'Arithmétique*, pages 137 et suiv.)

1070. — Quel est l'intérêt annuel* de 750 francs à 3 p. %? — **R.** 22f,50.

SOLUTION RAISONNÉE.

100 fr. rapportent........... 3 fr.

1 fr. rapporterait......... $\frac{3^f}{100}$.

750 fr. rapporteront......... $\frac{3^f \times 750}{100} = 22^f,50$.

Ou bien :

L'intérêt, à 1 %, de 750 fr., serait de 7f,50.
L'intérêt, à 3 %, — sera de $7^f,50 \times 3 = 22^f,50$.

1071. — Quel est l'intérêt annuel de 85 francs à 5f,50 p. %? — **R.** 4f,67.

SOLUTION RAISONNÉE.

100 fr. rapportent......... 5f,50.

1 fr. rapporterait........ $\frac{5^f,50}{100}$.

85 fr. rapporteront....... $\frac{5^f,50 \times 85}{100} = 4^f,67$.

Ou bien :

L'intérêt, à 1 %, de 85 fr. serait de $0^f,85$.
L'intérêt, à 5,50 %, — sera de $0^f,85 \times 5,50 = 4^f,67$.

1072. — Quel est l'intérêt annuel de $8\,743^f,25$ à $4^f,50$ %? — **R.** $393^f,45$, par excès.

1073. — Quel est l'intérêt annuel de $57\,250^f,60$ à 5 p. %? — **R.** $2862^f,53$.

1074. — Quel est l'intérêt d'une somme de $8543^f,50$ à $4^f,50$ p. % pendant 3 ans? — **R.** $1153^f,37$.

SOLUTION RAISONNÉE.

100 fr. en 1 an rapportent.... $4^f,50$.

1 fr. en 1 an rapporterait... $\frac{4^f,50}{100}$.

$8543^f,50$ en 1 an rapporteraient $\frac{4^f,50 \times 8543,50}{100}$.

$8543^f,50$ en 3 ans rapporteront $\frac{4^f,50 \times 8543,50 \times 3}{100} = 1153^f,37$.

Ou bien :

L'intérêt, à 1 %, pour 1 an, de $8543^f,50$, serait de $85^f,435$.
L'intérêt, à 4,50 % — — serait de $85^f,435 \times 4,50$.
L'intérêt, à 4,50 % pour 3 ans — sera de $85^f,435 \times 4,50 \times 3 = 1153^f,37$.

1075. — On a placé une somme de 25 300 francs à 4 p. % pendant 5 ans : quel intérêt a-t-on retiré? — **R.** 5060 fr.

1076. — Une propriété, estimée 25 000 francs, a rapporté 1850 francs. Si on avait placé l'argent qu'elle vaut à 5 p. %, combien aurait-on eu en moins de revenu? — **R.** 600 fr.

SOLUTION RAISONNÉE. — L'intérêt de 25 000 fr. à 5 p. 100 est de $\frac{25\,000^f \times 5}{100} = 1250$ fr. Donc on aurait eu en moins $1850^f - 1250^f =$ 600 francs.

1077. — Quel est l'intérêt, à $4^f,50$ p. %, d'une somme de 7825 fr. pendant 6 ans? — $2112^f,75$.

1078. — Quel est l'intérêt à $3^f,45$ p. %, et pendant 10 ans, d'une somme de 89 500 francs? — **R.** $30877^f,50$.

1079. — Une somme de 8900 francs a été placée à 4 p. % pendant 8 ans : quel intérêt a-t-elle rapporté? — **R.** 2848 fr.

Page 101 de l'Élève.)

1080. — Quel est l'intérêt d'une somme de 9000 francs à 5 p. % pendant 8 mois? — **R.** 300 fr.

SOLUTION RAISONNÉE.

100 fr. en 12 mois rapportent 5 fr.

1 fr. — — $\frac{5^f}{100}$.

9000 fr. — — $\frac{5^f \times 9000}{100}$.

9000 fr. en 1 mois — $\frac{5^f \times 9000}{100 \times 12}$.

9000 fr. en 8 mois — $\frac{5^f \times 9000 \times 8}{100 \times 12} = \frac{5^f \times 9000 \times 8}{1200} =$

$\frac{5^f \times 90 \times 8}{12} = \frac{5^f \times 90 \times 2}{3} = 5^f \times 30 \times 2 = 300$ fr.

Ou bien :

L'intérêt, à 1 p. %, de 9000 fr. pendant un an, serait de 90 fr.
L'intérêt, à 5 p. %, — — serait de $90^f \times 5$.
L'intérêt, à 5 p. %, — pendant 1 mois, serait de $\frac{90^f \times 5}{12}$.
L'intérêt, à 5 p. %, — — 8 mois, serait de $\frac{90 \times 5 \times 8}{12}$
$= 300$ fr.

1081. — Quel est l'intérêt d'une somme de 89750 francs à $3^f,50$ p. % pendant 2 ans 7 mois? = R. $8114^f,90$.

SOLUTION RAISONNÉE.

100 fr. en 12 mois rapportent............ $3^f,50$.

1 fr. — — .... $\frac{3^f,50}{100}$.

89750 fr. — — .... $\frac{3^f,50 \times 89750}{100}$.

89750 fr. en 1 mois — .... $\frac{3^f,50 \times 89750}{100 \times 12}$.

89750 fr. en 31 mois (2 ans 7 mois) rapportent $\frac{3^f,50 \times 89750 \times 31}{100 \times 12} =$

$\frac{3^f,50 \times 89750 \times 31}{1200} = 8114^f,895$, ou mieux $8114^f,90$.

Ou bien :

L'intérêt, à 1 p. %, de 89750 fr., pendant 1 an, serait de $897^f,50$.

L'intérêt, à 3,50 p. %, de 89750 fr., pendant 1 an, serait de $897^f,50 \times 3,50$.

L'intérêt, à 3,50 p. %, de 89750 fr., pendant 1 mois, serait de $\frac{897^f,50 \times 3,50}{12}$.

L'intérêt, à 3,50 p. %, de 89750 fr. pendant 31 mois, serait de $\frac{879^f,50 \times 3,50 \times 31}{12} = 8114^f,90$.

1082. — Quel est l'intérêt d'une somme de 100 000 francs placée à 6 p. % pendant 8 ans 9 mois? — R. 52500 fr.

SOLUTION RAISONNÉE.

100 fr. en 12 mois rapportent............ 6 fr.

1 fr. — — .... $\frac{6^f}{100}$.

100000 fr. — — .... $\frac{6^f \times 100000}{100}$.

100000 fr. en 1 mois — .... $\frac{6^f \times 100000}{100 \times 12}$.

100000 fr. en 105 mois (8 ans 9 mois) rapportent $\frac{6^f \times 100000 \times 105}{100 \times 12}$

$= \frac{6^f \times 100000 \times 105}{1200} = 52500$ fr.

Ou bien :

L'intérêt, à 1 p. %, pendant 1 an, de 100000 fr., serait de 1000 fr.

L'intérêt, à 6 p. %, pendant 1 an, de 100000 francs, serait de 6000 fr.

L'intérêt, à 6 p. %, pendant 1 mois, de 100000 francs, serait de $\frac{6000^f}{12} = 500$ fr.

L'intérêt, à 6 p. %, pendant 105 mois, de 100000 fr., serait de $500^f \times 105 = 52500$ fr.

1083 — Une somme de 31 700 francs a été placée pendant 8 ans 7 mois dans une industrie. Elle a rapporté $9^f,50$ p. % par an : combien a-t-elle rapporté en tout? — R. $28294^f,95$.

1084. — Quel est l'intérêt, à $0^f,25$ p. % par mois, d'une somme de 25 000 francs pendant 7 mois? — R. $437^f,50$.

1085. — Que vaut-il mieux, placer 2000 fr. à 5 p. % pendant 2 ans 3 mois, ou placer 5000 fr. à $4^f,50$ p. % pendant 15 mois? R. Il vaut mieux placer 5000 fr. : on gagne $56^f,25$.

SOLUTION RAISONNÉE.

2000 francs, placés à 5 pour %, pendant 27 mois, rapportent

$$\frac{5^f \times 2000 \times 27}{100 \times 12} = 225 \text{ fr.}$$

5000 francs, placés à 4,50 p. %, pendant 15 mois, rapportent

$$\frac{4^f,50 \times 5000 \times 15}{100 \times 12} = 281^f,25.$$

En plaçant 5000 fr. on gagne $281^f,25 - 225^f = 56^f,25$.

1086. — On a placé une somme de 24 750 fr. pendant 2 mois 8 jours. Quel intérêt doit-on retirer à $0^f,50$ par mois? — R. $280^f,50$.

1087. — Quel est l'intérêt, à 4 p. %, d'une somme de 750 fr. pendant 3 ans 4 mois 12 jours? — R. 101 fr.

SOLUTION RAISONNÉE. — 3 ans valent $12^m \times 3 = 36$ mois; 36 mois et 4 mois font 40 mois; 40 mois valent $30^j \times 40 = 1200$ jours; 1200 jours et 12 jours font 1212 jours.

100 fr. en 1 an rapportent.... 4 fr.

1 fr. — — .... $\frac{4^f}{100}$.

750 fr. — — .... $\frac{4^f \times 750}{100}$.

750 fr. en 1 jour — .... $\frac{4^f \times 750}{100 \times 360}$.

750 fr. en 1212 jours — .... $\frac{4^f \times 750 \times 1212}{100 \times 360} = 101$ fr.

1088. — Quel est l'intérêt annuel de 10000 fr. à 5 p. %? — R. 500 fr.

$$\text{Tableau du calcul : } x = \frac{5^f \times 10000}{100}.$$

1089. — Quel est l'intérêt annuel de 358 fr. à 3 p. %? — R. $10^f,74$.

$$\text{Tableau du calcul : } x = \frac{3^f \times 358}{100}.$$

1090. — Quel est l'intérêt annuel de 467 fr. à $4^f,50$ p. %? — R. 21 fr., à $0^f,01$ près par défaut.

$$\text{Tableau du calcul : } x = \frac{4^f,50 \times 467}{100}.$$

1091. — Quel est l'intérêt annuel de 6328 fr. à $5^f,25$ p. %? — R. $332^f,22$.

$$\text{Tableau du calcul : } x = \frac{5^f,25 \times 6328}{100}.$$

1092. — Quel est l'intérêt annuel de 20000 fr. à 6 p. °/₀? — **R.** 1200 fr.

Tableau du calcul : $x = \frac{6^f \times 20000}{100}$.

1093. — Quel est l'intérêt annuel de 50000 fr. à $5^f,50$ p. °/₀? — **R.** 2750 fr.

Tableau du calcul : $x = \frac{5^f,50 \times 50000}{100}$.

1094. — Quel est l'intérêt à 5 p. °/₀ de 20000 fr. pendant 3 ans? — **R.** 3000 fr.

Tableau du calcul : $x = \frac{5^f \times 20000 \times 3}{100}$.

1095. — Quel est l'intérêt à 5 p. °/₀ de 60000 fr. pendant 7 mois. — **R.** 1750 fr.

Tableau du calcul : $x = \frac{5^f \times 60000 \times 7}{1200}$.

1096. — Quel est l'intérêt à 5 p. °/₀ de 8524 fr. pendant un an? — **R.** $426^f,20$.

Tableau du calcul : $x = \frac{5^f \times 8524}{100}$.

1097. — Quel est l'intérêt à 6 p. °/₀ de 100 fr. pendant 100 jours? — **R.** $1^f,66$.

Tableau du calcul : $x = \frac{6^f \times 100 \times 100}{36000}$.

1098. — Quel est l'intérêt de 420 fr. à 5 p. °/₀ pendant 8 jours? — **R.** $0^f,466$.

Tableau du calcul : $x = \frac{5^f \times 420 \times 8}{36000}$.

1099. — Quel est l'intérêt de 125 fr. à 6 p. °/₀ pendant 2 mois et 10 jours? — **R.** $1^f,45$.

Tableau du calcul : $x = \frac{6^f \times 125 \times 70}{36000}$.

1100. — Quel est l'intérêt, à 5 p. °/₀, d'une somme de 346 fr. pendant 8 jours? — **R.** $0^f,38$.

Tableau du calcul : $x = \frac{5^f \times 346 \times 8}{36000}$.

1101. — J'ai placé 250 fr. à la Caisse d'épargne [1], et j'ai retiré cette somme au bout de 9 mois 12 jours : quelle somme ai-je retirée, capital et intérêts, si l'intérêt est compté à raison de 3f,75 p. %? — R. 259f + 7f,60 = 266f,60.

Tableau du calcul : $x = \frac{3^f,75 \times 259 \times 282}{36\,000}$.

1102. — Quel intérêt doit-on retirer d'une somme de 7825 fr., placée à 5 p. %, pendant 9 ans, 8 mois, 17 jours? — R. 3800f,55.

Tableau du calcul : $x = \frac{5^f \times 7825 \times 3497}{36\,000}$.

(Page 102 de l'Élève.)

1103. — Une somme de 7850 fr. a été placée pendant un an à 5f,5 p. %. Quel intérêt a-t-elle rapporté? — R. 431f,75.

Tableau du calcul : $x = \frac{5^f,50 \times 7850}{100}$.

1104. — Qu'est devenue une somme de 10 000 fr., capital et intérêts compris, si elle est restée placée à 4f,50 p. % pendant 8 mois et 20 jours? — R. 10000f + 325f = 10325 fr.

Tableau du calcul : $x = \frac{4^f,50 \times 10000 \times 260}{36\,000}$.

1105. — Qu'a rapporté une somme de 43000 fr. placée à 6 1/2 p. % pendant 15 mois? — R. 3493f,75.

Tableau du calcul : $x = \frac{6^f,50 \times 43000 \times 15}{1200}$.

1106. — Une somme de 20 000 fr. a été placée à 5f,50 p. % par an, pendant 3 ans. Quelle somme a-t-elle rapportée? — R. 3300 fr.

Tableau du calcul : $x = \frac{5^f,50 \times 20000 \times 3}{100}$.

1107. — On a prêté à un industriel* une somme de 5000 francs, au taux de 5 p. % par an. Quelle somme doit-il rendre au bout de 4 ans et demi? — R. 5000f + 1125f = 6125 fr.

Tableau du calcul : $x = \frac{5^f \times 5000 \times 4,5}{100}$.

1108. — Une somme de 250 francs, placée à la Caisse d'épargne*, a été retirée après 8 mois. Si la Caisse d'épargne paie l'intérêt à 3 1/2 p. %, qu'était devenue cette somme? — R. 250f + 5f,83 = 255f,83.

Tableau du calcul : $x = \frac{3^f,50 \times 250 \times 8}{1200}$.

1109. — J'ai prêté à un voisin une somme de 2000 francs à 5 p. %, et il me l'a rendue au bout de 2 ans 5 mois, capital et intérêts compris; quelle somme m'a-t-il donnée? — R. 2241f,66.

Tableau du calcul : $x = \frac{5^f \times 2000 \times 29}{1200}$.

1110. — Une personne qui a 43500 francs, en place le 1/3 à 5 p. % par an et prête le reste à un industriel à 6 p. %. On demande quel revenu total lui rapporte dans un an cette somme de 43500 fr. — R. 2465 fr.

SOLUTION RAISONNÉE. — Le tiers de 43500 fr. est de $43500^f : 3 =$ 14500 fr.

Le reste de cette somme est de $43500^f - 14500^f = 29000$ fr.

14500 fr. placés à 5 p. % rapportent $\frac{5^f \times 14500}{100} = 725$ fr.

29000 fr. — à 6 p. % — $\frac{6^f \times 29000}{100} = 1740$ fr.

Total................. 2465 fr.

1111. — On refuse de prêter 800 fr. à 4f,50 p. %; 3 mois après on les prête pour le reste de l'année à 5f,25 p. %. A-t-on mieux fait d'attendre? — R. Non : on a perdu 4f,50.

SOLUTION RAISONNÉE.

800 fr. placés à 4,5 p. %, pendant 12 mois, rapportent :

$$\frac{4^f,50 \times 800}{100} = 36 \text{ fr.}$$

800 fr. placés à 5f,25 p. %, pendant 9 mois, rapportent :

$$\frac{5^f,25 \times 800 \times 9}{100 \times 12} = 31^f,50.$$

On a donc perdu $36^f - 31^f,50 = 4^f,50$.

1112. — Deux personnes ont placé 1000 fr. chacune à intérêt : la première à 5 fr. p. %, et la deuxième à 5f,40 p. %. Combien l'une retire-t-elle de plus que l'autre de son placement? — R. La seconde retire 4 francs de plus.

1113. — Vaut-il mieux acheter au prix de 12600 fr. une prairie qui rapporte 630 fr. par an, ou bien placer son argent à 4f,85 p. %? — R. Il vaut mieux acheter la prairie : on gagnera 18f,90 par an.

SOLUTION RAISONNÉE. — 12600 fr., placés à 4f,85 p. %, rapporteraient en un an $\frac{4^f,85 \times 12600}{100} = 611^f,10$. En achetant la prairie, on gagnera donc $630^f - 611^f,10 = 18^f,90$.

1114. — Vaut-il mieux placer 15000 fr. à 6 fr. p. % que d'en placer la moitié à 5 fr. p. % et l'autre moitié à 7 fr. p. %? — R. Cela revient au même.

SOLUTION RAISONNÉE. — 15000 fr., à 6 p. %, rapportent :

$$\frac{6^f \times 15000}{100} = 6^f \times 150 = 900 \text{ fr.}$$

D'un autre côté on a :

1° 7500 fr., à 5 p. %, rapportent $\frac{5^f \times 7500}{100} = 5^f \times 75 = 375$ fr.

2° 7500 fr., à 7 p. %, — $\frac{7^f \times 7500}{100} = 7^f \times 75 = 525$ fr.

Total........................ 900 fr.

Remarque. — Pour trouver l'intérêt de la 1re moitié de la somme on prend 75 fois 5 fr. ; et pour trouver l'intérêt de la 2e moitié on prend 75 fois 7 fr. On a donc pris 75 fois 12 fr., ou 150 fois 6 francs, comme dans le calcul de l'intérêt de la somme unique.

1115. — Des obligations* de chemin de fer qui ont coûté 290 fr., rapportent autant que l'argent placé à 5f,20 p. %. Quel revenu donnent-elles par an? — R. 15f,08.

Tableau du calcul : $x = \frac{5^f,20 \times 290}{100}$.

1116. — Quel est l'intérêt à 4 p. % d'une somme de 8900 francs pendant 6 ans 8 mois 15 jours? — R. 2388f,16.

Tableau du calcul : $x = \frac{4^f \times 8900 \times 2415}{36000}$.

1117. — Que rapporte une somme de 42000 fr. placée pendant 8 ans 6 mois 10 jours à 4f,50 p. %? — R. 16117f,50.

Tableau du calcul : $x = \frac{4^f,50 \times 42000 \times 3070}{36000}$.

1118. — Que rapporte une somme de 3428 fr. placée à 5 p. % par an pendant 3 ans 5 mois 19 jours? — R. 591f,66.

Tableau du calcul : $x = \frac{5^f \times 3428 \times 1249}{36000}$.

(**Page 103** de l'Élève.)

1119. — Une somme de 7000 fr. a été placée à 4f,75 p. % pendant 2 ans 5 mois et 21 jours. Qu'est devenue cette somme, capital et intérêts compris? — R. 7825f,70.

Tableau du calcul : $x = \frac{4^f,75 \times 7000 \times 894}{36000}$.

CHAPITRE XXIII

PROBLÈMES SUR L'ESCOMPTE

(*Première année d'Arithmétique*, page 140.)

1120. — On a remis à un banquier* un effet de 2500 francs payable à 90 jours : quel escompte prendra-t-il au taux de 6 p. % par an ? — **R.** $37^f,50$.

SOLUTION RAISONNÉE.

L'escompte de 100 fr. pour 1 an est de.. 6 fr.

— de 1 — — —.. $\frac{6^f}{100}$.

— de 2500 — — —.. $\frac{6^f \times 2500}{100}$.

— de 2500 — 1 jour —.. $\frac{6^f \times 2500}{100 \times 360}$.

— de 2500 — 90 jours —.. $\frac{6^f \times 2500 \times 90}{100 \times 360} =$

$$= \frac{6^f \times 25 \times 90}{360} = \frac{6^f \times 25}{4} = \frac{3^f \times 25}{2} = \frac{75^f}{2} = 37^f,50.$$

1121. — Sur un effet de 7500 francs payable à 90 jours, un banquier retient un escompte de 6 p. %. Quelle somme donnera-t-il ? — **R.** $7387^f,50$.

SOLUTION RAISONNÉE. — L'escompte de 7500 fr., à 6 p. %, pour 90 jours, est de $\frac{6^f \times 7500 \times 90}{36\,000} = \frac{6^f \times 75}{4} = \frac{3^f \times 75}{2} = \frac{225^f}{2} = 112^f,50$.

Donc le banquier donnera $7500^f - 112^f,50 = 7387^f,50$.

1122. — Quelle est la somme que recevra un commerçant qui apporte à un banquier 2 effets*, l'un de 7000 francs, payable à 6 mois, et l'autre de 2500^f payable à 30 jours, si le taux de l'escompte est de $0^f,50$ p. % par mois ? — **R.** $0277^f,50$.

SOLUTION RAISONNÉE.

1° L'escompte de 100^f pour 1 mois est de $0^f,50$.

— de 1^f — 1 mois — $\frac{0^f,50}{100}$.

— de 7000^f — 1 mois — $\frac{0^f,50 \times 7000}{100}$.

— de 7000^f — 6 mois — $\frac{0^f,50 \times 7000 \times 6}{100} = 210$ fr.

2° L'escompte de 100f pour 30 jours est de $0^f,50$.

— de 1f — 30 jours — $\frac{0^f,50}{100}$.

— de 2500f — 30 jours — $\frac{0^f,50 \times 2500}{100} = \mathbf{12^f,50}$

Total......... $210^f + 12^f,50 = 222^f,50$

Donc le commerçant recevra $7000^f + 2500^f - 222^f,50 = 9500^f - 222^f,50 = 9277^f,50$.

1123. — Que doit-on recevoir pour un billet de 350 francs payable à 60 jours, si le taux de l'escompte est de $5^f,50$ p. °/₀? — **R.** $350^f - 3^f,20 = 346^f,80$.

Tableau du calcul : $x = \frac{5^f,50 \times 350 \times 60}{36\,000}$.

1124. — On fait escompter le 1er juillet un billet de $345^f,50$ payable fin septembre. Le taux de l'escompte est de $4^f,50$ p. °/₀ : que recevra-t-on? — **R.** $341^f,62$.

SOLUTION RAISONNÉE. — Du premier juillet au 30 septembre il faut compter 3 mois ou 90 jours. On pourrait aussi compter 92 jours, comme font quelquefois les banquiers, à cause des deux mois de juillet et d'août qui ont chacun 31 jours.

En prenant 90 jours, on a pour l'escompte :

$$x = \frac{4^f,50 \times 345,50 \times 90}{36\,000} = \frac{4^f,50 \times 345,50}{400} = 3^f,88.$$

Donc on recevra $345^f,50 - 3^f,88 = 341^f,62$.

1125. — Un billet de 780 francs, payable à 90 jours, a été escompté à 6 p. °/₀ : combien a-t-on reçu? — **R.** $780^f - 11^f,70 = 768^f,30$.

Tableau du calcul : $x = \frac{6^f \times 780 \times 90}{36\,000}$.

1126. — Un billet de 800 francs, à 6 mois d'échéance, a été escompté à $5^f,50$ p. °/₀. Quelle somme le banquier a-t-il retenue? — **R.** 22 fr.

Tableau du calcul : $x = \frac{5^f,50 \times 800 \times 6}{1200}$.

1127. — Un billet de 3500 francs, payable dans 6 mois, a été escompté à 6 p. °/₀. Quelle somme le banquier a-t-il retenue ? — **R.** 105 fr.

Tableau du calcul : $x = \frac{6^f \times 3500 \times 6}{1200}$.

1128. — Quel est l'escompte d'un billet de 6900 francs, payable à 2 ans 3 mois 15 jours, le taux de l'escompte étant de 5f,50 p. %? — **R.** 869f,68.

Solution raisonnée. — 2 ans valent 12mois × 2 = 24 mois; 24 mois et 3 mois font 27 mois; 27 mois valent 30j × 27 = 810 jours; 810 jours et 15 jours font 825 jours. Donc on aura pour l'escompte :

$$\frac{5^f{,}50 \times 6900 \times 825}{36\,000} = \frac{5^f{,}50 \times 23 \times 825}{120} = 869^f{,}68.$$

1129. — On escompte à 4 1/2 p. % les 3 billets suivants : le 1er de 1250 fr. payable dans 5 mois 20 jours; le 2e de 2125 fr. payable dans 4 mois 12 jours; le 3e de 895 fr. payable dans 3 mois 8 jours. Quelle somme devra-t-on recevoir? — **R.** 4197f,42.

Solution raisonnée.

Escompte du 1er billet : $\frac{4^f{,}50 \times 1250 \times 170}{36\,000} = 26^f{,}56$

— du 2e billet : $\frac{4^f{,}50 \times 2125 \times 132}{36\,000} = 35^f{,}06$

— du 3e billet : $\frac{4^f{,}50 \times 895 \times 98}{36\,000} = 10^f{,}96$

Total.................. 72f,58

On devra donc recevoir : $1250^f + 2125^f + 895^f - 72^f{,}58 = 4270^f - 72^f{,}58 = 4197^f{,}42$.

1130. — On fait escompter le 1er mars un billet de 50 francs payable le 30 avril. Quelle retenue fera le banquier, s'il prend 6 1/2 p. % d'escompte? — **R.** 0f,51.

Tableau du calcul : $x = \frac{6^f{,}50 \times 50 \times 2}{1\,200}$.

1131. — On fait escompter le 15 décembre un billet de 460 fr. payable fin février. Quelle somme recevra-t-on, si le banquier prend un escompte de 5f,75 p. %? — **R.** 460f — 5f,50 = 454f,50.

Tableau du calcul : $x = \frac{5^f{,}75 \times 460 \times 75}{36\,000}$.

(Page 104 de l'Élève.)

1132. — On fait escompter le 20 mai deux billets : le premier, de 886 fr., est payable le 30 juin, et le second, de 1215 fr., est payable fin septembre. Quelle somme recevra-t-on du banquier pour ces deux billets, l'escompte étant au taux de 6 p. %? — **R.** 2098f,13.

SOLUTION RAISONNÉE.

Escompte du 1er billet : $\frac{6^f \times 886 \times 40}{36000} = 5^f,90$

Escompte du 2e billet : $\frac{6^f \times 1245 \times 130}{36000} = 26^f,97$

Total........... $32^f,87$

On recevra donc du banquier : $886^f + 1245^f - 32^f,87 = 2131^f - 32^f,87 = 2098^f,13$.

1133. — Un négociant doit payer une somme de 10000 fr. le 1er août, et il n'a que 8250 fr. Pourrait-il s'acquitter entièrement en ajoutant à cette somme un billet de 1800 fr. payable le 15 octobre? Dire ce qui lui manquera, ou ce qu'il aura de reste. — **R.** Il lui restera $27^f,50$.

SOLUTION RAISONNÉE. — L'escompte du billet de 1800 fr. payable le 15 octobre, c'est-à-dire dans 75 jours, sera, au taux légal de 6 p. %, de :

$$\frac{6^f \times 1800 \times 75}{36000} = \frac{1800^f \times 75}{6000} = \frac{3^f \times 75}{10} = 22^f,50.$$

Ce billet n'a donc actuellement qu'une valeur de $1800^f - 22^f,50 = 1777^f,50$. Donc le négociant peut disposer de $8250^f + 1777^f,50 = 10027^f,50$. Puisqu'il doit payer 10000 fr., il lui restera $27^f,50$.

1134. — Un négociant envoie le 31 décembre à son banquier, pour les escompter, les 6 billets suivants :

1° un billet de $436^f,50$, payable 15 février;
2° un billet de 580 fr., payable fin février;
3° un billet de $1106^f,20$, payable le 10 mars;
4° un billet de 831 fr., payable le 20 mars;
5° un billet de $940^f,35$, payable le 25 mars;
6° un billet de 1500 fr., payable fin mars.

Quelle somme ce négociant recevra-t-il de son banquier, si l'escompte est calculé à $6^f,25$ p. %? — **R.** $5321^f,32$.

SOLUTION RAISONNÉE. — Les valeurs des billets sont de :

1er billet.....................	$436^f,50$
2e —	580^f »
3e —	$1106^f,20$
4e —	831^f »
5e —	$940^f,35$
6e —	1500^f »
Total.........	$5394^f,05$

Escompte du 1er billet : $\frac{6^f,25 \times 136,50 \times 45}{36000} = 3^f,41$

— du 2e billet : $\frac{6^f,25 \times 580 \times 60}{36000} = 6^f,04$

— du 3e billet : $\frac{6^f,25 \times 1106,20 \times 70}{36000} = 13^f,44$

— du 4e billet : $\frac{6^f,25 \times 831 \times 80}{36000} = 11^f,54$

— du 5e billet : $\frac{6^f,25 \times 910,35 \times 85}{36000} = 13^f,87$

— du 6e billet : $\frac{6^f,25 \times 1500 \times 90}{36000} = 23^f,43$

Total................ $73^f,73$

Le négociant recevra de son banquier $5394^f,05 - 73^f,73 = 5320^f,32$.

1135. — Quel est l'escompte à 6 p. % d'un billet de 200 fr. payable dans 9 mois? — **R.** 9 fr.

Tableau du calcul : $x = \frac{6^f \times 200 \times 9}{1200}$.

1136. — Quel est l'escompte à 6 1/2 p. % d'un billet de 5000 fr. payable dans 20 jours? — **R.** $18^f,05$.

Tableau du calcul : $x = \frac{6^f,50 \times 5000 \times 20}{36000}$.

1137. — Quel est l'escompte à $2^f,50$ p. % d'un billet de 14000 fr. payable dans 15 jours? — **R.** $14^f,58$.

Tableau du calcul : $x = \frac{2^f,50 \times 14000 \times 15}{36000}$.

1138. — Quel est l'escompte à 8 p. % d'un billet de 140 fr. payable dans 63 jours? — **R.** $1^f,95$.

Tableau du calcul : $x = \frac{8^f \times 140 \times 63}{36000}$.

1139. — Quel est l'escompte à 10 p. % d'un billet de 1080 fr, payable dans 1 an 35 jours? — **R.** $118^f,50$.

Tableau du calcul : $x = \frac{10^f \times 1080 \times 395}{36000}$.

CHAPITRE XXIV

PROBLÈMES DE RÉCAPITULATION GÉNÉRALE

1140. — 1 mètre de ruban coûte 1 fr.; que coûteront 85 centimètres? — **R.** $0^f,85$.

1141. — Combien faudra-t-il de mètres de doublure, à $0^m,85$ de large, pour doubler un tapis de 5 mètres de long sur 4 mètres de large? — **R.** $23^m,53$.

Solution raisonnée. — La surface du tapis est de $5^m \times 4^m = 20^{mq}$. La surface de la doublure devra être la même; et puisque la largeur de la doublure est de $0^m,85$, la longueur devra être de $\frac{20^{mq}}{0^m,85} = 23^m,53$.

(**Page 105** de l'Élève.)

1142. — 37 ares de terre coûtent 50 fr.; combien coûtera un hectare? — **R.** $135^f,13$.

Solution raisonnée. — 1 are coûtera $\frac{50^f}{37}$, et 1 hectare $\frac{50^f \times 100}{37} = \frac{5000^f}{37} = 135^f,13$.

1143. — On a acheté 35 douzaines de mouchoirs pour 560 fr.; on veut gagner 105 francs; combien vendra-t-on la douzaine? — **R.** 19 fr.

Solution raisonnée. — Il faudra vendre les 35 douzaines de mouchoirs $560^f + 105^f = 665$ fr., et par conséquent une douzaine $665^f : 35 = 19$ fr.

1144. — Un ouvrier fait 5 mètres en un jour; un autre fait 7 mètres; ils travaillent ensemble pour faire 1 284 mètres; combien mettront-ils de jours? — **R.** 107 jours.

Solution raisonnée. — En un jour les deux ouvriers feront $5^m + 7^m = 12$ mètres; donc, pour faire 1284 mètres, ils mettront $\frac{1284}{12} = 107$ jours.

1145. — Une famille composée de trois personnes dépense à son déjeuner $7^{hectog.},5$ de pain à $0^f,32$ le kilog., 75 centilitres de vin à $0^f,40$ le litre, $75^{décag.},6$ de fromage à $0^f,55$ le demi-kilog. Quelle est la dépense par personne, en moyenne? — **R.** $0^f,457$.

SOLUTION RAISONNÉE.

Pain..................	$0^f,32 \times 0,75$	$= 0^f,24$
Vin....................	$0^f,40 \times 0,75$	$= 0^f,30$
Fromage..............	$1^f,10 \times 0,756$	$= 0^f,8316$

Total de la dépense pour les trois personnes..... $1^f,3716$
Dépense moyenne, par personne............... $0^f,4572$

1146. — Le rayon de la terre est égal à 6366 kilomètres; trouver la distance de la terre au soleil, sachant qu'elle vaut 24000 rayons terrestres. Exprimer cette distance en lieues. — **R.** 38196000 lieues.

SOLUTION RAISONNÉE. — La distance de la terre au soleil vaut 24000 fois 6366 kilomètres, ou $6366^{Km} \times 24000 = 152784000^{Km}$ $= 152784000$ lieues : $4 = 38196000$ lieues.

1147. — Un ouvrier gagne 24 fr. par semaine; il veut placer chaque mois le quart de son gain à la caisse d'épargne*. Combien placera-t-il et que lui restera-t-il pour sa dépense journalière? — **R.** 1° 24 fr.; — 2° $2^f,40$.

SOLUTION RAISONNÉE. — Dans un mois il y a 4 semaines; l'ouvrier, voulant placer chaque mois le quart de son gain, placera le gain d'une semaine, ou 24 fr. — Il lui restera $24^f \times 3 = 72$ fr. à dépenser par mois. Donc sa dépense journalière sera de $72^f : 30 = 2^f,40$.

1148. — Quel est l'intérêt annuel de 45200 fr. à 6 %? — **R.** 2712 fr.

$$\text{Tableau du calcul : } x = \frac{6^f \times 45200}{100} = 6^f \times 452.$$

1149. — Quel est le prix d'un champ de $5^{hect.},52$, sachant que l'are coûte 35 fr., et que les frais de vente se sont élevés à 4 % de la valeur? — **R.** $20092^f,80$.

SOLUTION RAISONNÉE. — Le prix de vente du champ est de 35 fr. $\times 552 = 19320$ fr. Les frais de vente s'élèvent à $\frac{19320^f \times 4}{100}$ $= 193^f,20 \times 4 = 772^f,80$. Le prix total du champ est donc de $19320^f + 772^f,80 = 20092^f,80$.

1150. — 75 ouvriers ont mis 48 jours pour faire un certain ouvrage; combien mettront de jours 25 ouvriers? — **R.** 144 jours.

SOLUTION RAISONNÉE.

75 ouvriers ont mis....	48 jours.
1 ouvrier mettrait....	$48^j \times 75$.
25 ouvriers mettront...	$\frac{48^j \times 75}{25} = 48^j \times 3 = 144$ jours.

1151. — Une pièce d'étoffe contenant $48^m,55$ a coûté 971 fr.; combien aurait-on de bénéfice par mètre sur $18^m,5$ vendus $492^f,10$? — **R.** $6^f,60$.

Solution raisonnée.

On revend le mètre d'étoffe...	$492^f,10 : 18,5$	$= 26^f,60$
Et il a coûté.................	971^f » $: 48,55$	$= 20^f$ »
Bénéfice sur un mètre...............		$6^f,60$

1152. — On a ensemencé une prairie avec des graines de luzerne* qui coûtent 140 fr. le quintal métrique. On demande quelle était la superficie de cette prairie, sachant qu'il a fallu 30 kilogrammes de graine par hectare et qu'on a dépensé $86^f,75$. — **R.** $2^{ha}\ 6^{ar}\ 54^{ca}$.

Solution raisonnée.

Pour 140 fr. on a........ 100 kilogr. de graines.

Pour 1 fr. on en aurait $\frac{100^k}{140}$.

Pour $86^f,75$ on en a...... $\frac{100^k \times 86,75}{140} = 61^k,964$.

Donc la superficie de la prairie contiendra autant d'hectares que 30 kilogr. sera contenu de fois dans $61^k,964$, ou $61,964 : 30 = 2^{ha}\ 6^{ar}\ 54^{ca}$.

1153. — 25 ouvriers ont mis 9 jours à un ouvrage; combien 15 ouvriers mettront-ils? — **R.** 15 jours.

Solution raisonnée.

25 ouvriers ont mis.... 9 jours.

1 ouvrier mettrait.... $9^j \times 25$.

15 ouvriers mettront... $\frac{9^j \times 25}{15} = 3^j \times 5 = 15$ jours.

1154. — Un mouchoir coûte $7^f,50$; on veut gagner 8 %; combien devra-t-on le vendre? — **R.** $8^f,10$.

Solution raisonnée. — Un bénéfice de 8 p. % sur $7^f,50$ est de $\frac{8^f \times 7,50}{100} = 0^f,60$. On devra donc vendre le mouchoir $7^f,50 + 0^f,60 = 8^f,10$.

1155. — Un marchand de bois achète une pile de bois à brûler longue de $18^m,75$, large de $1^m,14$ et haute de $2^m,10$, à raison de $6^f,75$ le demi-stère. Il donne en payement un billet de 500 fr. Combien doit-on lui rendre ou combien doit-il donner en plus, sachant qu'on lui fait sur la vente une remise de $0^f,50$ %? — **R.** Il doit donner en plus $102^f,95$.

Solution raisonnée. — Le volume du bois acheté est de $18^m,75$

$\times$ 1^m,14 $\times$ 2^m,10 = 44^{mc},8875, ou 44st,8875. Le prix du stère étant de 6^f,75 $\times$ 2 = 13^f,50, ce bois coûtera 13^f,50 $\times$ 44,8875 = 605^f,98. Une remise de 0^f,50 p. % sur 605^f,98 est égale à $\frac{0^f,50 \times 605,98}{100}$ = 3^f,03. Le marchand devra payer 605^f,98 — 3^f,03 = 602^f,95. Donc avec son billet de 500 fr. le marchand devra encore payer 602^f,95 — 500^f = 102^f,95.

1156. — Une personne veut revendre, avec un bénéfice de 500 fr., 342 mètres de marchandises qu'elle a payés à raison de 18^f,25 le mètre; combien doit-elle vendre le mètre? — **R.** 19^f,71.

SOLUTION RAISONNÉE. — Puisqu'on veut gagner 500 francs sur 342 mètres, il faut que le bénéfice sur chaque mètre soit de 500^f : 342 = 1^f,46. Donc on doit vendre le mètre 18^f,25 + 1^f,46 = 19^f,71.

1157. — Trouver l'escompte d'un billet de 3500 fr. à 3 mois de date, à 4 1/2 %. — **R.** 39^f,37.

$$\text{Tableau du calcul : } x = \frac{4^f,50 \times 3500 \times 3}{1200}$$

1158. — 29 ouvriers ont fait 15 mètres d'ouvrage en un jour; 58 ouvriers ont fait le lendemain 27 mètres; quels sont ceux qui ont le plus travaillé? — **R.** Les premiers.

SOLUTION RAISONNÉE. — Chacun des 29 ouvriers a fait dans un jour 15^m : 29 = 0^m,517; chacun des 58 ouvriers a fait dans le même temps 27^m : 58 = 0^m,465. Donc chacun des premiers a fait par jour, de plus que chacun des seconds, 0^m,517 — 0^m,465 = 0^m,052.

Remarque. — 58 étant le double de 29, on voit immédiatement que dans le second cas les ouvriers sont deux fois plus nombreux et que leurs 27 mètres d'ouvrage ne sont pas le double des 15 mètres d'ouvrage des premiers.

1159. — Une dame a acheté 15^m,50 de dentelle qu'elle a payée 98^f,25. Elle en cède 7^m,24 à une de ses amies; combien cette amie lui doit-elle? Combien lui reste-t-il de dentelle, et combien le reste lui coûte-t-il? — **R.** 1° 45^f,88; — 2° 8^m,26; — 3° 52^f,37.

SOLUTION RAISONNÉE. — Le prix d'un mètre de dentelle est de 98^f,25 : 15,5 = 6^f,338. La partie cédée revient à 6^f,338 $\times$ 7,24 = 45^f,88. Il en reste encore 15^m,50 — 7^m,24 = 8^m,26 qui reviennent à 98^f,25 — 45^f,88 = 52^f,37, ou encore à 6^f,338 $\times$ 8,26 = 52^f,35. — La différence de 2 centimes, que l'on trouve entre ces deux résultats, vient de ce que le prix du mètre n'est pas exactement de 6^f,338. Elle est du reste insignifiante.

1160. — Un vase vide pèse 860 grammes; plein d'eau, il pèse 3 kilog. 240. Quelle est sa capacité? — **R.** 2^l,38.

SOLUTION RAISONNÉE. — L'eau contenue dans le vase pèse $3^k,240 - 0^k,860 = 2^k,380$. Donc le volume de cette eau, ou la capacité du vase, est de $2^l,38$.

1161. — Une personne a acheté 87 hect. 48 ares de terre en labour, à raison de 2870 fr. l'hectare, et 59 hect. 34 ares de pré, à raison de 4370 fr. l'hectare. Elle a revendu l'hectare de terre en labour $2995^f,50$ et l'hectare de pré 5148 fr. Quel bénéfice a-t-elle réalisé? — R. $57\,145^f,26$.

SOLUTION RAISONNÉE. — L'hectare de terre en labour a été acheté 2870 fr. et revendu $2995^f,50$; le bénéfice sur un hectare a donc été de $2995^f,50 - 2870^f = 125^f,50$, et sur $87^{ha},48$ il a été de $125^f,50 \times 87,48 =$ .... $10978^f,74$.

L'hectare de pré a été acheté 4370 fr. et revendu 5148 fr.; le bénéfice sur un hectare a donc été de $5148^f - 4370^f = 778$ fr., et sur $59^{ha},34$ il a été de $778^f \times 59,34 =$ .... $46166^f,52$.

Total .... $57145^f,26$.

1162. — La lumière du soleil nous vient en 8 minutes 13 secondes environ. La distance du soleil à la terre est de 38 millions de lieues environ. Quelle est la vitesse de la lumière par seconde? — R. 77079 lieues par seconde.

SOLUTION RAISONNÉE. — 8 minutes 13 secondes valent $60^{sec} \times 8 + 13^{sec} = 480^{sec} + 13^{sec} = 493$ secondes; donc la lumière parcourra en une seconde $38\,000\,000^l : 493 = 77\,079$ lieues.

1163. — Un épicier échange du café qui vaut 143 fr. les 50 kilogrammes contre du vin coté 180 fr. les 230 litres. Combien devra-t-il donner de café pour un hectolitre de vin? — R. $27^k,36$ de café.

SOLUTION RAISONNÉE.

$2^{hl},30$ de vin coûtent...... 180 fr.

1 hect. — coûtera...... $180^f : 2,3 = 78^f,25$.

Je cherche le poids du café qui coûterait $78^f,25$:

143 fr. est le prix de...... 50 kilog. de café.

1 fr. serait le prix de.... $\frac{50^k}{143}$ de café.

$78^f,25$ sera le prix de...... $\frac{50^k \times 78,25}{143} = 27^k,36$.

1164. — L'hectare de terre cultivé en betteraves en rapporte 34700 kilogrammes en moyenne. La betterave fournit les 6 millièmes de son poids de sucre; combien faut-il, d'après cela, cultiver d'hectares en betteraves pour obtenir les 120 681 000 kilogrammes de sucre de betterave fabriqués annuellement en France? — R. 579639 hectares.

SOLUTION RAISONNÉE. — Les 34700 kilog. de betteraves que rapporte un hectare ne donnent en sucre que les $\frac{6}{1000}$ de ce poids, ou $\frac{34700^k \times 6}{1000} = 34^k,7 \times 6 = 208^k,2$. Donc il faudra cultiver autant d'hectares que $208^k,2$ est contenu de fois dans 120681000 kilog., ou 120681000 : 208,2 = 579639 hectares.

1165. — La livre de 8 bougies coûte $1^f,20$; chaque bougie a $0^m,17$ de longueur; on en consomme $0^m,032$ par heure. Supposons que, au lieu de bougie, on brûle de l'huile à $0^f,65$ le 1/2 kilog., à raison de 1 kilog. pour 6 jours de 5 heures. On demande la dépense la plus grande et quelle est la différence par mois de 30 jours. — **R.** C'est l'huile qui coûte le plus. La différence est de $2^f,265$.

SOLUTION RAISONNÉE.

La consommation, en bougie, par heure, est de $0^m,032$.
Pendant une journée de 5 heures elle sera de $0^m,032 \times 5 = 0^m,16$.
Pendant 30 jours elle sera de.............. $0^m,16 \times 30 = 4^m,80$.
Or les 8 bougies de la livre font une longueur de $0^m,17 \times 8 = 1^m,36$.

Donc il faudra autant de livres de bougie que $1^m,36$ est contenu de fois dans $4^m,80$, ou $\frac{4,80}{1,36}$; et comme chaque livre coûte $1^f,20$, la dépense sera de $1^f,20 \times \frac{4,80}{1,36} = 4^f,235$.

D'un autre côté le kilogr. d'huile coûte $0^f,65 \times 2 = 1^f,30$, et c'est la dépense de 6 jours. Donc la dépense d'un mois, qui contient 5 fois 6 jours, sera de $1^f,30 \times 5 = 6^f,50$. L'huile est donc plus chère; la différence par mois serait de $6^f,50 - 4^f,235 = 2^f,265$.

1166. — Un vase vide pèse $2^{kilog.},715$; plein d'eau pure, il pèse $15^{kilog.},395$. On demande la capacité de ce vase : 1° en litres; 2° en centimètres cubes. — **R.** 1° $12^l,65$; — 2° 12650 centim. cub.

SOLUTION RAISONNÉE. — Le poids de l'eau contenue dans le vase est de $15^k,395 - 2^k,745 = 12^k,650$. Donc le volume de cette eau, ou la capacité du vase, est de $12^l,650$, ou 12650 centim. cub.

1167. — Un libraire reçoit en dépôt un ouvrage qu'il doit vendre $2^f,75$ l'exemplaire. L'auteur lui fait la remise ordinaire du treizième exemplaire et de 25 °/₀ sur les autres. Au règlement de compte, 663 exemplaires ont été vendus. Combien le libraire a-t-il gagné? Combien l'auteur a-t-il gagné ou perdu, si l'édition lui a coûté $875^f,50$ et qu'il distribue gratuitement les exemplaires non vendus? — **R.** Le libraire a gagné 561 fr. — L'auteur a gagné $386^f,75$.

SOLUTION RAISONNÉE. — Je cherche d'abord combien de fois 13 est contenu dans 663. Il y est contenu 51 fois. Donc le libraire bénéficie d'abord du prix de 51 exemplaires, soit 2f,75 × 51 = 140f,25. Il ne reste plus que 663 — 51 = 612 exemplaires, qui, vendus a 2f,75, rapportent 2f,75 × 612 = 1683 fr. Sur cette somme le libraire prélève 25 p. %, soit 1683f : 4 = 420f,75. Son bénéfice total est donc de 140f,25 + 420f,75 = 561 fr. Il reste pour l'auteur 1683f — 420f,75 = 1262f,25; mais comme l'édition lui a coûté 875f,50, son bénéfice se réduit à 1262f,25 — 875f,50 = 386f,75. — Toutefois, il faut remarquer que si le libraire a vendu les livres par douzaines; il a aussi donné, selon l'usage, le 13e gratis, et alors il n'a gagné que la remise de 25 %, soit 420f,75.

1168. — Un sac renferme 1000 fr., dont 500 fr. en argent, 450 fr. en or et le reste en monnaie de bronze. Combien pèse son contenu? — R. 7k,61516.

SOLUTION RAISONNÉE. — 500 fr. en argent pèsent 5gr × 500 = 2500gr = 2k,500; 450 fr. en or pèsent $\frac{5^{gr} \times 450}{15,5} = \frac{450^{gr}}{3,1} = 145^{gr},16$; et 50 fr. en bronze pèsent 5gr × 50 × 20 = 250gr × 20 = 5 kilog.; donc le sac pèse 2k,500 + 0k,14516 + 5k = 7k,64516.

1169. — On a acheté 1440 œufs à 0f,75 la douzaine; on les revend à 7f,85 le cent; mais il s'en trouve 54 de cassés. Quel bénéfice réalise-t-on? — R. 18f,80.

SOLUTION RAISONNÉE. — 1440 œufs contiennent $\frac{1440}{12} = 120$ douzaines d'œufs. On a donc acheté ces œufs 0f,75 × 120 = 90 fr. Il ne reste plus à vendre que 1440 — 54 = 1386 œufs, qui rapportent 7f,85 × 13,86 = 108f,80. Le bénéfice réalisé est donc de 108f,80 — 90f = 18f,80.

1170. — Un négociant a acheté 15 hectolitres de vin qui lui ont coûté 980 fr. d'achat, 78f,75 d'entrée et 33f,65 de transport; il revend ce vin à raison de 95 cent. le litre. Combien gagne-t-il par litre, et sur la totalité? — R. 1° 0f,221; — 2° 332f,60.

SOLUTION RAISONNÉE. — Le vin a coûté au négociant 980 fr. + 78f,75 + 33f,65 = 1092f,40. Il l'a revendu 0f,95 × 1500 = 1425f. Il a donc gagné 1425f — 1092f,40 = 332f,60, et son bénéfice par litre est de 332f,60 : 1500 = 0f,221.

1171. — 100 kilog. de cocons* donnent 18 kilog. de soie grège*. On évalue à 3 097 860 kilog. la quantité de soie grège mise en œuvre à Lyon* chaque année. Cette soie vaut 57 fr. le kil. — On demande : 1° le prix de la matière première qui sert chaque année à la confection des soieries lyonnaises, et 2° le poids des cocons qui fournissent cette soie. — R. 1° 176 578 020 francs; — 2° 17 210 333k,333.

SOLUTION RAISONNÉE. — Le prix de cette soie est de 57 fr. × 3 097 860 = 176 578 020 fr.; d'un autre côté :

18 kilog. de soie proviennent de 100 kilog. de cocons.

1 — provient de... $\frac{100}{18}$ kil.

3097860 — proviennent de $\frac{100 \times 3097860}{18}$ kilogr. de cocons $= \frac{309786000^k}{18} = 17210333^k,333$.

1172. — Partant pour une foire, un marchand qui emporte 45 fr. en monnaie de bronze et 4 890 fr. en monnaie d'argent, échange le tout contre de la monnaie d'or : de quel poids est-il soulagé? — R. De $27^k,358$.

SOLUTION RAISONNÉE.

45 fr. en bronze pèsent...	$5^{gr} \times 45 \times 20 =$	4500^{gr} »
4890 fr. en argent — ...	$5^{gr} \times 4890 =$	24450^{gr} »
Total..................		28950^{gr} »
4935 fr. en or pèsent.......	$\frac{5^{gr} \times 4935}{15,5} =$	$1591^{gr},93$
Différence...............		$27358^{gr},07$.

1173. — Un propriétaire a vendu sa récolte de froment à raison de $27^f,75$ l'hectolitre; il en a retiré 13 310 fr. On sait que le terrain qu'il avait ensemencé a produit 18 litres par are. Quelle est la superficie de ce terrain en hectares, ares et centiares? — R. 26^{ha} 70^a 66^{ca}.

SOLUTION RAISONNÉE. — La récolte de ce propriétaire contenait un nombre d'hectolitres égal à $13310 : 27,75 = 480^{hl},72 = 48072$ litres. La superficie du terrain ensemencé est donc de $48072 : 18 = 2670^a,66$, ou 26^{ha} 70^a 66^{ca}.

1174. — Une propriété a rapporté 136 hectolitres de blé, que l'on a vendus au prix de 27 fr. l'hectol.; $45^{hect.},24$ de légumes, vendus $15^f,50$ l'hectol.; 507 litres de vin au prix de $24^f,80$ l'hectol.; on a dépensé pour l'exploitation la moitié du revenu brut*, plus 1450 fr. On demande : 1° le revenu brut de cette propriété; 2° le revenu net*; 3° combien le propriétaire pouvait dépenser par jour avec le revenu net. — R. 1° $4498^f,95$; — 2° $799^f,45$; — 3° $2^f,20$.

SOLUTION RAISONNÉE.

136 hectol. de blé à 27 fr. l'hectol. donnent	$27^f \times 136 =$	3672^f »
$45^{hl},24$ de légumes à $15^f,50$ l'hect. donnent	$15^f,50 \times 45,24 =$	$701^f,22$
507 litres de vin à $24^f,80$ l'hect. —	$24^f,80 \times 5,07 =$	$125^f,73$
Revenu brut....................		$4498^f,95$

Dépense pour l'exploitation :

1° Moitié du revenu brut.....	$4498^f,95 : 2 = 2249^f,50$	$3699^f,50$
2° Dépense supplémentaire...	1450^f »	
Revenu net....................		$799^f,45$

Dépense possible par jour $799^f,45 : 365 = 2^f,20$.

1175. — Un marchand s'aperçoit qu'une pièce de drap de 18m,50, qui lui coûte 12 fr. le mètre, est avariée sur une longueur de 2m,80. La partie dépréciée ne peut plus être vendue que 7 fr. le mètre. Quel devrait être, par mètre, le prix de vente du drap non avarié, pour que le marchand n'éprouvât pas de perte ? — R. 12f,89.

SOLUTION RAISONNÉE.

Prix de la pièce de drap............	$12^f \times 18{,}50 =$	222^f »
Prix de vente de la partie avariée...	$7^f \times 2{,}80 =$	$19^f{,}60$
Prix de vente de la partie non avariée..............		$202^f{,}40$

Nombre de mètres non avariés... $18^m{,}50 - 2^m{,}80 = 15^m{,}70$.
Prix d'un mètre non avarié........ $202^f{,}40 : 15{,}70 = 12^f{,}89$.

1176. — Une personne se sert de bouteilles telles que 4 ont la même capacité que 3 litres. Combien lui en faut-il pour mettre en bouteilles une feuillette de vin de 114 litres, qui lui coûte 85 fr., et à combien lui revient la bouteille de vin ? — R. 1° 152 bouteilles ; — 2° 0f,56.

SOLUTION RAISONNÉE.

Pour 3 litres il faut...... 4 bouteilles.
— 1 litre — ...... $\frac{4}{3}$ de bouteille.
— 114 litres — ...... $\frac{4 \times 114}{3} = 152$ bouteilles.

La feuillette entière coûtant 85 fr., une bouteille reviendra à $85^f : 152 = 0^f{,}56$.

1177. — On a employé pour un oreiller 12f,96 de duvet à 9 fr. le kilogramme. Combien a-t-il fallu d'oies pour fournir ce duvet, en supposant qu'une oie donne en moyenne 120 grammes de duvet ? — R. 12.

SOLUTION RAISONNÉE. — Il faut autant de kilog. de duvet, que 9 est contenu de fois dans 12,96, ou $\frac{12{,}96}{9} = 1^k{,}44 = 1440$ grammes. Comme chaque oie donne 120 grammes de duvet, il a fallu un nombre d'oies égal à $\frac{1440}{120} = 12$.

1178. — On place dans l'un des plateaux d'une balance un vase plein d'eau distillée : pour faire équilibre, il faut mettre dans l'autre plateau 75 pièces de 5 francs (en argent), 280 pièces de 2 francs et 378 pièces de 20 francs. — On demande, en litres, la capacité du vase, sachant qu'il pèse 275 grammes. — R. 6l,84.

SOLUTION RAISONNÉE.

75 pièces de 5 fr. pèsent... $25^{gr} \times 75 = 1875^{gr}$ »
280 — de 2 fr. — ... $10^{gr} \times 280 = 2800^{gr}$ »
378 — de 20 fr. — ... $\frac{5^{gr} \times 20 \times 378}{15,5} = 2438^{gr},71$

Total des poids des pièces de monnaie...... $7113^{gr},71$
Poids du vase............... 275^{gr} »

Poids de l'eau contenue dans le vase........ $6838^{gr},71$
Capacité du vase............ $6^{l},81$.

1179. — La poste se charge des envois d'argent moyennant une rétribution égale à 1 fr. p. 100 de la somme inscrite sur le mandat, plus 15 centimes pour affranchissement. Cela posé, quel sera le montant des frais d'envoi d'un mandat de 238 francs? — **R.** $2^{f},53$.

SOLUTION RAISONNÉE. — Le montant des frais est égal à $2^{f},38 + 0^{f},15 = 2^{f},53$.

1180. — Une usine à gaz* est chargée d'alimenter annuellement 2600 becs pendant 1440 heures; on sait qu'un bec consomme 130 litres de gaz par heure, et que la distillation* d'un hectolitre de houille* donne 18 mètres cubes 548 de gaz. Combien cette usine consomme-t-elle d'hectolitres de houille dans l'année? — **R.** 26211 hectolitres.

SOLUTION RAISONNÉE. — 2600 becs de gaz consomment par heure $130^{l} \times 2600 = 338000^{l} = 338$ mètres cubes de gaz; en 1440 heures ils en consommeront $338^{mc} \times 1440 = 486720^{mc}$. L'usine aura donc consommé autant d'hectolitres de houille que $18^{mc},548$ sera contenu de fois dans 486720 mèt. cubes, ou $486720 : 18,548 = 26211$ hectolitres.

1181. — Une personne achète de la toile pour faire 4 douzaines de chemises. On sait qu'il faut $3^{m},25$ de toile pour faire une chemise et que la couturière demande $1^{f},40$ de façon. Quel sera le montant de la dépense, si la toile coûte $1^{f},85$ le mètre et si l'on obtient, en payant comptant, un escompte de $3^{f},75$ pour cent? — **R.** $342^{f},46$.

SOLUTION RAISONNÉE.

Toile nécessaire $3^{m},25 \times 48 = 156$ mètres.
Prix de la toile............ $1^{f},85 \times 156 = 288^{f},60$
Façon des chemises........ $1^{f},40 \times 48 = 67^{f},20$

Total de la dépense........ $355^{f},80$
Escompte à 3,75 p. %...... $3^{f},558 \times 3^{f},75 = 13^{f},34$

Prix net des chemises...... $342^{f},46$

1182. — Un confiseur* a employé, pour faire des confitures, $49^k,500$ de groseilles, à $0^f,15$ le kilog.; $43^k,05$ de sucre à $1^f,50$, et il compte le feu pour 2 fr. Il a obtenu $59^k,250$ de confitures; à combien lui revient le kilogramme, et combien doit-il revendre le pot de 250 grammes pour gagner $0^f,25$ sur chacun? Les pots lui coûtent $11^f,50$ le cent. — **R.** 1° $1^f,50$; — 2° $0^f,75$.

SOLUTION RAISONNÉE.

Prix des groseilles........	$0^f,45 \times 49,5$	$= 22^f,275$
— du sucre.............	$1^f,50 \times 43,05$	$= 61^f,575$
Dépense pour le feu........................		2^f »
Total de la dépense..........		$88^f,85.$

Prix d'un kilogramme de confitures... $88^f,85 : 59,25 = 1^f,497$, ou mieux $1^f,50$.

Prix d'un pot de 250 gr...	$1^f,50 : 4$	$= 0^f,375$
Prix du vase.............	$11^f,50 : 100$	$= 0^f,115$
Bénéfice sur chaque pot.................		$0^f,25$

Prix de vente du pot de confitures... $0^f,74$, ou $0^f,75$.

1183. — Quelle est, en décilitres et en centilitres, la capacité d'un vase qui contient une quantité d'eau pesant autant que 97 pièces de 10 francs en or, 23 pièces de 5 francs en argent, 3 pièces de 2 francs, 7 pièces de 1 franc, 5 pièces de 50 centimes, 15 pièces de 10 centimes et 8 pièces de 2 centimes? Exprimer la même capacité en millimètres cubes. — **R.** 1° 11 décilit., 314; — 2° 113 centil., 14; — 3° 1 131 400 millim. cubes.

SOLUTION RAISONNÉE.

97 pièces	de 10 fr.	pèsent...	$\dfrac{5^{gr} \times 10 \times 97}{15,5}$	$=$	$312^{gr},90$
23 —	de 5 fr.	— ...	$25^{gr} \times 23$	$=$	575^{gr} »
3 —	de 2 fr.	— ...	$10^{gr} \times 3$	$=$	30^{gr} »
7 —	de 1 fr.	— ...	$5^{gr} \times 7$	$=$	35^{gr} »
5 —	de $0^f,50$	— ...	$2^{gr},5 \times 5$	$=$	$12^{gr},50$
15 —	de $0^f,10$	— ...	$10^{gr} \times 15$	$=$	150^{gr} »
8 —	de $0^f,02$	— ...	$2^{gr} \times 8$	$=$	16^{gr} »
		Poids de l'eau.............			$1131^{gr},40$

Capacité du vase : 1131 centim. cub., 40 = 1 lit., 1314 = 11 décilit., 314 = 113 centilit., 14 = 1131400 millim. cubes.

1184. — Une ouvrière a confectionné 3 douzaines de chemises pour lesquelles elle a fourni la toile. Il faut 5 mètres de toile pour 2 chemises, et la toile coûte $3^f,20$ le mètre. Cet ouvrage l'a occupée pendant 45 jours et lui a été payé $361^f,50$. Combien a-t-elle gagné par journée de travail, sachant qu'elle a dépensé 6 francs pour les fournitures? — **R.** $1^f,50$.

Solution raisonnée. — Dans 3 douzaines de chemises il y a 36 chemises, ou 18 fois 2 chemises ; donc il a fallu 18 fois 5 mètres de toile, ou $5^m \times 18 = 90$ mètres, et cette toile a coûté $3^f,20 \times 90 = 288$ fr. Le prix de revient des chemises est donc de $288^f + 6^f = 294$ fr. Les chemises ayant été payées $361^f,50$, le bénéfice est de $361^f,50 - 294^f = 67^f,50$. Donc cette ouvrière a gagné par jour $67^f,50 : 45 = 1^f,50$.

1185. — L'hectolitre de pommes de terre pèse environ 80 kil. et le demi-quintal vaut $3^f,25$. Calculez la valeur de la récolte d'une terre de 1 hectare 37 ares 28 centiares ensemencée en pommes de terre, sachant que le rendement a été de $104^l,65$ par are. — R. 747 francs.

(**Page 109** de l'Élève).

Solution raisonnée. — La terre a une superficie de $137^a,28$; donc le rendement de la récolte est de $104^l,65 \times 137,28 = 14366^l,302 = 143^{hl},66$ de pommes de terre. Le poids de ces pommes de terre est de $80^k \times 143,66 = 11493^k = 114$ quintaux 93. Le prix du quintal étant de $3^f,25 \times 2 = 6^f,50$, la valeur de la récolte sera de $6^f,50 \times 114,93 = 747$ fr.

1186. — Quel est l'intérêt de $3\,875^f,50$ à 6 p. % pendant 3 mois 20 jours ? — R. $71^f,05$.

Tableau du calcul :

$$x = \frac{3875^f,50 \times 6 \times 110}{36000} = \frac{3875^f,50 \times 11}{600} = 71^f,05.$$

1187. — Pour parqueter* une salle, il a fallu 854 feuilles de parquet de 410 centimètres carrés : combien aurait-il fallu de feuilles de 244 centimètres carrés ? — R. 1435.

Solution raisonnée.

Avec des feuilles de 410^{cmq} il en a fallu.. 854.

— de 1^{cmq} il en faudrait 854×410.

— de 244^{cmq} il en faudrait $\frac{854 \times 410}{244} = 1435$.

1188. — Le propriétaire d'une maison a 18 fenêtres à faire vitrer. Lorsque le travail est terminé, il paie $112^f,32$. Combien chaque fenêtre renferme-t-elle de carreaux, si chaque carreau coûte 78 centimes ? — R. 8 carreaux.

Solution raisonnée. — La maison a autant de carreaux que $0^f,78$ est contenu de fois dans $112^f,32$, ou $112,32 : 0,78 = 144$ carreaux. Donc chaque fenêtre en contient $144 : 18 = 8$.

1189. — On a donné 29 francs à 5 faucheurs pour un travail de 10 heures. Que gagneraient 18 faucheurs pour un travail de 7 heures ? — R. $73^f,08$.

SOLUTION RAISONNÉE.

5 faucheurs	... 10^h de travail	...	29 fr.
1 faucheur	... 10^h	— ...	$\frac{29^f}{5}$.
1 —	... 1^h	— ...	$\frac{29^f}{5 \times 10}$.
18 faucheurs	... 1^h	— ...	$\frac{29^f \times 18}{5 \times 10}$.
18 —	... 7^h	— ...	$\frac{29^f \times 18 \times 7}{5 \times 10} = 73^f,08$.

1190. — On demande le volume d'un vase tel que le poids de l'eau qu'il contient est de 248 kilogr., 8. — **R.** $248^l,8$.

1191. — Un bout de ruban de 5 centimètres de longueur a été payé 4 centimes : quel est le prix du mètre ? — **R.** $0^f,80$.

1192. — Combien de pièces de 5 francs peut-on fabriquer avec un lingot de $16^k,2$ d'argent pur, 1 franc contenant $4^{gr},5$ d'argent pur ? — **R.** 720 pièces de 5 francs.

SOLUTION RAISONNÉE. — Une pièce de 5 francs contient un poids d'argent pur égal à $4^{gr},5 \times 5 = 22^{gr},5$. Donc on pourra fabriquer autant de pièces de 5 francs que $22^{gr},5$ sera contenu de fois dans $16^k,2$ ou 16 200 gr., soit $16\,200 : 22,5 = 720$.

1193. — Quel serait le poids d'argent pur contenu dans une somme de $3^f,70$ en monnaie d'argent ? — **R.** $15^{gr},4475$.

SOLUTION RAISONNÉE. — Les pièces d'argent inférieures à 5 fr. sont au titre de 0,835. Or le poids de $3^f,70$ en argent est égal à $5^{gr} \times 3,70 = 18^{gr},50$; donc le poids de l'argent pur contenu dans cette somme est de $18^{gr},50 \times 0,835 = 15^{gr},4475$.

1194. — Un mètre d'étoffe coûte $0^f,75$: quel sera le prix de $0^m,35$? — **R.** $0^f,26$.

SOLUTION RAISONNÉE. — $0^m,35$ d'étoffe coûteront les 35 centièmes du prix du mètre, ou $0^f,75 \times 0,35 = 0^f,2625$.

1195. — On a payé $30^f,50$ pour un sac de blé contenant $1^{hl},5$ que paierait-on pour 59 hectolitres ? — **R.** $1199^f,66$.

SOLUTION RAISONNÉE. — Un hectolitre coûtera $\frac{30^f,50}{1,5}$; donc 59 hectolitres coûteront $\frac{30^f,50 \times 59}{1,5} = 1199^f,66$.

1196. — 45 ouvriers, travaillant ensemble, ont mis 21 jours pour creuser un fossé de 235 mètres de longueur : combien 18 ouvriers mettraient-ils de temps pour creuser un fossé de 450 mètres ? — **R.** 114,89, soit 115 jours.

SOLUTION RAISONNÉE.

45 ouvriers ...	235 mètres	21 jours.
1 — ...	235 —	$24^j \times 45$.
1 — ...	1 —	$\frac{24^j \times 45}{235}$.
18 — ...	1 —	$\frac{24^j \times 45}{235 \times 18}$.
18 — ...	450 —	$\frac{24^j \times 45 \times 450}{235 \times 18}$

$$= \frac{24^j \times 9 \times 450}{47 \times 18} \times \frac{24^j \times 450}{47 \times 2} \times \frac{12^j \times 150}{47} = 114^j,89.$$

1197. — Un bâton planté en terre et ayant 1 mètre de hauteur au-dessus du niveau du sol, donne $1^m,80$ d'ombre à 10 heures du matin. Au même moment, une tour donne $84^m,50$ d'ombre. Calculer la hauteur de cette tour. — R. $46^m,94$.

SOLUTION RAISONNÉE.

$1^m,80$ d'ombre	1 mètre de hauteur.	
1^m —	$\frac{1^m}{1,80}$ —	
$84^m,50$ —	$\frac{1^m \times 84,50}{1,80} = \frac{845^m}{18} = 46^m,94.$	

1198. — Le litre de vin pesant 935 grammes, quelle est la capacité d'une cuve qui contient 11 200 kilogrammes de vin? — R. $119^{hl},78$.

SOLUTION RAISONNÉE. — La cuve contient autant de litres que 935 gr. est contenu de fois dans 11 200 kilog. ou 11 200 000 gr., soit 11 200 000 : 935 = 11978^l = $119^{hl},78$.

1199. — On a construit un massif en maçonnerie de $2^m,50$ de longueur, $0^m,75$ de largeur et $0^m,50$ d'épaisseur, à raison de $27^f,75$ le mètre cube : à combien s'élève la dépense? — R. 26 fr.

SOLUTION RAISONNÉE. — Le volume de la maçonnerie est de $2^m,50 \times 0^m,75 \times 0^m,50 = 0^{mc},9375$. La dépense s'élève donc à $27^f,75 \times 0,9375 = 26^f,01$.

1200. — Le café coûte $3^f,50$ le kilogramme et le chocolat 4 fr le kilogramme. Une personne qui achète autant de kilogrammes de café que de chocolat dépense $63^f,75$: combien achète-t-elle de kilogrammes de chacune de ces marchandises? — R. $8^k,500$ de chaque marchandise.

(Page 110 de l'Élève.)

SOLUTION RAISONNÉE. — 1 kilog. de café et 1 kilog. de chocolat coûtent ensemble $3^f,50 + 4^f = 7^f,50$. Donc on aura autant de kilog. de chaque marchandise que $7^f,50$ sera contenu de fois dans $63^f,75$, ou 63,75 : 7,50 = 8,500.

1201. — Un ouvrier a gagné un jour 2f,75, un autre jour 3f,50, enfin un 3e jour 4f,25 : quel est en moyenne le gain d'une journée? — **R.** 3f,50.

1202. — Pour carreler un trottoir de 25 mètres de longueur et de 3m,58 de largeur, on emploie des dalles en marbre ayant 0m,50 de longueur et 0m,35 de largeur : combien en faudra-t-il? — **R.** 512 dalles.

Solution raisonnée. — La surface du trottoir est de 25m × 3m,58 = 89mq,50; la surface d'une dalle est de 0m,50 × 0m,35 = 0mq,1750; donc il faudra autant de dalles que 0mq,1750 est contenu de fois dans 89mq,50, ou 89,5 : 0,175 = 511,4, ou mieux 512.

1203. — Une barrique de vin de Bordeaux* de 228 litres a coûté 150 francs. On a payé 7f,25 pour le transport et on veut faire, en revendant ce vin, un bénéfice de 12 p. % : à quel prix devra-t-on vendre la bouteille de 0l,75? — **R.** 0f,58.

Solution raisonnée.

Prix de la barrique de vin.................... 157f,25.

Bénéfice à faire............ $\frac{157^f,25 \times 12}{100} = 18^f,87.$

A vendre les 228 litres...................... 176f,12.

Prix d'un litre............. $\frac{176^f,12}{228}.$

Prix de la bouteille......... $\frac{176^f,12 \times 0,75}{228} = 0^f,579.$

1204. — 15 hectolitres de vin ont coûté 337f,50 : que paierait-on pour 453 hectolitres? — **R.** 10192f,58.

Solution raisonnée.

15 hectolitres............. 337f,50.

1 hectolitre.............. $\frac{337^f,50}{15}.$

453 hectolitres............. $\frac{337^f,50 \times 453}{15} = 10192^f,50.$

1205. — Quel est l'escompte d'un billet de 1880 francs payable dans 40 jours à 6 p. % par an? — **R.** 12f,53.

Tableau du calcul :

$$x = \frac{1880^f \times 6 \times 40}{36\,000} = \frac{1880^f \times 40}{6000} = 12^f,53.$$

1206. — On a payé 27 francs pour 15 kilogrammes de sucre : combien faut-il le revendre pour gagner 20 centimes par kilogramme? — **R.** 2 francs.

SOLUTION RAISONNÉE. — 1 kilog. de sucre coûte $27^f : 15 = 1^f,80$; il faut donc le revendre $1^f,80 + 0^f,20 = 2$ francs.

1207. — Un marchand a acheté 45 mètres de drap à 24 fr. le mètre; il en revend 36 mètres à 27 fr., et le reste à 28 fr. : combien gagne-t-il? — **R.** 144 francs.

SOLUTION RAISONNÉE.

36^m revendus à 27 fr. rapportent...	$27^f \times 36 =$	972 fr.
9^m — à 28 fr. — ...	$28^f \times 9 =$	252 fr.
Total du prix de vente................		1224 fr.
Prix d'achat............	$24^f \times 45 =$	1080 fr.
Bénéfice..................		144 fr.

1208. — Quelle est la capacité d'un vase qui pèse, vide, 125 grammes, et, plein d'eau, 400 grammes? — **R.** $0^l,275$.

SOLUTION RAISONNÉE. — L'eau contenue dans ce vase pèse $400^{gr} - 125^{gr} = 275^{gr}$. Donc la capacité du vase est de 275 centim. cubes, ou $0^{dmc},275$, ou $0^l,275$.

1209. — Combien possède un enfant à sa sortie de l'école, qu'il a fréquentée pendant 8 ans, s'il a régulièrement versé 10 centimes par semaine à la Caisse d'épargne* scolaire, sachant que les intérêts à 4 p. 0/0 ont été capitalisés* au 31 décembre de chaque année pour toutes les sommes amassées antérieurement? — **R.** $47^f,91$.

SOLUTION RAISONNÉE.

Déposé pendant la 1re année............	$0^f,10 \times 52 =$	$5^f,20$
Intérêt de cette somme pendant la 2e année	$5^f,20 \times 0,04 =$	$0^f,208$
Déposé pendant la 2e année.............	$0^f,10 \times 52 =$	$5^f,20$
Avoir à la fin de la 2e année...........		$10^f,608$
Intérêt de cette somme pendant la 3e année	$10^f,608 \times 0,04 =$	$0^f,424$
Deposé pendant la 3e année...........................		$5^f,20$
Avoir à la fin de la 3e année...........		$16^f,232$
Intérêt de cette somme pendant la 4e année	$16^f,232 \times 0,04 =$	$0^f,649$
Déposé pendant la 4e année...........................		$5^f,20$
Avoir à la fin de la 4e année...........		$22^f,081$
Intérêt de cette somme pendant la 5e année	$22^f,081 \times 0,04 =$	$0^f,883$
Déposé pendant la 5e année...........................		$5^f,20$
Avoir à la fin de la 5e année...........		$28^f,164$
Intérêt de cette somme pendant la 6e année	$28^f,164 \times 0,04 =$	$1^f,126$
Déposé pendant la 6e année...........................		$5^f,20$
Avoir à la fin de la 6e année...........		$34^f,49$

Report : $34^f,49$

Intérêt de cette somme pendant la 7ᵉ année $34^f,49 \times 0,04 =$ $1^f,379$

Déposé pendant la 7ᵉ année........................... $5^f,20$

Avoir à la fin de la 7ᵉ année............ $41^f,069$

Intérêt de cette somme pendant la 8ᵉ année $41^f,069 \times 0,04 =$ $1^f,642$

Déposé pendant la 8ᵉ année........................... $5^f,20$

Avoir à la fin de la 8ᵉ année............ $47^f,911$

1210. — Une salle d'asile renferme 87 enfants, dont 39 garçons. Une dame charitable veut habiller tous ces enfants et demande à la directrice de faire le compte de la dépense. Sachant qu'il faudra pour chaque garçon $3^f,20$, prix du pantalon et de la blouse, et pour chaque fille $2^m,25$ d'étoffe à $1^f,40$ le mètre, indiquer le montant total de la dépense. — **R.** 276 francs.

SOLUTION RAISONNÉE.

Dépense pour les garçons................ $3^f,20 \times 39 = 124^f,80$

Nombre des filles..... $87 - 39 = 48$.

Dépense pour une fille $1^f,40 \times 2,25 = 3^f,15$.

Dépense pour les 48 filles................ $3^f,15 \times 48 = 151^f,20$

Total de la dépense.............. 276 fr.

1211. — Un orage a détruit les trois dixièmes de la récolte d'un agriculteur qui a ensemencé de blé 45 hectares de terrain : combien l'agriculteur perd-il, si l'are produit habituellement 3 décalitres 4 litres, et si le blé vaut $21^f,60$ l'hectolitre ? — **R.** $9914^f,40$.

SOLUTION RAISONNÉE.

1 are produit....................	34 litres de blé.
1 hectare en produit 100 fois plus, ou	34 hectolitres.
45 hectares en produisent..........	$34^{hl} \times 45 = 1530$ hectol.
Le prix de ce blé est de...............	$21^f,60 \times 1530 = 33048$ fr.
Les 3/10 de cette somme égalent......	$33048^f \times 0,3 = 9914^f,40$.

1212. — Une maison a 24 fenêtres. Pour les faire vitrer, on paie $172^f,80$: combien chaque fenêtre renferme-t-elle de carreaux, si chaque carreau coûte 60 centimes ? — **R.** 12 carreaux.

SOLUTION RAISONNÉE. — La maison contient autant de carreaux que $0^f,60$ est contenu de fois dans $172^f,80$, ou $172,80 : 0,60 = 288$; et puisque la maison a 24 fenêtres, chaque fenêtre contient $288^{carr} : 24 = 12$ carreaux.

(Page 111 de l'Élève.)

1213. — On estime qu'un taillis peut donner, par are, $0^{st},7$ de bois et 2 fagots ; ce taillis a 135 mètres de long sur $49^m,25$ de large : combien produira-t-il de stères et de fagots ? — **R.** 1° $46^{st},54$; — 2° 133 fagots.

SOLUTION RAISONNÉE. — La superficie du taillis est de $135^m \times 49^m,25 = 6648^{mq},75 = 66^a,4875$. Puisque 1 are donne $0^{st},7$ de bois, le taillis tout entier donnera $0^{st},7 \times 66,4875 = 46^{st},54125$; et puisque

1 are donne 2 fagots, le taillis tout entier donnera $2^{fag} \times 66{,}4875 = 132^{fag}{,}975$, ou mieux 133 fagots.

1214. — Dire ce qu'on pourrait remplir de centilitres avec 1/5 de mètre cube d'eau et démontrer ce qu'on avancera. — **R.** 20000 centilitres.

SOLUTION RAISONNÉE. — 1 mètre cube contient 1000 décimètres cubes, ou 1000 litres; le cinquième d'un mètre cube contiendra $\frac{1000}{5} = 200$ litres, ou $200 \times 100 = 20000$ centilitres.

1215. — On a acheté une pièce de toile de 80 mètres à $1^{f}{,}35$ le mètre; on a revendu la moitié de cette pièce à $1^{f}{,}75$ le mètre, le quart à $1^{f}{,}80$, et le reste à $1^{f}{,}90$: combien a-t-on gagné sur le tout? — **R.** 36 fr.

SOLUTION RAISONNÉE.

40 mètres revendus	à $1^{f}{,}75$	donnent	$1^{f}{,}75 \times 40 =$ 70 fr.
20 —	à $1^{f}{,}80$	—	$1^{f}{,}80 \times 20 =$ 36
20 —	à $1^{f}{,}90$	—	$1^{f}{,}90 \times 20 =$ 38
	Total du prix de vente.............		144 fr.
Prix d'achat de 80 mètres à $1^{f}{,}35$...			$1^{f}{,}35 \times 80 =$ 108 fr.
	Bénéfice........................		36 fr.

1216. — Quel est le montant d'un versement de 4 billets de 1000 francs, 5 de 100 fr., 4 de 20 fr. et de 2 kilogrammes de monnaie d'argent? — **R.** 4980 francs.

SOLUTION RAISONNÉE.

4 billets de 1000 fr..................	$1000^{f} \times 4 =$ 4000 fr.
5 — de 100 fr..................	$100^{f} \times 5 =$ 500
4 — de 20 fr..................	$20^{f} \times 4 =$ 80
2 kilog. d'argent valent autant de francs que 5^{gr} est contenu de fois dans 2000^{gr}, ou	2000 : 5 = 400
Total........................	4980 fr.

1217. — Une femme a blanchi, dans une année, 9786 chemises à 15 centimes l'une, 957 paires de draps à 35 centimes la paire; 10019 mouchoirs à 5 centimes l'un. Elle a dépensé pour savon, cendres et bois, $788^{f}{,}08$. On demande 1° combien elle a gagné dans l'année; 2° combien elle a pu dépenser par jour, l'année étant de 365 jours? — **R.** 1° $1517^{f}{,}22$; 2° $4^{f}{,}15$.

SOLUTION RAISONNÉE.

Chemises.............	$0^{f}{,}15 \times 9786 = 1467^{f}{,}90$
Draps.................	$0^{f}{,}35 \times 957 = 334^{f}{,}95$
Mouchoirs.............	$0^{f}{,}05 \times 10019 = 502^{f}{,}45$
Recettes....................	$2305^{f}{,}30$
Dépenses....................	$788^{f}{,}08$
Bénéfice d'une année........	$1517^{f}{,}22$

La dépense, par jour, peut donc être de $1517^{f}{,}22 : 365 = 4^{f}{,}156$.

1218. — Un terrain rectangulaire, de 120 mètres de long sur 15 mètres de large, a été acheté à raison de 6000 francs l'hectare : combien faut-il le revendre le mètre carré pour réaliser un bénéfice de 120 francs? — **R.** $0^f,66$.

SOLUTION RAISONNÉE. — La superficie du terrain est de $120^m \times 15^m = 1800^{mq} = 0^{ha},18$; donc il a été payé $6000^f \times 0,18 = 1080$ fr. Pour réaliser un bénéfice de 120 francs, il faudra le revendre $1080^f + 120^f = 1200$ francs ; donc le mètre carré reviendra à $1200^f : 1800 = 0^f,6666$.

1219. — Une institutrice reçoit un traitement annuel de 650 fr., sur lequel on lui retient 5 p. % pour sa pension de retraite. Elle dépense pour son entretien complet $116^f,50$ par trimestre * et fait à sa mère une rente de 75 fr. par an ; calculer le montant des économies qu'elle réalisera dans une année. — **R.** $76^f,50$.

SOLUTION RAISONNÉE.

Traitement annuel		650^f »
Retenue de 5 %	$650^f \times 0,05 =$	$32^f,50$
Traitement net		$617^f,50$
Entretien annuel	$116^f,50 \times 4 = 466^f$	541^f »
Rente à sa mère	75^f	
Montant de ses économies		$76^f,50$

1220. — J'ai acheté 17 ares de pré, à raison de 2000 fr. l'hectare. J'ai versé acompte 225 francs. Combien redois-je encore? — **R.** 115 francs.

SOLUTION RAISONNÉE.

Prix d'achat	$2000^f \times 0,17 =$	340 fr.
Versé acompte		225
Reste dû		115 fr.

1221. — L'hectolitre d'oignons valant $9^f,25$, combien vaudront $34^{Hl},45$ de ces oignons? — **R.** $318^f,66$.

1222. — On demande quelle est, en litres, la capacité d'un vase, sachant que l'eau qui remplirait ce vase pèse autant que 26 pièces de 5 fr. en argent, plus 64 pièces de 10 centimes en bronze. — **R.** $1^l,29$.

SOLUTION RAISONNÉE.

Poids des pièces d'argent	$25^{gr} \times 26 =$	650 gr.
Poids des pièces de bronze	$10^{gr} \times 64 =$	640
Total		1290 gr.

L'eau qui pèse 1290 gr. a un volume de 1290 centim. cubes, ou $1^{dmc},29$, ou $1^l,29$.

1223. — On a acheté $0^{m},45$ de drap pour $5^{f},75$: à combien revient le mètre ? — R. $12^{f},77$.

Solution raisonnée. — Puisque $0^{m},45$ de drap ont coûté $5^{f},75$, 1 mètre coûtera $5^{f},75 : 0,45 = 12^{f},77$.

1224. — Pour faire 4 douzaines de chemises, on emploie 135 mètres de toile à $2^{f},45$ le mètre. L'ouvrière qui les confectionne y passe 32 jours, et on la paye $1^{f},45$ par jour ; enfin on dépense pour le fil et les boutons $3^{f},60$. A combien revient chaque chemise ? — R. $7^{f},93$.

Solution raisonnée.

Prix de la toile.............	$2^{f},45 \times 135 =$	$330^{f},75$
Journées d'ouvrière.........	$1^{f},45 \times 32 =$	$46^{f},40$
Fil et boutons............................		$3^{f},60$
Total de la dépense..........		$380^{f},75$.

Prix de revient d'une chemise $380^{f},75 : 48 = 7^{f},93$.

1225. — Un rouleau de pièces de 20 francs, valant 1000 fr., a une longueur de 64 millimètres : combien faudra-t-il empiler de pièces de 20 fr. les unes sur les autres pour faire une pile de 1 mètre de hauteur ? — R. 781 pièces de 20 francs.

Solution raisonnée. — Un rouleau de 1000 francs contient $\frac{1000}{20} = 50$ pièces de 20 francs. Donc 50 pièces de 20 francs font une longueur de 64 millimètres, et une pièce de 20 francs a une épaisseur de $64^{mm} : 50 = 1^{mm},28$. Pour faire une longueur de 1 mètre, il faudra donc autant de pièces de 20 fr. que $1^{mm},28$ sera contenu de fois dans 1 mètre, ou 1000 millimètres, soit $1000 : 1,28 = 781$.

1226. — Que rapportent 1804 francs placés à 4 1/2 p. % pendant 8 mois 20 jours ? — R. $58^{f},63$.

Solution raisonnée.

100 fr. en 360 jours....	rapportent	$4^{f},50$.
1 fr. .. 360 jours....	—	$\frac{4^{f},50}{100}$.
1804 fr. .. 360 jours....	—	$\frac{4^{f},50 \times 1804}{100}$.
1804 fr. .. 1 jour.....	—	$\frac{4^{f},50 \times 1804}{100 \times 360}$.
1804 fr. .. 260^{j} (8^{m} 20^{j})..	—	$\frac{4^{f},50 \times 1804 \times 260}{36000} = 58^{f},63$.

1227. — On veut construire un mur de 675 mètres cubes. On emploie des briques qui, les joints compris, ont 1022 centimètres cubes; quelle est la dépense, si le cent de briques coûte $2^f,85$? — R. $188^f,24$.

Solution raisonnée. — Il faut autant de briques que 1022 centimètres cubes sont contenus de fois dans 675 mètres cubes, ou 675000000 centim. cubes., soit 675000000 : 1022 = $6604^{br},69$, ou mieux 6605 briques. Or le cent de briques coûtant $2^f,85$, je cherche combien de fois 100 est contenu dans 6605; je trouve 66,05 et je multiplie $2^f,85$ par ce nombre 66,05, ce qui donne $2^f,85 \times 66,05 = 188^f,24$.

1228. — Une vis avance de $4^{cent.},35$ quand on lui fait faire 24 tours dans son écrou*: combien devra-t-elle faire de tours pour avancer de 5 centimètres? — R. 27 tours, 58.

Solution raisonnée.

Pour avancer de $4^{cm},35$ la vis fait... 24 tours.

— de 1^{cm} — ... $\frac{24 \text{ tours}}{4,35}$.

— de 5^{cm} la vis fera..... $\frac{24^t \times 5}{4,35} = 27^t,58$.

1229. — Une fermière vend $2^f,50$ le kilogramme, un pain de beurre qui pèse, dit-elle, 500 grammes, mais dont le poids réel est 52 décagrammes. A quel prix, en réalité, vend-elle le kilogramme? — R. $2^f,40$.

Solution raisonnée. — La fermière, croyant vendre 500 gr. de beurre, les a fait payer $2^f,50 : 2 = 1^f,25$; mais en réalité $1^f,25$ est le prix de 52 décagrammes, ou 520 gr.

Si 520 gr. de beurre ont coûté $1^f,25$,

1 gr. — a coûté.. $\frac{1^f,25}{520}$,

et 1000 gr., ou 1 kilog., ont coûté $\frac{1^f,25 \times 1000}{520} = 2^f,40$.

1230. — Pour 1500 francs on a eu $40^m,50$ d'étoffe: combien en aura-t-on de mètres pour 2740 fr.? — R. $73^m,98$.

Solution raisonnée.

Pour 1500 fr. on a eu......... $40^m,50$ d'étoffe.

— 1 fr. on en aurait.... $\frac{40^m,50}{1500}$.

— 2740 fr. — .... $\frac{40^m,50 \times 2740}{1500} = 73^m,98$

Ou bien :

On aura autant de fois $40^m,50$ que 1500 fr. est contenu de fois dans 2740 fr., ou $40^m,50 \times \frac{2740}{1500} = 73^m,98$.

1231. — On met dans l'un des plateaux d'une balance 8 pièces de 5 francs. Combien doit-on mettre de décilitres d'eau dans l'autre plateau pour qu'il y ait équilibre? — R. 2 décilitres.

SOLUTION RAISONNÉE. — 8 pièces de 5 fr. pèsent $25^{gr} \times 8 = 200^{gr}$; donc, pour faire équilibre à ces pièces, il faudra 200 centimèt. cub. d'eau, ou $0^{dmc},2$, ou $0^{l},2$, ou 2 décilitres d'eau.

1232. — On demande le prix d'une feuillette* de vin de 114 litres, vendue à raison de $0^{f},35$ la bouteille de 75 centilitres. — R. $53^{f},20$.

SOLUTION RAISONNÉE. — Chaque bouteille contenant $0^{l},75$, il y aura autant de bouteilles que $0^{l},75$ sera contenu de fois dans 114 litres, ou $114 : 0,75 = 152$ bouteilles. Le prix de la feuillette sera donc de $0^{f},35 \times 152 = 53^{f},20$.

1233. — Un ouvrier a reçu $38^{f},10$ pour 10 jours de travail : combien aurait-il fallu qu'il travaillât de jours pour recevoir 381 fr., et combien de jours pour recevoir 3810 fr.? — R. 1° 100 jours; — 2° 1000 jours.

SOLUTION RAISONNÉE. — On voit immédiatement que $381^{f} = 38^{f},10 \times 10$ et que $3810^{f} = 38^{f},10 \times 100$. Il faudra donc à l'ouvrier 10 fois et 100 fois plus de jours, ou 100 jours et 1000 jours.

1234. — Un cultivateur achète, dans les mêmes conditions, deux champs : l'un a une surface de 34 ares 28 centiares, l'autre a la forme d'un carré de 80 mètres de côté. Le second lui coûte 600 fr. de plus que le premier : quel est le prix d'achat de chaque champ? — R. 1° 692 fr.; — 2° 1292 fr.

SOLUTION RAISONNÉE. — La surface du second champ est de $80^{m} \times 80^{m} = 6400^{mq} = 64$ ares. La différence des surfaces des deux champs est de $64^{ar} - 34^{ar},28 = 29^{ar},72$; c'est cette surface de $29^{ar},72$ qui a coûté 600 fr.; donc l'are coûte $\frac{600^{f}}{29,72} = 20^{f},188$. Par conséquent le premier champ a dû coûter $20^{f},188 \times 34,28 = 692$ fr.; et le second $20^{f},188 \times 64 = 1292$ fr. La différence des deux prix est bien de 600 fr.

1235. — Calculer le revenu journalier d'une personne qui a 13 490 fr. placés à 4 1/2 p. %. — R. $1^{f},66$.

SOLUTION RAISONNÉE. — Le revenu annuel de cette personne est de $\frac{4^{f},50 \times 13490}{100} = 607^{f},05$. Son revenu par jour sera donc de $607^{f},05 : 365 = 1^{f},66$.

1236. — 36 ouvriers ont fait 618 mètres d'ouvrage à raison de $1^{f},50$ le mètre. On retient, en les payant, le prix de 720 kilogrammes de pain à 0f,04 l'hectogramme : combien revient-il à chaque ouvrier ? — R. 19 fr.

SOLUTION RAISONNÉE.

Le gain des ouvriers est de....... 1f,50 × 648 = 972 fr.
La retenue qui leur est faite est de 0f,4 × 720 = 288

Il reste à partager entre eux............. 684 fr.

Donc la part de chacun est de 684f : 36 = 19 fr.

1237. — Une propriété a 798 mètres de longueur sur 477 de largeur. Combien contient-elle de mètres carrés? d'ares? Quel en est le prix, si chaque mètre carré vaut 4f,25 ? — R. 1° 380646 mèt. car. ; — 2° 3806a,46 ; — 3° 1617745f,50.

SOLUTION RAISONNÉE. — La superficie de cette propriété est de 798m × 477m = 380646mq = 3806a,46. Son prix est de 4f,25 × 380646 = 1617745f,50.

1238. — Combien faut-il de pièces de 5 fr. en argent pour faire équilibre à un vase contenant 2 litres 86 centilitres d'eau, et qui, vide, pèse 640 grammes ? — R. 140 pièces.

SOLUTION RAISONNÉE.

Le poids de l'eau contenue dans le vase est de 2k,860
Le poids du vase est de.................... 0k,640

Les poids réunis de l'eau et du vase sont de.. 3k,500.

Or une pièce de 5 francs pèse 25 grammes ; donc, pour faire équilibre à ce poids, il faudra autant de pièces de 5 francs que 25 gr. sera contenu de fois dans 3500 gr., ou 3500 : 25 = 140 pièces.

1239. — Une jeune fille, en tricotant, peut confectionner 5 petits bonnets dans 2 jours. Sachant qu'elle travaille en moyenne 25 jours par mois, qu'elle vend ses bonnets 0f,90 la pièce, et que le coton nécessaire à la confection de 2 bonnets lui revient à 0f,35, on demande ce qu'elle peut gagner d'argent dans un an. — R. 543f,75.

SOLUTION RAISONNÉE.

En 1 jour cette jeune fille fait 2 bonnets et demi.
En 25 jours elle en fera........ 2,5 × 25 = 62 bonnets, 5.
En 12 mois, ou un an, elle en fera 62,5 × 12 = 750 bonnets.
Elle vend chaque bonnet................ 0f,90
Elle dépense pour chaque bonnet 0f,35 : 2 = 0f,175

Son bénéfice sur chaque bonnet est de.... 0f,725.

Son bénéfice total sera de 0f,725 × 750 = 543f,75.

1240. — Calculer combien on payera, pour l'envoi en grande vitesse, à une distance de 248 kilomètres, d'une caisse pesant 35 kilogrammes, sachant que le prix du transport par grande vitesse est de 0f,55 par tonne et par kilomètre, et qu'on paie en outre 0f,70 pour timbre et 0f,10 d'enregistrement. — R. 5f,57.

SOLUTION RAISONNÉE.

1000kg transportés à 1 kilom. coûtent.. 0f,55.
35kg — — coûteront 0f,55 × 0,035.
35kg — à 218 kil. — 0f,55 × 0,035 × 218 = 4f,771.
Le prix total sera donc de 4f,77 + 0f,70 + 0f,10 = 5f,57.

1241. — Un marchand de nouveautés fait un achat de 428m,75 de toile à 1f,75 le mètre ; sur cet achat on lui fait une remise de 25 francs. On demande combien il doit revendre le mètre de cette toile pour réaliser un bénéfice de 150 francs. — R. 2f,04.

SOLUTION RAISONNÉE.

Prix de la toile............ 1f,75 × 428,75 =	750f,30
Remise..	25f »
Somme payée....................	725f,30
Bénéfice à réaliser..........................	150f »
Prix de vente de toute la toile................	875f,30.

Prix du mètre : 875f,30 : 428,75 = 2f,04.

1242. — Une somme de 17f,25 doit être employée à payer un ouvrage exécuté par 3 ouvrières, dont la première a travaillé 10 heures pendant 6 jours consécutifs, la deuxième 13 heures pendant 3 jours, et la troisième 8 heures seulement pendant 2 jours. Quelle part revient à chacune des ouvrières ? — R. 1° 9 fr. ; — 2° 5f,85 ; — 3° 2f,40.

SOLUTION RAISONNÉE.

La 1re ouvrière a travaillé....	10h × 6 =	60 heures.
La 2e —	13h × 3 =	39 —
La 3e —	8h × 2 =	16 —
Total des heures de travail........		115 heures.

Pour 115 heures de travail on donne.. 17f,25

— 1 heure — on donnera $\frac{17^f,25}{115}$.

— 60 heures — — $\frac{17^f,25 \times 60}{115} = 9^f$ »

— 39 heures — — $\frac{17^f,25 \times 39}{115} = 5^f,85$

— 16 heures — — $\frac{17^f,25 \times 16}{115} = 2^f,40$

Total égal..................... 17f,25.

1243. — Une famille de 7 personnes, qui travaille 305 jours de l'année, gagne $13^f,85$ par jour; elle fait $1079^f,10$ d'économie au bout de l'an. Quelle est la dépense pour chaque personne par jour? — **R.** $1^f,23$.

SOLUTION RAISONNÉE.

Gain de la famille.......... $13^f,85 \times 305 = 4224^f,25$
Économies.............................. $1079^f,40$

Dépenses de l'année................. $3144^f,85$.
Dépense totale d'un jour....... $3144^f,85 : 365 = 8^f,61$.
Dépense d'un jour par personne $8^f,61 : 7 = 1^f,23$.

1244. — On a vendu 1368 kilog. de blé pour 390 francs. On demande le prix d'un hectolitre de ce blé, sachant que l'hectolitre pèse 76 kilog. — **R.** $21^f,66$.

SOLUTION RAISONNÉE. — On a autant d'hectolitres que 76 kilog. est contenu de fois dans 1368 kilog., ou 1368 : 76 = 18 hectolitres. Le prix d'un hectolitre est donc de 390^f : 18 = $21^f,66$.

1245. — Un boulanger a fourni 236 pains de 2 kilog., la moitié à $0^f,26$ le kilog. et l'autre à $0^f,32$. On lui donne en paiement 8 mètres d'étoffe à $2^f,25$ le mètre et le reste en espèces. Quel est le montant de la somme reçue? — **R.** $118^f,88$.

SOLUTION RAISONNÉE. — La moitié de 236 pains de 2 kilog. fait 236 kilog. de pain.

236^k de pain à $0^f,26$ le kilog. valent $0^f,26 \times 236 = 61^f,36$
236^k — à $0^f,32$ — — $0^f,32 \times 236 = 75^f,52$

Total......................... $136^f,88$.
8^m d'étoffe à $2^f,25$ le mètre valent $2^f,25 \times 8 = 28^f$ »

Reste à payer en espèces........ $118^f,88$.

1246. — Une ouvrière entreprend la confection d'un certain nombre de chemises. Elle achète du calicot à $1^f,40$ le mètre, et dépense $71^f,25$, y compris 3 fr. de fournitures. Il faut $3^m,25$ de calicot pour faire une chemise : combien doit-elle vendre chaque chemise pour gagner 2 fr. de façon par chemise? — **R.** $6^f,75$.

SOLUTION RAISONNÉE. — L'ouvrière a acheté autant de mètres de calicot que $1^f,40$ est contenu de fois dans $71^f,25 - 3^f = 68^f,25$, ou 68,25 : 1,40 = $48^m,75$. Elle fera donc autant de chemises que $3^m,25$ est contenu de fois dans $48^m,75$, ou 48,75 : 3,25 = 15 chemises. Or ces 15 chemises lui coûtent $71^f,25$; donc chaque chemise lui revient à $71^f,25 : 15 = 4^f,75$. Donc, pour gagner 2 fr. de façon, elle doit les vendre $6^f,75$ pièce.

1247. — Deux marchands ont acheté $56^m,60$ de drap pour $537^f,70$; au moment du partage, l'un d'eux a payé $28^f,50$ de plus que l'autre. Combien chaque marchand a-t-il eu de mètres? — **R.** 1° $26^m,80$; — 2° $29^m,80$.

SOLUTION RAISONNÉE. — Le prix d'un mètre du drap est de $537^f,70 : 56,60 = 9^f,50$. Celui des deux marchands qui a payé $28^f,50$ de plus que l'autre a eu, de plus que lui, autant de mètres que $9^f,50$ est contenu de fois dans $28^f,50$, ou $28,50 : 9,50 = 3$ mètres. Le second marchand a donc eu un nombre de mètres égal à $\frac{56^m,60 - 3^m}{2} = \frac{53^m,60}{2} = 26^m,80$, et par conséquent le premier a eu $26^m,80 + 3^m = 29^m,80$. La somme de ces deux nombres fait bien $56^m,60$.

1248. — On jette dans l'un des plateaux d'une balance 8 pièces de 5 francs en argent et 442 pièces de $0^f,50$. Exprimez, en litres, la quantité d'eau, prise dans les conditions de la définition du gramme, qu'il faudrait verser dans l'autre plateau pour que les deux plateaux fussent en équilibre. — **R.** $1^l,305$.

SOLUTION RAISONNÉE.

8 pièces	de 5 fr.	pèsent	$25^{gr} \times 8 =$	200 gr.
442 —	de $0^f,50$	—	$2^{gr},5 \times 442 =$	1105
		Total	....	1305 gr.

Donc, pour faire équilibre à ce poids, il faudrait 1305 centimètres cubes d'eau, ou $1^l,305$.

1249. — Un hectare de froment donne en moyenne 1363 litres de grain et 1770 kilog. de paille ; le prix moyen du grain est de $20^f,62$ l'hectolitre, et la paille se vend $2^f,80$ les 100 kilogrammes. On demande quel est le rendement de l'hectare. — **R.** $330^f,60$.

SOLUTION RAISONNÉE.

Prix du grain.............	$20^f,62 \times 13,63 = 281^f,05$
Prix de la paille...........	$2^f,80 \times 17,70 = 49^f,56$
Rendement de l'hectare...........	$330^f,61$.

1250. — Un ouvrier reçoit $4^f,75$ chaque jour qu'il travaille, et dépense $2^f,75$ par jour. Au bout d'un mois et 6 jours, il lui manque $0^f,75$ pour faire la dépense de 4 jours. Combien a-t-il travaillé de jours ? — **R.** 23 jours.

SOLUTION RAISONNÉE.

Dépense pour 30 jours......	$2^f,75 \times 36 = 99$ fr.
Dépense de 4 jours.........	$2^f,75 \times 4 = 11$ fr.

Si la dépense de 4 jours est de 11 fr., et qu'il manque à l'ouvrier $0^f,75$ pour faire cette dépense, c'est que l'ouvrier n'a plus que $11^f - 0^f,75 = 10^f,25$. Puisqu'il a dépensé 99 fr., il a dû gagner $99^f + 10^f,25 = 109^f,25$; et comme sa journée lui est payée $4^f,75$, il a travaillé un nombre de jours égal à $109,25 : 4,75 = 23$ jours.

1251. — Un cultivateur ensemence en blé trois champs : le premier lui rapporte 47 hectolit. 8 lit. 5 centil.; le deuxième, 132 décal. 9 décil.; le troisième, 2009 lit 60. Il vend sa récolte à raison de 14f,20 le demi-hectolitre. Quelle somme doit-il recevoir? — **R.** 2282f,95.

SOLUTION RAISONNÉE.

Rapport du 1er champ....................	47hl,0805
— du 2e —	13hl,209
— du 3e —	20hl,096
Rapport en hectolitres des 3 champs.......	80hl,3855.
Prix de cette récolte...... 28f,10 × 80,3855 =	2282f,95.

1252. — On a acheté 17 sacs de farine, pesant chacun 175 kilogrammes pour 1338f,75. En revendant cette farine on a perdu 148f,75. On demande : 1° le prix de vente du kilogramme; 2° combien on a perdu sur chaque sac; 3° combien on a perdu sur 1 kilogramme. — **R.** 1° 0f,40; — 2° 8f,75; — 3° 0f,05.

SOLUTION RAISONNÉE.

Prix d'achat de la farine..............	1338f,75
Perte faite sur ce prix................	148f,75
Prix de vente de la farine.............	1190f »
Poids de 17 sacs de farine......	175k × 17 = 2975 kilog.
Prix de vente d'un kilog.......	1190f : 2975 = 0f,40.
Perte sur chaque sac..........	148f,75 : 17 = 8f,75.
Perte sur un kilogramme......	148f,75 : 2975 = 0f,05.

1253. — Un négociant a acheté 9 pièces d'étoffe de laine contenant chacune 45 mètres, à raison de 3f,75 le mètre; il en a revendu 2 pièces à 4f,20 le mètre, 2 pièces à 4f,50, 1 pièce à 4 fr., et le reste à 4f,35. Combien a-t-il gagné? — **R.** 227f,25.

SOLUTION RAISONNÉE. — 9 pièces d'étoffe contiennent 45m × 9 = 405 mètres et ont coûté 3f,75 × 405 = 1518f,75.

Prix de vente des 2 premières pièces..	4f,20 × 90 =	378 fr.
— des 2 pièces suivantes...	4f,50 × 90 =	405
— de la pièce unique......	4f » × 45 =	180
— des 4 dernières pièces..	4f,35 × 180 =	783
Prix total de vente..................		1746 fr.

Bénéfice... 1746f — 1518f,75 = 227f,25.

1254. — Une locomotive* parcourt en moyenne 15 mètres par seconde. Quel chemin fait-elle en 7 heures? — **R.** 378 kilomètres.

SOLUTION RAISONNÉE. — 7 heures contiennent 60 × 60 × 7 = 25 200 secondes. Dans ce temps la locomotive parcourra 15m × 25 200 = 378 000 mètres = 378 kilomètres.

1255. — 100 doubles-décalitres de blé ont été vendus 448 fr.

avec un bénéfice de 103 fr. Quel est le prix d'achat d'un hectolitre de ce blé? — R. 17f,25.

SOLUTION RAISONNÉE. — 100 doubles-décalitres valent 200 décalitres ou 20 hectolitres. Ces 20 hectolitres ont été achetés 418f — 103f = 315f. Donc 1 hectolitre a coûté 315f : 20 = 17f,25.

1256. — Une couturière a acheté 75m,10 de velours à 19f,75 le mètre; elle a payé les 0,8 du prix avec de la soie d'une valeur de 12 fr. le mètre, et le reste en argent. Combien a-t-elle donné de mètres de soie, et combien d'argent? — R. 1° 99m,27; — 2° 297f,83.

SOLUTION RAISONNÉE.

Prix d'achat du velours..... 19f,75 × 75,10 = 1489f,15
Les 0,8 de ce prix égalent.... 1489f,15 × 0,8 = 1191f,32

Somme donnée en argent.................... 297f,83.
Nombre de mètres de soie... 1191f,32 : 12 = 99m,27.

1257. — Une directrice de salle d'asile, pour monter son ménage, a une somme de 600 fr. à sa disposition. Elle achète un lit avec un sommier et un matelas pour 180 fr., une table pour 27 fr., 6 chaises à 5f,25 pièce, un fauteuil pour 55 fr., une pendule pour 75 fr.; elle dépense une somme de 91f,80 en menus ustensiles. On demande combien, avec ce qui lui reste, elle pourra avoir de paires de draps à 23f,40, sachant qu'elle doit mettre de côté 41f,25 pour l'emballage et le transport de son mobilier. — R. 4 paires de draps, avec un supplément de 1f,15.

SOLUTION RAISONNÉE.

Dépenses :	Lit, sommier et matelas		180f »
	Table..............................		27f »
	Chaises..............	5f,25 × 6 =	31f,50
	Fauteuil		55f »
	Pendule............................		75f »
	Menus ustensiles...................		91f,80
	Emballage et transport.............		41f,25
	Total..............................		507f,55.

Différence pour acheter des draps.. 600f — 507f,55 = 92f,45.
Nombre de paires de draps à acheter 92f,45 : 23f,40 = 3 paires de draps, avec un reste de 22f,25. Avec 1f,15 de plus on pourra avoir 4 paires de drap.

1258. — Deux familles dépensent habituellement chacune 4 fr. par jour. Elles se composent, chacune, du père qui gagne 4f,25 par jour, de la mère qui gagne 0f,60 et de deux enfants qui gagnent l'un et l'autre 1f,35. La première famille travaille régulièrement six jours chaque semaine; mais la seconde, qui fait le lundi, ne travaille que cinq jours et elle dépense le lundi 4f,40 de plus que les autres jours. Chaque famille verse ses économies à la caisse d'épargne* tous les trois mois. On demande combien la première famille aura économisé de plus que la seconde au bout d'une année. — R. 621f,40.

(Page 115 de l'Élève.)

SOLUTION RAISONNÉE.

Gain journalier du père, dans chaque famille.....	4f,25
— de la mère —	0f,60
— des 2 enfants —	2f,70
Gain journalier total, dans chaque famille.......	7f,55.
Gain de la 1re famille, dans une semaine 7f,55 × 6 =	45f,30.
Dépenses — — 4f » × 7 =	28f »
Économies — —	17f,30.
Gain de la 2e famille, dans une semaine 7f,55 × 5 =	37f,75
Dépense régulière.............. 4f × 7 = 28f » } Dépense supplémentaire du lundi......... 4f,40 }	32f,40
Économies de la 2e famille, dans une semaine.....	5f,35.

Différence des économies, par semaine 17f,30 — 5f,35 = 11f,95.
Différence des économies, par an..... 11f,95 × 52f » = 621f,40.

Remarque. — Si on veut tenir compte des intérêts produits par les sommes déposées à la caisse d'épargne, on remarquera que le quart de 621f,40 sera resté déposé pendant 9 mois, le second quart pendant 6 mois, le 3e quart pendant 3 mois, et que le 4e quart n'a rien rapporté. Mais on ne donne pas le taux de l'intérêt; il vaut mieux négliger ce calcul.

1259. — Les élèves d'une école ont ramassé 325 kilog. de hannetons. On demande : 1° combien ces hannetons auraient produit de vers blancs, en admettant qu'un kilog. contienne 1040 hannetons, dont la moitié sont des femelles, et que chaque femelle ponde 90 œufs, donnant naissance à autant de vers blancs; 2° quelle perte totale auraient causée à la culture ces insectes, en évaluant à 0f,01 le dommage produit par chaque ver blanc. — R. 1° 15 210 000 vers blancs; — 2° 152 100 francs.

SOLUTION RAISONNÉE.

Nombre total des hannetons......	1040 × 325 = 338 000.
Nombre des femelles............	338 000 : 2 = 169 000.
Nombre des œufs, ou des vers blancs	90 × 169 000 = 15 210 000.
Dommage causé par ces vers.....	0f,01 × 15 210 000 = 152 100 fr.

1260. — Une institutrice a une étude éclairée 4 heures par jour et 22 jours par mois pendant le 1er semestre de l'année scolaire, c'est-à-dire du commencement d'octobre à fin mars; elle peut employer 2 becs de gaz* consommant 110 litres de gaz par heure, ou 2 lampes modérateurs consommant 12 grammes d'huile dans le même temps. On demande quel est le système le plus économique et quelle sera l'économie réalisée ; le gaz coûte $0^f,20$ le mètre cube et l'huile $1^f,60$ le kilog. — **R.** Par l'emploi du gaz on fera une économie de $41^f,10$.

SOLUTION RAISONNÉE.

Nombre d'heures d'éclairage par mois...... $1^h \times 22 = 88^h$.
— — pendant 6 mois $88^h \times 6 = 528^h$.
Consommation de gaz, pendant ce temps, $110^l \times 2 \times 528 =$ 147810 lit., ou $147^{mc},840$.
Prix de ce gaz... $0^f,20 \times 147,81 = 29^f,568$.
Consommation d'huile, dans le même temps, $12^{gr} \times 2 \times 528 =$ 44352 gr., ou $44^k,352$.
Prix de cette huile............... $1^f,60 \times 44,352 = 70^f,96$.
Économie, par l'emploi du gaz.... $70^f,96 - 29^f,56 = 41^f,40$.

1261. — Pierre et Nicolas gagnent chacun, par jour, $3^f,75$ dans le même atelier.

Pierre ne travaille que 5 jours par semaine, et dépense au cabaret, le dimanche et le lundi ensemble, $3^f,90$. Pierre a aussi l'habitude de fumer et de boire un petit verre tous les matins, ce qui lui fait une dépense de $0^f,25$ par jour.

Nicolas ne va pas au cabaret et ne fume pas. Il ne fait pas le lundi et travaille 6 jours par semaine. Sa seule dépense extraordinaire est la poule au pot tous les dimanches, ce qui lui coûte $1^f,75$.

Après vingt ans passés dans les mêmes conditions, on demande ce que Nicolas a épargné de plus que Pierre.

En supposant ensuite que Nicolas ait acheté sur son épargne une maison valant 5000 francs, on demande combien il pourrait acheter, avec le reste de l'épargne, d'ares et de centiares de jardin à $4^f,25$ le mètre carré. L'année est comptée de 365 jours et de 52 semaines. — **R.** 1° 7956 fr. ; — 2° 6 ares, 95 centiares.

SOLUTION RAISONNÉE.

Pierre perd une journée par semaine.............	$3^f,75$
Il dépense le dimanche et le lundi................	$3^f,90$
Il dépense pour tabac et petits verres $0^f,25 \times 7 =$	$1^f,75$
Total........................	$9^f,40$
Dépense extraordinaire de Nicolas, le dimanche...	$1^f,75$
Excès de l'épargne de Nicolas sur celle de Pierre...	$7^f,65$.

Excès de cette épargne, dans une année.. $7^f,65 \times 52 = 397^f,80$.
— dans 20 ans... $397^f,80 \times 20 = 7956$ fr.
Reste de l'épargne, après l'achat de la maison, $7956^f - 5000^f = 2956^f$.

Avec cette somme il aura autant de mètres carrés que 4f,25 est contenu de fois dans 2956f, ou 2956 : 4,25 = 695 mètres carrés = 6 ares 95 centiares.

1262. — Une directrice de salle d'asile désire acheter pour l'établissement qu'elle dirige :

1° Un compendium* en noyer verni............... 225 fr. »
2° Une collection d'images (histoire sainte)........ 22 fr. 50
3° Une collection d'images (histoire naturelle)..... 27 fr. »
4° Une collection de 40 feuilles de bons points, comprenant 10 bons points chacune, à 2f,50 les 100 bons points.

La remise est de 10 p. 100 pour le compendium, et de 25 p. 100 pour les collections de bons points et d'images. Quel est le crédit* que le conseil municipal devra voter pour acquitter cette dépense, en estimant à 39f,50 les frais d'emballage et de transport? — R. 286f,60.

(Page 116 de l'Élève.)

SOLUTION RAISONNÉE.

Prix fort du compendium...........	225f »	
Remise de 10 p. %..................	22f,50	
Prix net............	202f,50 ...	202f,50
Première collection d'images.........	22f,50	
Deuxième —	27f »	
Collection de 400 bons points 2f,50 × 4 =	10f »	
Total, prix fort......	59f,50	
Remise de 25 p. %.......... 59f,50 : 4 =	14f,875	
Prix net............	44f,625 ...	44f,625
Frais d'emballage et de transport.................		30f,50
Crédit à voter........................		286f,625.

1263. — Un enfant a détruit en une saison douze nids: chaque nid contenait 6 œufs ou petits, et chaque petit, devenu grand, mange en moyenne 100 insectes par jour. En admettant que 100 insectes font au moins pour 0f,05 de dégât par an, et que ces insectes se multiplient dans la proportion de 1 à 100, calculer : 1° pour un an, 2° pour 2 ans, la perte que cet enfant a causée à l'agriculture par cette destruction d'oiseaux. — R. 1° 1314 fr.; — 2° 132714 fr.

SOLUTION RAISONNÉE. — L'enfant a détruit 6 × 12 = 72 oiseaux, qui auraient mangé, par jour, 100 × 72 = 7200 insectes, et en un an 7200 × 365 = 2628000 insectes. Comme 100 insectes font un dégât de 0f,05, la perte pour l'agriculture dans la première année sera de 0f,05 × 26280 = 1314 fr.

L'année suivante les insectes seront devenus 100 fois plus nombreux, et la perte sera 100 fois plus grande, soit 1314 francs

$\times$ 100 = 131 400 fr. La perte totale pour les deux années sera donc de 1 314f + 131 400f = 132 714 fr.

Remarque. — Ce calcul n'a rien de rigoureux. Chaque oiseau ne mange pas juste cent insectes par jour; cent insectes ne font pas nécessairement 0f,05 de dégât par an, et chaque insecte n'en produit pas exactement cent pour le remplacer; d'un autre côté, les 72 oiseaux n'auraient certainement pas tous vécu, et plusieurs auraient été mangés par de plus gros oiseaux, leurs ennemis; en outre beaucoup de nos insectes auraient péri pour mille causes diverses. En sorte que le chiffre de 132 000 francs perdus pour l'agriculture par la faute d'un enfant est exagéré. Mais ce calcul sert toujours à montrer avec quel scrupule il faut s'interdire de détruire les petits oiseaux.

1264. — Un ouvrier porcelainier, qu'on paie par quinzaine, a fait le lundi de la première semaine 19 douzaines d'assiettes, le mardi 18 douzaines, le mercredi 15 douzaines, le jeudi 18, le vendredi 14 et le samedi 19. La semaine suivante il en a fait 26 douzaines de moins que la première. On demande : 1° combien il a fabriqué de douzaines d'assiettes la première semaine ; 2° combien il a reçu pour son travail de deux semaines, sachant qu'on lui donne 0f,35 par douzaine; 3° s'il avait un salaire fixe, combien il devrait gagner par jour, pour recevoir la même somme au bout de deux semaines. — R. 1° 103 douzaines; — 2° 63 fr.; — 3° 5f,25.

Solution raisonnée. — Dans la première semaine l'ouvrier fait un nombre de douzaines d'assiettes égal à 19 + 18 + 15 + 18 + 14 + 19 = 103 douzaines. La semaine suivante il en fait 103 — 26 = 77 douzaines. Dans les deux semaines il en fait donc 103 + 77 = 180 douzaines, qui, à 0f,35 la douzaine, lui rapportent 0f,35 $\times$ 180 = 63 fr. Si l'ouvrier avait un salaire fixe, comme il ne travaille que 12 jours en deux semaines, il devrait recevoir 63f : 12 = 5f,25.

1265. — Sept grains de blé ont été trouvés dans le tombeau d'un des pharaons* d'Égypte*; semés dans une terre richement fumée, ils ont germé et rapporté chacun 65 épis contenant 34 grains en moyenne. L'année suivante toute la récolte a été semée de la même manière, et chaque grain a produit en moyenne 35 épis de 39 grains chacun. On demande : 1° combien on a récolté d'hectolitres à raison de 16 861 grains par litre; 2° combien cette seconde récolte contenait de grains de blé ; 3° le poids total de la récolte, le poids du litre étant de 79 décagrammes. — R. 1° 12hect.,52; — 2° 21 116 550 grains de blé ; — 3° 989Kg,080.

Solution raisonnée. — Dans la 1re année les 7 grains de blé en ont produit 34 $\times$ 65 $\times$ 7 = 15 470. La seconde année ces 15 470 grains en ont produit 35 $\times$ 39 $\times$ 15 470 = 21 116 550. Le nombre de litres, à raison de 16861 grains par litre, est de 21116550 : 16861 = 1252 litres, ou 12 hectol. 52. Le poids de cette récolte est de $0^{Kg},790 \times 1252 = 989^{k},08$.

1266. — Un ouvrier qui gagne $3^{f},45$ par jour, dépense chaque année 70 fr. pour son logement et $111^{f},75$ pour ses habits. Il veut placer annuellement 250 francs à la caisse d'épargne* et il désire savoir à quelle somme il doit fixer par jour ses autres dépenses, en tenant compte des jours de repos, qui s'élèvent à 75 pendant l'année. Trouver cette somme. — **R.** $1^{f},55$ par jour.

SOLUTION RAISONNÉE. — L'ouvrier travaille pendant $365^{j} - 75^{j} = 290$ jours; il gagne donc $3^{f},45 \times 290 = 1000^{f},50$; or il dépense ou il économise $70^{f} + 111^{f},75 + 250^{f} = 431^{f},75$; il lui reste donc $1000^{f},50 - 431^{f},75 = 565^{f},75$. Il pourra encore dépenser par jour $565^{f},75 : 365 = 1^{f},578$, ou mieux : $1^{f},55$.

1267. — Une marchande a acheté 750 œufs à $6^{f},50$ le cent; elle en a cassé 14 et vendu les autres $1^{f},05$ la douzaine. Combien a-t-elle gagné? — **R.** $15^{f},65$.

SOLUTION RAISONNÉE. — La marchande a acheté ses œufs $6^{f},50 \times 7,5 = 48^{f},75$. Après en avoir cassé 14, il ne lui en reste plus que $750 - 14 = 736$, qui lui rapportent $\frac{1^{f},05 \times 736}{12} = 64^{f},40$. Donc elle gagne $64^{f},40 - 48^{f},75 = 15^{f},65$.

1268. — Un champ de 9 hectares 37 ares 40 cent. a produit une certaine quantité de graine de lin avec laquelle on a fait pour $2530^{f},98$ d'huile, au prix de 0 fr. 90 le kil. Le décalitre de cette graine fournit 21 hectogrammes d'huile. On demande combien un are de ce champ a produit de litres de graine de lin. — **R.** 12 litres,50.

SOLUTION RAISONNÉE. — Un décalitre de graine fournit 21 hectog. d'huile; donc 1 litre de graine fournit $2^{hg},5$ ou $0^{kg},21$ d'huile, qui, au prix de $0^{f},90$ le kilog., vaudront $0^{f},90 \times 0,21 = 0^{f},216$. Ainsi un litre de graine rapporte $0^{f},216$; donc on aura récolté autant de litres que $0^{f},216$ sera contenu de fois dans $2530^{f},98$ ou $2530,98 : 0,216 = 11717$ litres; et puisque le champ contient $937^{a},4$, chaque are aura produit un nombre de litres égal à $11717 : 937,4 = 12^{l},50$.

1269. — Un particulier a une somme de 19507 fr. Il trouve à acheter une vigne qui produit 90 tonneaux de vin blanc de 220 litres l'un. Ce vin se vend en moyenne $25^{f},50$ l'hectolitre; mais, pour l'engrais, la main-d'œuvre et autres frais de culture, il y a, chaque année, une dépense à faire de 2250 francs. D'un autre côté, il pourrait placer son argent à $5^{f},50$ pour 100.

(Page 117 de l'Élève.)

1° Quel est le placement le plus avantageux?

2° Combien ce placement produit-il de plus que l'autre? — **R.** 1° Il vaut mieux acheter la vigne; — 2° ce placement produit 1726f,115 de plus que l'autre.

SOLUTION RAISONNÉE. — Le produit de la vigne en hectolitres est de 2hl,20 × 90 = 198 hectolitres, qui donnent un revenu brut de 25f,50 × 198 = 5049 fr. Le revenu net sera de 5049f — 2250 fr. = 2799 fr.

D'un autre côté l'intérêt à 5,50 pour % de 19507 francs est de $\frac{5^f,50 \times 19507}{100} = 1072^f,885$. L'avantage du premier placement est donc de 2799f — 1072f,885 = 1726f,115.

1270. — Un négociant a acheté 1253 barriques de vin, à raison de 70f,50 l'une, tous frais compris. Il en vend une première fois 712 à 76f,30 l'une, et une seconde fois 325 à 82 francs. On demande à quel prix il devra vendre celles qui lui restent pour réaliser un bénéfice total de 10000 francs? — R. 80f,37.

SOLUTION RAISONNÉE. — Le négociant a payé le vin qu'il a acheté 70f,50 × 1253 = 88336f,50, et, comme il veut y gagner 10000 fr., il faut qu'il le revende 98336f,50.

Or sa 1re vente lui a rapporté...	76f,30 × 712 = 51325f,60
La 2e — — ...	82f » × 325 = 26650f »
Total....................	80975f,60.

Il faut donc qu'il retire encore de son vin 98336f,50 — 80975f,60 = 17360f,90, et, comme il lui reste 1253 — (712 + 325) = 1253 — 1037 = 216 barriques, il devra vendre chaque barrique 17360f,90 : 216 = 80f,37.

1271. — Un cultivateur a ensemencé en froment un champ de 4 hectares 8 ares 5 centiares; chaque hectare a produit 2275 gerbes; il faut 1175 gerbes pour obtenir 110 décalitres de grain et 580 gerbes pour obtenir 3 quintaux métriques de paille. Quelle sera la valeur de la récolte, sachant que le blé est vendu à raison de 2f,25 le décalitre, et la paille 1f,25 les 100 kilogrammes? — R. 2692f,50.

SOLUTION RAISONNÉE. — Le nombre des gerbes récoltées est de 2275 × 4,0805 = 9283gerbes,1375. Autant de fois 1175 sera contenu dans ce nombre, autant de fois on aura 110 décalitres de grain; et autant de fois 580 sera contenu dans le même nombre, autant de fois on aura 3 quintaux de paille. Or 9283,13 : 1175 = 7,9, et 9283,13 : 580 = 16; donc on a 110 × 7,9 = 1106 décalitres de blé, qui valent 2f,25 × 1106 = 2488f,50, et 3 × 16 = 48 quintaux de paille, qui valent 4f,25 × 48 = 204 fr. La valeur totale de la récolte est donc de 2488f,50 + 204f = 2692f,50.

1272. — Une personne achète 27m,35 de calicot à raison de 51 francs les 60 mètres, et 42m,65 de toile, au prix de 60 francs les 35 mètres. Onze mois après, l'acheteur vient acquitter sa dette; on demande quel est le montant du payement à effectuer, si on y comprend l'intérêt à $4^f,50$ pour 100 de la somme qui aurait dû être payée le jour de l'acquisition. — R. $101^f,75$.

SOLUTION RAISONNÉE. — 1 mètre de calicot coûte $\frac{54^f}{60}$, et $27^m,35$ coûtent $\frac{54^f \times 27,35}{60} = 24^f,615$; 1 mètre de toile coûte $\frac{60^f}{35}$, et $42^m,65$ coûtent $\frac{60^f \times 42,65}{35} = 73^f,11$. Donc l'acheteur devrait payer comptant $24^f,615 + 73^f,11 = 97^f,725$. Or, l'intérêt de cette somme, à 4,50 p. %, pendant 11 mois, est de $\frac{97^f,725 \times 4,5 \times 11}{1200} = 4^f,03$. Donc, après 11 mois, il devra payer $97^f,725 + 4^f,03 = 101^f,755$.

1273. — Il est tombé dans un jour une couche d'eau de pluie, dont l'épaisseur est de $1^{mm},3$. Combien a-t-on pu en recueillir de litres dans un vase ayant une ouverture carrée de $1^m,25$ de côté? — R. $2^l,031$.

SOLUTION RAISONNÉE. — L'ouverture du vase a une surface de $1^m,25 \times 1^m,25 = 1^{mq},5626$. Le volume de l'eau tombée par cette ouverture sera égal à $1^{mq},5625 \times 0^m,0013 = 0^{mc},00203125 = 2^{dmc},03125 = 2^l,031$.

1274. — Un marchand a acheté, au prix de 30 000 francs, une coupe de bois qu'il a fait exploiter. Il a gagné 5 997 fr. 50 net*, en vendant son bois 8 fr. 75 le stère. On veut savoir combien de stères la coupe a produit. — R. 4114 stères.

SOLUTION RAISONNÉE. — Le marchand a retiré de la vente de son bois $30 000^f + 5 997^f,50 = 35 997^f,50$. Donc la coupe avait produit autant de stères que $8^f,75$ est contenu de fois dans $35 997^f,50$, ou $35 997,50 : 8,75 = 4114$ stères.

1275. — Pour faire une robe, on achète $8^m,50$ d'une étoffe qui a $0^m,60$ de largeur, et on désire doubler entièrement cette robe avec une étoffe de $0^m,80$ de largeur. La première étoffe coûte $6^f,25$ le mètre, la seconde, $0^f,90$. On demande : 1° combien il faut acheter de mètres de doublure; 2° quel est le prix net* des deux étoffes, si l'on obtient, en payant comptant, un escompte de $2^f,50$ pour 100. — R. 1° $6^m,375$; 2° $57^f,40$.

SOLUTION RAISONNÉE. — La surface de l'étoffe nécessaire pour la robe est de $8^m,50 \times 0^m,60 = 5^{mq},10$. La surface de la doublure doit être la même, et comme la largeur est de $0^m,80$, la longueur sera $5^{mq},10 : 0^m,80 = 6^m,375$.

Le prix de l'étoffe sera de......	$6^f,25 \times 8,50$	$= 53^f,12$
Le prix de la doublure sera de..	$0^f,90 \times 6,375$	$= 5^f,73$
Total..............................		$58^f,85$
Escompte à 2,5 p. %..........	$0^f,58 \times 2,5$	$= 1^f,45$
Prix net des deux étoffes.....		$57^f,40.$

1276. — Une récolte en froment a été vendue à raison de 24 fr. les 100 kilog. et a produit 3978 francs. On avait ensemencé 8 hectares 50 ares. Quel est, en hectolitres, le rendement par hectare, le poids de l'hectolitre étant de 78 kilogr.? — R. 25 hectolitres.

SOLUTION RAISONNÉE. — La récolte contenait autant de quintaux de froment que 24 francs est contenu de fois dans 3978 francs, ou 3978 : 24 = 165,75. Elle contenait donc 16575 kilogr. L'hectolitre pesant 78 kilogr., le nombre d'hectol. était de 16575 : 78 = $212^{hl},5$. Le rendement en hectolitres, par hectare, est de $212^{hl},5$: 8,50 = 25 hectolitres.

LEXIQUE

Acompte, payement d'une partie d'une dette.

Afrique, l'une des cinq parties du monde, au sud de l'Europe.

Agrafe, espèce de crochet pour attacher les robes, les ceintures.

Agraire, qui a rapport aux champs.

Agriculteur, celui dont le métier est de cultiver les champs.

Alpes, montagnes qui séparent la France de l'Italie.

Alpes (Hautes), département du sud-est de la France.

Amérique, l'une des cinq parties du monde, séparée de l'Europe par l'Atlantique.

Annuel, d'une année, pour une année.

Appointements, ce qu'on donne à un employé pour son travail.

Armateur, le propriétaire d'un navire marchand.

Arrondissement, la partie d'un département qui est administrée par un sous-préfet.

Asie, l'une des cinq parties du monde, à l'est de l'Europe.

Associés, qui réunissent leurs capitaux et leur travail pour une œuvre commune.

Avarié, endommagé, gâté.

Balle, Ballot, gros paquet de marchandise.

Banquier, qui fait le commerce de l'argent.

Bascule, sorte de balance pour les grosses pesées.

Baïonnette, espèce de sabre qu'on peut fixer au bout du fusil.

Bordeaux, ville et port de France (Gironde), célèbre par ses vins.

Boulon, cheville de fer à tête ronde.

Bourre de tanneries, résidu provenant des poils des peaux que l'on prépare dans les tanneries.

Brut, le contraire de *net* *.

Bûcheron, qui coupe du bois dans les forêts.

Buis, arbrisseau toujours vert, d'un bois très dur ; le *buis nain* se met en bordure dans les parterres.

Caisse d'épargne, établissement destiné à recevoir les petites économies et à leur faire rapporter un intérêt de 3 à 4 p. 0/0. Les Caisses d'épargne instituées dans les écoles prennent le nom de *Caisses d'épargne scolaires*.

Canton, l'une des divisions de l'arrondissement.

Capitalisés (intérêts), ajoutés au capital.

Cartouche, petit cylindre en carton contenant la poudre et les balles d'une arme à feu.

Cavalier, soldat à cheval.

Céréales, plantes à graines farineuses, telles que le blé, le seigle, l'orge, etc.

Charlemagne, roi de France et empereur d'Occident (768-814).

Chènevis, graine du chanvre ; sert de nourriture aux oiseaux.

Chômées (fêtes), pendant lesquelles on ne travaille pas.

Christophe Colomb, navigateur génois qui découvrit l'Amérique pour le compte de l'Espagne, en 1492.

Citerne, réservoir pour l'eau de pluie.

Citron, fruit du citronnier.

Clovis, roi des Francs, mort en 511.

Cocon, coque où s'enferme le ver à soie, et formée entièrement de fils de soie.

Colis, caisse ou ballot de marchandises, bagages ou effets d'un voyageur.

Colombine, fiente de pigeon ou de volaille utilisée comme engrais.

Colporteur, marchand ambulant, c'est-à-dire qui se transporte de pays en pays *colportant* ses marchandises.

Colza, sorte de graine dont on extrait de l'huile. — La plante est une espèce de chou.

Compendium, mot latin servant à désigner le meuble qui contient toutes les pièces du système métrique.

Confiseur, celui qui fait et vend des bonbons, des sucreries.

Convoi, l'ensemble des wagons traînés par une même locomotive.

Coquetier, marchand d'œufs et de volaille.

Coude, assemblage en tôle qui sert à ajuster les tuyaux dans les parties où ils changent de direction.

Coupé (de diligence), le compartiment de devant qui a vue sur les chevaux.

Coupon, morceau d'une pièce d'étoffe.

Courtier, qui s'occupe d'achats et de ventes pour autrui.

Couvreur, qui couvre une maison de tuiles ou d'ardoises.

Créancier, celui à qui il est dû.

Crédit, somme à dépenser.

Crible, peau tannée, percée de trous et assemblée dans un cercle de bois, pour nettoyer les grains.

Défoncer, creuser la terre.

Devis, état détaillé de dépenses à faire pour un travail projeté.

Distillée (eau), eau préalablement transformée en vapeur, puis refroidie et ramenée ainsi purifiée à l'état liquide.

Distillation (de la houille), chauffage de la houille en vase clos pour en extraire le gaz d'éclairage. — Le résidu est le coke.

Ébéniste, fabricant de meubles.

Écrou, pièce de fer percée d'un trou à vis.

Effectif, ensemble des hommes qui composent un régiment ou un corps d'armée.

Effet de commerce, billet à ordre, traite, (voir 2e année d'arithmétique, p. 282.)

Égypte, contrée d'Afrique, célèbre dans l'antiquité.

Engrais, tout ce qui sert à fumer les terres.

Entrepreneur, qui se charge de faire faire un travail moyennant un prix fixé d'avance.

Équarrie (poutre), taillée à quatre faces planes et à angles droits.

Europe, l'une des cinq parties du monde, celle que nous habitons, la plus civilisée.

Express, train rapide ne s'arrêtant qu'aux principales stations.

Faïence, sorte de poterie.

Faillite, état d'un commerçant qui suspend ses payements.

Fantassin, soldat à pied.

Fermage, prix que le fermier paie au propriétaire d'une terre pour avoir le droit de la cultiver à son bénéfice.

Fermier, celui qui travaille ou fait travailler à son bénéfice la propriété d'autrui,

moyennant une redevance appelée fermage.
Feuillette, demi-barrique.
Flanelle, étoffe légère de laine, servant à faire des chemises ou des gilets.
Flotte, réunion de plusieurs bâtiments de guerre commandés par un amiral.
Forfait, traité à prix fixe.
Foudre, grand tonneau.
François Ier, roi de France (1515-1547).
Froment, la meilleure espèce de blé.
Frégate, sorte de navire de guerre.
Gaz d'éclairage, fluide invisible facile à enflammer, qui provient de la distillation de la houille.
Grège (soie), telle qu'on la retire du cocon.
Gros (en), par opposition à *détail*, se dit de marchandises qu'on ne vend que par quantités d'une certaine importance.
Grosse, douze douzaines.
Guano, engrais formé d'excréments d'oiseaux antédiluviens.
Guêtre, sorte de chaussure qui couvre le bas de la jambe et le dessus du soulier.
Havre (Le), ville et port de mer (Seine Inférieure).
Himalaya (monts), grande chaîne de montagnes de l'Asie, la plus importante du globe.
Houille, ou charbon de terre, combustible qu'on trouve dans la terre, et formé par la décomposition de végétaux ensevelis depuis des siècles. — Les gisements de houille s'appellent *mines*.
Impôt, argent payé à l'État par les habitants d'un pays.
Industriel, le propriétaire d'une fabrique, d'une usine.
Invalides, monument de Paris, lieu de retraite des vieux soldats.
Labour, action de labourer la terre.
Laitière (vache), qui donne beaucoup de lait.
Legs, donation faite par testament, et qui échoit à l'héritier après la mort du testateur.
Lentilles, sorte de légume rond et plat.
Lin, plante. — On extrait du fil de la tige et de l'huile de la graine.
Lingot, bloc de métal fondu, qui n'est pas travaillé.
Locomotive, machine à vapeur qui traîne les wagons sur les chemins de fer.
Louis XIV, roi de France, (1643-1715).
Lustrine, sorte d'étoffe de coton brillante.
Luzerne, plante fourragère.
Lyon, la seconde ville de France (Rhône). — Célèbre par ses soieries.
Maïs, sorte de blé jaune, qui sert de nourriture aux volailles.
Maître d'hôtel, propriétaire d'un hôtel, ou chef des cuisiniers.
Manufacturier, qui fabrique en grand certains produits.
Maquignon, marchand de chevaux.
Martinique, île de l'Amérique appartenant à la France. — Produit du café.
Maxima, maximum, le plus haut degré auquel une chose puisse atteindre.
Mémoire, note détaillée du travail et des fournitures d'un ouvrier.
Mercier, marchand de fil, d'aiguilles, de rubans, et en général de tout ce qui sert au travail des femmes.
Millet, petite graine dont on nourrit les oiseaux.
Minotier, celui qui transforme le blé en farine, et fait commerce de l'un et de l'autre.
Mont Blanc, le pic le plus élevé des Alpes, (4810 mètres).
Morue, poisson de mer, très commun sur la côte de Terre-Neuve (Amérique du Nord).
Navette, sorte de graine dont on extrait de l'huile.—La plante est une espèce de navet.
Net, par opposition à *brut*, se dit du poids des objets sans l'enveloppe, d'un produit ou d'un bénéfice, après déduction de tous les frais.
Noyer, arbre qui porte des noix.
Obligations, titres qu'on reçoit des sociétés commerciales ou industrielles, en échange de l'argent qu'on leur prête, et qui rapportent un intérêt fixe.
Olivier, arbre qui produit les olives.
Omnibus (train), train de voyageurs comprenant des voitures de toutes classes et s'arrêtant à toutes les stations du parcours.
Orifices, ouvertures, trous.
Orléans, ville de France (Loiret).
Orme, arbre qu'on cultive pour son bois.
Panthéon, église de Paris.
Parc, terrain planté d'arbres dans le voisinage d'une habitation et entouré de murs ou de fossés.
Parqueter, mettre un plancher.
Pépinière, lieu où l'on cultive de jeunes plants d'arbres propres à être replantés.
Pépiniériste, jardinier qui fait le commerce des arbres à planter.
Pérou, république de l'Amérique du Sud; capitale : *Lima*.
Persiennes, sorte de contrevents à jour formés de feuilles de bois.
Pharaons, noms des anciens rois d'Égypte.
Pic, montagne élevée, terminée en pointe.
Plâtre, sorte de poudre blanche provenant d'une pierre calcinée et qui sert à améliorer les champs.
Poêle, appareil de chauffage.
Porcelaine, argile blanche dont on fait des vases, des assiettes, etc.
Potager (jardin), planté de légumes.
Pouliche, une très jeune jument.
Pouls, mouvement du sang aux poignets.
Prairies artificielles, terrains ensemencés de plantes propres à la nourriture des bestiaux, tels que le trèfle, la luzerne, le sainfoin.
Prime (d'assurance), somme à payer chaque année à une Compagnie qui garantit contre l'incendie, la grêle, etc.
Pruneaux, prunes sèches.
Pyramides, grands et anciens monuments en Égypte.
Pyrénées, montagnes qui séparent la France de l'Espagne.
Rame, réunion de 20 mains de papier.
Remoulage, son provenant d'une seconde mouture du blé.
Rentier, qui a d'autres sources de revenus que son travail.
Rétribution scolaire, ce que l'on paye pour aller à l'école.
Rome, capitale de l'Italie, très célèbre dans l'histoire.
Sapin, arbre résineux qui croît dans les montagnes.
Sarments, bois qui pousse chaque année sur le pied ou le cep de la vigne.
Semence, la graine que l'on sème.

Sillon, longue trace que fait dans la terre le soc de la charrue.
Strasbourg, chef-lieu de l'Alsace.
Tâche (travail à), travail payé d'après la quantité d'ouvrage fait.
Tannerie, fabrique de cuir.
Tender, wagon qui suit la locomotive et qui porte le charbon et l'eau.
Ténériffe, île principale des Canaries.
Terrassier, qui travaille à la terre.
Thibet, région de l'Asie centrale, au Nord de l'Himalaya.
Toison, laine des moutons et des brebis.
Tôle, plaque mince de fer battu.
Tourteau, résidu d'une plante ou de sa graine dont on a exprimé les liquides.
Tresse, tissu plat de fils ou de cheveux.
Trimestre, espace de 3 mois.
Tripoli, poussière minérale très dure qui sert à polir les métaux.
Turcs, peuples qui habitent à la fois en Europe et en Asie; leur capitale est Constantinople.
Vésuve, montagne et volcan d'Italie, près de Naples.

TABLE DES MATIÈRES

Paris. — E. Capiomont et V. Renault, rue des Poitevins, 6.

www.ingramcontent.com/pod-product-compliance
ram Content Group UK Ltd.
d, Milton Keynes, MK11 3LW, UK
21133260726
WH00001B/117

9 782329 443409